Wolfgang Pauli

Physik und Erkenntnistheorie

Facetten der Physik

Physik hat viele
Facetten: historische, technische
soziale, kulturelle, philosophische und
amüsante. Sie können wesentliche und
bestimmende Motive für die Beschäftigung
mit den Naturwissenschaften sein. Viele
Lehrbücher lassen diese „Facetten der
Physik" nur erahnen. Daher soll
unsere Buchreihe ihnen
gewidmet sein.

Prof. Dr. Roman Sexl
Herausgeber

Eine Liste der erschienenen Bände
finden Sie auf Seite 198

Wolfgang Pauli

Physik und Erkenntnistheorie

Mit einleitenden Bemerkungen
von Karl von Meyenn

Mit 8 Bildern

Springer Fachmedien Wiesbaden GmbH

Dieses Buch enthält den unveränderten Nachdruck des im Verlag Vieweg im Jahre 1961 erschienenen Bandes 115 der Reihe „DIE WISSENSCHAFT" mit dem Titel „Aufsätze und Vorträge über Physik und Erkenntnistheorie".

Beigefügt ist eine Liste mit Errata (S. 184)

Die Bilder wurden von Dr. Karl von Meyenn zur Verfügung gestellt.

Ursprünglich erschienen bei Friedr. Vieweg & Sohn Verlagsgesellschaft mbH, Braunschweig 1984

ISBN 978-3-528-08563-6 ISBN 978-3-322-88799-3 (eBook)
DOI 10.1007/978-3-322-88799-3

Inhaltsverzeichnis

Pauli mit Sommerfeld im Oktober 1934 auf dem Metallkongreß in Genf

Einleitende Bemerkungen zur Neuausgabe

von Karl von Meyenn

Max von Laue bezeichnete Wolfgang Pauli einst als einen der größten Physiker des zwanzigsten Jahrhunderts, und Albert Einstein sprach von seinem geistigen Nachfolger, als der Nobelpreis für das Jahr 1945 an Pauli verliehen wurde. Ein Leben lang hatte Pauli wie kaum ein anderer stets an der Front der Forschung gestanden und die Physik durch seine Ideen belebt.

Beginnend mit seinem Jugendwerk, dem klassischen *Relativitätsartikel* [1921], war er schon in den zwanziger Jahren als einer der Begründer der neuen Quantenmechanik ein Gelehrter von Weltruf. Sein bekanntester Beitrag ist aber das von ihm Ende 1924 aufgefundene Ausschließungsprinzip, das den bis dahin unverstandenen Bau des periodischen Systems der Elemente erklärte. Ebenso fruchtbar war die um 1930 von ihm formulierte Neutrinohypothese. Das Neutrino stand am Beginn zu der daraufhin einsetzenden Hinwendung zur Physik der Elementarteilchen. Auch zu dieser Entwicklung steuerte Pauli wesentliche Beiträge bei.

In den letzten Jahren seines Lebens konnte Pauli zu seiner großen Genugtuung noch den experimentellen Nachweis des Neutrinos miterleben.

Die bald darauf bekanntgegebene Verletzung der Spiegelsymmetrie in den Naturgesetzen berührte ihn tief.

Seine ihm wichtig erscheinenden Beiträge zur Physik hat Pauli in ihrer historischen Entwicklung in drei Aufsätzen allgemeinverständlich dargestellt und noch selbst für die vorliegende Schriftensammlung ausgewählt: Die Entstehungsgeschichte des Ausschließungsprinzips bildete das Thema seines Nobelvortrags (Nr. 18). An der Geschichte des Neutrinos arbeitete er noch bis kurz vor seinem Tode. Ein erweitertes Manuskript, das der hier wiedergegebenen Fassung (Nr. 20) zugrunde liegt, widmete er Lise Meitner in dankbarer Erinnerung für ihre ersten Anregungen zum 80. Geburtstag. Der Aufsatz über die Spiegelungssymmetrien (Nr. 19) wurde kurz nach Bekanntwerden der Paritätsverletzung verfaßt.

Die im Text verwendeten Abkürzungen sind im Literaturverzeichnis erläutert. In Klammern eingeschlossene Seitenzahlen und Aufsatznummern verweisen auf die vorliegende Ausgabe.

Der Aufsatz (Nr. 16) enthält Paulis philosophischen Ansichten über die geistesgeschichtliche Bedeutung des Abendlandes. Seine ihm sehr am Herzen liegenden Auffassungen über den Zusammenhang von Psyche und Naturwissenschaft hat er in einem längeren Aufsatz (Nr. 17) dargelegt. Sieben weitere Aufsätze (Nr. 1–3, 10, 11, 14 und 15) behandeln Fragen aus dem Bereich von Physik und Erkenntnistheorie. Acht sind biographischen Inhalts (Nr. 4–9, 12 und 13) und wurden entweder als Beiträge zu Festschriften oder als Nachrufe verfaßt.

Die nachfolgenden Bemerkungen verfolgen den Zweck, einen Bezug zwischen Paulis Wissenschaft und Philosophie und dem dahinter stehenden Menschen herzustellen. Dabei konnte natürlich nur auf einige wichtige Lebensabschnitte eingegangen werden. Soweit es möglich war, wurden dazu die heute zur Verfügung stehenden Quellen und insbesondere die Briefe mitherangezogen. Auf weiterführende Untersuchungen wird in den Anmerkungen hingewiesen.

„Ein großes mathematisches Genie"

Wolfgang Pauli wurde am 25. April 1900 im Wien des Fin-de siècle geboren, das Hermann Broch in seiner „fröhlichen Apokalypse Wiens" so treffend beschrieben hat. Sein Vater hatte 1892 ein Medizinstudium in Prag abgeschlossen und war während seiner Assistentenzeit mit Ernst Mach in nähere Berührung gekommen. Sie war „das wichtigste Ereignis für meine geistige Entwicklung", schrieb er später voller Dankbarkeit.[1] Um 1898 siedelte der Vater nach Wien über und heiratete Berta Camilla Schütz, die Tochter eines Wiener Schriftstellers und Redakteurs. Zwei Kinder sind aus dieser Ehe hervorgegangen, Wolfgang und Hertha. Die neun Jahre jüngere Schwester hat sich später als Schriftstellerin einen Namen gemacht.[2]

Die verdienstvollen medizinisch-biologischen Arbeiten veranlaßten die Wiener Universität, dem Vater eine eigene „Biologische Versuchsanstalt" innerhalb der medizinischen Fakultät einzurichten. Hier legte er mit seinen Arbeiten und Publikationen die Grundlagen zur modernen Kolloidchemie.[3]

Der junge Wolfgang zeigte frühzeitig eine ungewöhnliche mathematische Begabung. Der Vater war eifrig um eine gute wissenschaftliche Ausbildung be-

1 Pauli (sen.) an Mach, 17. Februar 1913.

2 Ihre erfolgreichste Schrift ist die Biographie der österreichischen Pazifistin und Frauenrechtlerin Bertha von Suttner (Wien 1937), die sie schon in ihrer Jugend verehrte.

3 Siehe A. Chwala: Zum achtzigsten Geburtstag Wolfgang Paulis. Monatshefte für Chemie **81**, 3–6 (1950).

Wolfgang Pauli während seiner Schulzeit am Döblinger Gymnasium in Wien

müht und vertraute deshalb seinem verehrten Lehrer Ernst Mach die Patenschaft seines Sohnes an. Regelmäßig wurde Mach über die Fortschritte seines Patenkindes unterrichtet: „Mein Sohn benützt Ihre Mechanik[4] sehr fleißig und wendet sich, nachdem er Nernst-Schönfließ[5] und ein weiteres Buch über Differential- und Integralrechnung ganz verdaut hat, Cesàros schönem aber schwierigem Werke[6] über algebraische Analysis zu."[7] Seine persönliche Meinung gab Mach in einem Schreiben an den Wiener Philosophen Wilhelm Jerusalem weiter: „Professor Pauli war einige Tage mit seinem Sohn hier

4 E. Mach: *Die Mechanik in ihrer Entwicklung.* 7Leipzig 1912. Dieses Werk hat Mach am 17. Oktober 1913 seinem „Patenkinde Wolf" gewidmet. Es befindet sich heute in der Sammlung von Paulis Büchern, die in der „Salle Pauli" bei Cern in Genf aufbewahrt werden.

5 W. Nernst und A. Schönfließ: *Einführung in die mathematische Behandlung der Naturwissenschaften.* München und Berlin 1907.

6 E. Cesàro: *Elementares Lehrbuch der algebraischen Analysis und der Infinitesimalrechnung.* Leipzig 1904.

7 Aus einem (wahrscheinlich im Winter 1913/14 verfaßten) Schreiben des Vaters an Mach.

[in Haar bei München]. Er hält ihn für ein großes mathematisches Genie – ich glaube aber, daß man die Pubertätsentwicklung abwarten muß."[8]

Zwei Monate nach Abschluß seiner Reifeprüfung im letzten Kriegssommer 1918 publizierte Pauli seine erste wissenschaftliche Untersuchung über Einsteins Allgemeine Relativitätstheorie. Obwohl auch in Wien mit seinen angesehenen Hochschullehrern Hans Thirring, Otto Halpern, Adolf Smekal und Erwin Schrödinger die Möglichkeit für ein erfolgreiches Studium bestanden hätte, wollte Pauli unbedingt bei Arnold Sommerfeld in München studieren.[9]

München 1918–1921: Das Institut für Zahlenmystik

Sommerfeld, zu dieser Zeit der führende Atomphysiker des Deutschen Reiches, war dabei, sein berühmtes Buch über „*Atombau und Spektrallinien*" (S. 36) abzuschließen.[10] Dabei ließ er sich durch seine Studenten unterstützen, die auf diese Weise ausgezeichnet in die neuen Probleme eingeführt wurden. Sommerfeld war von Paulis Fähigkeiten so beeindruckt, daß er seinen Kollegen schrieb: „Von der Wiener Intelligenz habe ich eine geradezu erstaunliche Probe in dem jungen Pauli um mich, ... ein erstes Semester! Seine Begabung geht selbst über die von Debye über ein Vielfaches hinaus."[11]

Etwa um diese Zeit herum vertraute Sommerfeld dem neunzehnjährigen Pauli das schon erwähnte Referat über die *Relativitätstheorie* an, das Paulis Ruf in der Gelehrtenwelt begründen sollte. Albert Einstein und Max Born waren von dem Ergebnis tief beeindruckt. „Nach allem, was ich von Ihnen höre", schrieb ihm Born im Dezember 1919, „sind Sie für solche Probleme [wie die Lösung der Quantenschwierigkeiten] berufen."[12]

Die noch junge Atomtheorie wurde damals am erfolgreichsten an den Hochschulen von München und Kopenhagen betrieben. Wenig später gesellte sich auch Göttingen dazu. Jede dieser Schulen zeichnete sich durch ihre eigene Behandlungsweise der atomphysikalischen Probleme aus. Die durch Sommer-

8 Mach an Jerusalem, 8. August 1914.

9 Pascual Jordan berichtete, der Vater hätte seinen begabten Sohn noch während seiner Schulzeit Sommerfeld vorgeführt. Vgl. P. Jordan: *Erinnerungen an Wolfgang Pauli*. Physik. Blätter **29**, 291–298 (1973).

10 A. Sommerfeld: *Atombau und Spektrallinien*. Braunschweig 1919. Dieses einflußreiche Werk war aus Vorlesungen über Atommodelle im Kriegswinter 1916/17 hervorgegangen. In seinen späteren Auflagen berücksichtigte es jeweils den neuesten Forschungsstand.

11 Sommerfeld an v. Geitler, 14. Januar 1919.

12 Born an Pauli, 23. Dezember 1919 [PBWI].

Pauli und Otto Stern auf der Reise von Hamburg nach Kopenhagen während der Osterferien 1926

feld bevorzugten anschaulichen Atommodelle waren gerade für das Anfangsstadium der Entwicklung ausschlaggebend (S. 35). Durch sie wurden die Grenzen der klassischen Betrachtungsweise handgreiflich vor Augen geführt. Außerdem eigneten sich die Modelle vorzüglich zur Einführung der Anfänger in das neuartige Gebiet der Quantentheorie. Sommerfelds großartige pädagogische Erfolge beruhten wahrscheinlich auf diesem Rezept (S. 39). Die Haltbarkeit solcher Modellkonstruktionen wurde allein durch ihren Erfolg oder Mißerfolg bei der Deutung der Atomspektren entschieden. Den kunstreich ersonnenen Landéschen Würfelatomen und Sommerfeldschen Ellipsenvereinen[13] fehlte jede tiefere empirische Begründung. Sommerfeld begnügte sich mit dem Hinweis, die Natur besitze eine Vorliebe für symmetrische Anordnungen der Atomelektronen (S. 36 u. 129). Später distanzierte sich Pauli von dieser Tendenz „der zahlenmystischen Münchener Schule".[14]

13 Siehe hierzu J. L. Heilbron: The Kossel-Sommerfeld theory and the ring atom. Isis **58**, 451–485 (1967).

14 Pauli an Kramers, 27. Juli 1925 [PBWI].

Auch Pauli mußte der Modellphysik sein Lehrgeld entrichten. Sommerfeld stellte ihm als Thema für seine Doktorarbeit die quantentheoretische Behandlung des Jacobischen Zweizentrenproblems. Die nach den Vorschriften der älteren Quantentheorie von Pauli berechneten Energiewerte der Elektronenbahnen waren jedoch mit den empirisch bestimmten Größen beim Wasserstoffmolekülion unvereinbar. Dieser Mißerfolg wurde allgemein als ein schwerwiegendes Anzeichen für das Versagen der Bohr-Sommerfeldschen Quantentheorie gewertet. Um dieses anzudeuten, markierte Werner Heisenberg in einem Schreiben an Pauli das verhängisvolle H_2^+-Molekülion mit einem kräftigen Kreuz. Praktisch wurde damit die allmähliche Abkehr von der älteren Quantentheorie eingeleitet. Die neue Devise der jungen Physiker lautete jetzt: „Der Erfolg heiligt die Mittel."[15]

Göttingen im Winter 1921/22: Ein kurzer Aufenthalt in der Kleinstadt

Die nächste Station seiner Entwicklung führte Pauli zu Max Born nach Göttingen. Zum 1. Oktober erhielt er dort die Stelle eines planmäßigen Assistenten am Physikalischen Institut.[16] Born war kurz zuvor von Frankfurt nach Göttingen berufen worden und erwartete von Pauli Unterstützung während der Einrichtung seines neuen Institutes. Doch die in Göttingen unter David Hilberts Einfluß vorherrschende mathematisch-formale Betrachtungsweise und Borns Arbeitsstil sagte Pauli weniger zu. Obwohl Born rückblickend Pauli als den begabtesten aller seiner Schüler bezeichnet hat, fühlte auch er sich durch das selbstsichere und eigenwillige Auftreten seines jungen Assistenten beunruhigt. So kam es, daß Pauli die erste beste Gelegenheit zum Verlassen der Kleinstadt ergriff.[17]

Der Sommerfeldschüler Wilhelm Lenz hatte einen Ruf nach Hamburg erhalten und suchte zum Frühjahr 1922 einen Assistenten. Lenz und Pauli kannten sich von München her und so bekam Pauli diese Stelle.

Um eine Quantisierung der Mehrelektronensysteme durchführen zu können, hatten Born und Pauli die Methoden der astronomischen Störungsrechnung in die Sprache der Quantentheorie übersetzt. Diese Ergebnisse wandte Pauli „nur zu seinem Vergnügen" auf das Lithium- und Heliumproblem

15 Heisenberg an Pauli, 19. November 1921 [PBWI].

16 Nach einer Angabe in Paulis Personalakte im Hamburgischen Staatsarchiv.

17 Siehe hierzu K. v. Meyenn: *Paulis Weg zum Ausschließungsprinzip*. I und II. Physik. Blätter **36**, 293–298 (1980); **37**, 13–19 (1981).

Wolfgang Pauli und Albert Einstein in Leiden im Herbst 1926 (Aufnahme von Paul Ehrenfest)

an. Von einer Veröffentlichung nahm er Abstand, nachdem er hörte, daß Bohrs Mitarbeiter Hendrik Anthony Kramers ebenfalls daran arbeitete.[18] Diese Heliumberechnungen wurden von Werner Heisenberg fortgesetzt, als er Paulis Nachfolge bei Born antrat. Da sie ebenfalls zu unzulässigen Ergebnissen führten (s. 35), begann man nun auch in Göttingen systematischer nach neuen theoretischen Ansätzen zu suchen. Born sprach jetzt von der Notwendigkeit, die Quantentheorie zu „diskretitieren". In Gesprächen und Briefen diskutierten Pauli und Heisenberg in der Folge zahlreiche derartige Möglichkeiten.[19]

18 Bohr an Kramers, 15. Juli 1922 [PBWI, S. 59].

19 Siehe z.B. Heisenberg an Pauli, 9. Oktober 1923 [PBWI].

Hamburg und Kopenhagen 1922–1928: In Bohrs Wirkungsbereich

Niels Bohrs Göttinger Vorträge über „Quantentheorie und Periodensystem der Elemente" im Juni 1922 brachten eine entscheidende Wende in Paulis wissenschaftliche Laufbahn (S. 129). Pauli hatte gerade seine neue Assistentenstelle angetreten und reiste als Vertreter des Hamburgischen Institutes zu dieser Veranstaltung. Dort lernte er Bohr kennen und erhielt die Einladung zu einem längeren Studienaufenthalt in Kopenhagen. Das war ein verlockendes Angebot für einen jungen Physiker, zumal wenn man die ungünstigen Verhältnisse in den frühen Jahren der Weimarer Republik berücksichtigt.[20]

So kam es, daß Pauli nach einem knappen Sommersemester Hamburg schon wieder verließ und am 1. Oktober 1922 seine Tätigkeit in Kopenhagen aufnahm (S. 130). Bohr hatte nach dem Kriege großzügige Mittel zur Errichtung eines eigenen Institutes bekommen, das er nun zu einer internationalen Stätte der Atomforschung ausbaute. Pauli fühlte sich von Bohrs Denk- und Lebensart sehr angezogen, auch wenn er sie nicht immer teilte. Bohrs integrierende und mehr auf allgemeine Zusammenhänge gerichtete Betrachtungsweise förderte die Vereinigung der verschiedenen Ansätze in der Atomtheorie und führte 1925 schließlich zur Erneuerung der Quantentheorie. Auch Bohr war mit Paulis Mitarbeit sehr zufrieden, wie er seinen Freund Paul Ehrenfest wissen ließ: „Wir haben ihn alle sehr lieb und ich habe eben mit ihm eine kleine gemeinsame Arbeit geschrieben über die allgemeinen Fragen, die bei der quantenmechanischen Deutung des Zeemaneffektes auftreten. Ich bin sehr gespannt zu hören, was Sie darüber denken, ob Sie es für zu konservativ oder für zu revolutionär ansehen werden."[21]

Eine Veröffentlichung dieser Arbeit unterblieb; aber für Pauli war sie Anlaß, sich zunehmend in das Problem der anomalen Zeemaneffekte zu vertiefen.[22] Den Weg von hier bis zur Entdeckung seines Ausschließungsprinzips hat Pauli in seinem Nobelvortrag beschrieben (Nr. 18).[23]

Mit dem Kopenhagenaufenthalt endete auch Paulis Lehrzeit. Nach seiner Rückkunft in Hamburg am 1. Oktober 1923 suchte er um seine Habilitation nach. In seiner Antrittsrede vom 23. Februar 1924 sprach er über „Quantentheorie und periodisches System". Um diese Zeit arbeitete er bereits an einem

20 Siehe P. Forman und K. v. Meyenn: *Quantenmechanik und Weimarer Republik.* (Vieweg, Braunschweig. In Vorbereitung).

21 Bohr an Ehrenfest, 23. Februar 1923.

22 Siehe hierzu die historische Darstellung bei P. Forman: *The Doublet Riddle and Atomic Physics circa 1924.* Isis **59**, 156–174 (1968).

23 Eine neuere Studie über das Ausschließungsprinzip ist: J. Heilbron: *The Origin of the Exclusion Principle.* Hist. Stud. Phys. Sci. **13**, 261–310 (1983).

Pauli trägt während der Physikerkonferenz in Kopenhagen im April 1929 über die gemeinsame Arbeit mit Werner Heisenberg „Zur Quantendynamik der Wellenfelder" vor. (An der Tafel sind die Gleichungen (59), (50) und (51) aus der entsprechenden Veröffentlichung in der Zeitschrift für Physik **56**, 1 (1929) zu sehen.)

Übersichtsartikel über die Quantentheorie für Müller-Pouillets Lehrbuch der Physik [1929b], der ihm bedeutende Anregungen für sein Ausschließungsprinzip gab. Bekannter jedoch wurde sein späterer Handbuchartikel über Quantentheorie [1926], der den Entwicklungsstand kurz vor der Entdeckung der Heisenbergschen Quantenmechanik im Juli 1925 enthält, und deshalb auch heute noch eine vorzügliche historische Quelle ist. Die Arbeit an diesem großartigen Werk nahm jedoch Paulis Arbeitskraft im Jahre 1925 fast gänzlich in Anspruch, so daß er nur wenig publizieren konnte. Sein unmittelbarer Einfluß auf die Entwicklung der Matrizenmechanik läßt sich deshalb nur noch aus seinen Briefen erschließen. Als im Oktober 1925 der Handbuchartikel abgeschlossen war, unternahm Pauli sofort die Berechnung des Wasserstoffatoms mit der neuen Matrizenmethode, die zum Prüfstein dieser Theorie wurde.

Auf Paulis zahlreiche fundamentale Beiträge zur Quanten- und Wellenmechanik brauchen wir nicht weiter einzugehen, da sie als Bestand der heutigen Physik allgemein bekannt sind. Die daran anschließende relativistische Verallgemeinerung der Quantenmechanik führte zur Quantenfeldtheorie. Auch hier schuf Pauli gemeinsam mit Pascual Jordan, Paul Dirac und Werner Heisenberg die theoretischen Grundlagen. Eng im Zusammenhang damit steht auch die Neutrinohypothese, obwohl sie in Paulis vielzitiertem Brief (S. 159 f.) lediglich als Ausweg zur Beseitigung der Schwierigkeiten beim β-Zerfall der Kerne vorgestellt wurde (Nr. 20).[24]

Zürich 1928–1940: Ein neues Zentrum für Theoretische Physik

In Zürich entstand in Paulis Umkreis und unter Mitwirkung seines Freundes Gregor Wentzel eines der bedeutendsten Zentren der Theoretischen Physik der dreißiger Jahre. Schüler und Mitarbeiter kamen aus aller Welt, um hier bei Pauli das physikalische Denken zu erlernen. Seine Assistenten während dieser Zeit waren Ralph Kronig (1928–1929), Rudolf Peierls (1929–1932), Hendrik Casimir (1932–1933), Viktor Weisskopf (1933–1936) und Markus Fierz (1936–1939). Bedeutungsvoll für die weitere Entwicklung erwies sich ein 1934 gemeinsam mit Weisskopf aufgestelltes Verfahren zur Quantisierung von skalaren relativistischen Wellengleichungen. Diese sog. Bose-Hyperquantelung war der geeignete Formalismus zur Beschreibung von spinlosen Elementarteilchen, die bald darauf in der kosmischen Strahlung und in der Mesonentheorie der Kernkräfte eine wichtige Rolle spielen sollten.[25]

Unmittelbar darauf aufbauend konnte Pauli zeigen, daß die Quantisierung der Wellenfelder für Teilchen mit ganzzahligem Spin (Bosonen) gemäß dem Ausschließungsprinzip grundsätzlich unzulässig ist, weil sie gegen das Kausalitätsprinzip verstoßen würde. Eine analoge Begründung für Fermionen folgte weniger Jahre später (1939/40).[26] Damit war schließlich der Zusammenhang von Spin und Statistik auf eine tiefere Begründung zurückgeführt.

Princeton 1940–1946: Am Institute for Advanced Study

Während des Zweiten Weltkrieges arbeitete Pauli in unmittelbarer Nähe Einsteins am Institute for Advanced Study in Princeton. In dieser Zeit entstanden wichtige Arbeiten zur Theorie der Elementarteilchen und der Mesonen, die er auch in Form eines selbständigen Buches herausgab [1946].

24 Siehe hierzu L. M. Brown: *The Idea of the Neutrino*. Physics Today, September 1978. S. 23–28. – Ch. P. Enz: *50 Years ago Pauli Invented the Neutrino*. Helv. Phys. Acta **54**, 411–418 (1981). – K. v. Meyenn: *Pauli, das Neutrino und die Entdeckung des Neutrons vor 50 Jahren*. Naturwiss. **69**, 564–573 (1982).

25 Siehe V. Mukherji: *A History of the Meson Theory of Nuclear Forces from 1935 to 1952*. Archive Hist. Exact Sci. **13**, 27–102 (1974).

26 Eine übersichtliche Darstellung findet man bei V. F. Weisskopf: *The Development of Field Theory* in the last 50 Years. Physics Today, November 1981, S. 69–85.

Paul Dirac, Wolfgang Pauli und Rudolf Peierls im Gespräch

Der erste Nobelpreis für Physik nach dem Kriege ging an Wolfgang Pauli. In seiner bewegten Ansprache zur Nobelfeier in Princeton gab Einstein der Hoffnung Ausdruck, Pauli solle das einst von ihm begonnene Werk vollenden helfen.

Als Pauli 1946 eine Professur vom Institute for Advanced Study angetragen wurde, vermochte er dennoch dieser Versuchung zu widerstehen. „Wie Sie sicher schon gehört haben", schrieb er Einstein von Zürich aus, „kam ich nun doch zum Entschluß, meine Professur in Zürich zu behalten, ... obwohl für die nähere Zukunft die Arbeitsbedingungen für wissenschaftliche Physik in Amerika sehr günstig sein dürften." „Hinzu kam die Erwägung," begründete er weiter seinen Entschluß, „daß es vielleicht doch gut ist, wenn manche Physiker in Europa bleiben." Außerdem sah Pauli aufgrund seiner Erfahrungen mit der „Kriegsphysik" die „große Gefahr einer Einmischung des Militärs in die Physik. ... Unter 'Einmischung' verstehe ich nicht nur Zensur, sondern auch eine Beeinflussung der Untersuchungsrichtung bei experimentellen Arbeiten. ... Es ist leicht, jüngere Leute durch gute Stellen und Aussichten auf Karriere zu ködern."[27]

27 Pauli an Einstein, 19. September 1946.

In Amerika erwarb sich Pauli viele neue Freunde – nicht nur unter den Physikern. Dazu gehörte auch der Literaturkritiker und Kulturphilosoph Erich von Kahler und der Kunsthistoriker Erwin Panofsky.

1946–1958: Die letzten Jahre in Zürich

In Zürich blieb Pauli nun – abgesehen von einigen Auslandbesuchen – bis an sein Lebensende. Auch jetzt erteilte er der theoretischen Physik weiterhin wichtige Impulse. Sein Ruf als „oberster Richter" in der theoretischen Physik war unbestritten, seine Kritik war zugleich geschätzt und gefürchtet. „Schon öfters habe ich etwas Richtiges als falsch erklärt, aber noch nie etwas Falsches als richtig", soll er über sich selbst spottend gesagt haben.

Anknüpfend an seine älteren Arbeiten beschäftigt sich Pauli nun mit den diskreten Symmetrien und ihren invariantentheoretischen Formulierungen in der Feldtheorie, die auch den Stil der modernen Theoretischen Physik geprägt haben. In einem Beitrag zu der von ihm herausgegebenen Festschrift zu Bohrs 70. Geburtstag zeigte er, wie jede Feldtheorie – unter sehr allgemeinen Voraussetzungen – invariant gegenüber den gleichzeitigen Symmetrieoperationen der Ladungskonjugation (C), Spiegelung (P) und Zeitumkehr (T) sein muß, ohne daß deshalb diese Invarianz auch bei Anwendung der einzelnen Operationen C, P oder T erfüllt zu sein braucht (Nr. 19). Diese Überlegungen, die bereits durch Julian Schwinger und Gerhard Lüders vorbereitet worden waren, hatten ohne Zweifel die Frage der Gültigkeit von Symmetrieprinzipien in der Theorie der Elementarteilchen in den Vordergrund gerückt. Als zwei Jahre später tatsächlich die von Chen-Ning Lee und Tsung-Dao Yang vorhergesagte Verletzung der Spiegelsymmetrie beim β-Zerfall experimentell nachgewiesen werden konnte, zeigte sich Pauli über dieses Ergebnis äußerst überrascht (S. 173):[28] „Ja, es war sehr dramatisch", schrieb er Weisskopf am 27. Januar 1957. „Montag, den 21. um 20 Uhr 15 hatte ich einen Vortrag über 'ältere und neuere Geschichte des Neutrinos' zu halten. Um 17 Uhr kamen mit der Post drei experimentelle Arbeiten: C. S. Wu, Ledermann und Telegdi, von letzterem freundlicherweise nur gedruckt. ... Nun, wo soll ich anfangen?

Gut, daß ich keine Wetten gemacht habe, das hätte schwer ins Geld gehen können (was ich mir nicht leisten kann), so habe ich mich nur blamiert (was ich mir, glaube ich, leisten kann) – übrigens nur in Briefen und mündlich, nicht in etwas Gedrucktem. Aber die Lacher sind mit Recht auf Seiten der anderen. – Was mich schockiert ist *nicht* der Umstand, daß 'der Herrgott

28 Pauli an Weisskopf, 27. Januar 1957. – Siehe auch V. F. Weisskopf und L. S. Rodberg: *Fall of Parity*. Science **125**, 5. April 1957.

Pauli und Chien-Shung Wu (aufgenommen am Anfang des 2. Weltkrieges während des Amerikaaufenthaltes)

schlechthin ein Linkshänder ist', sondern der Umstand, daß er *dennoch* sich links-rechts symmetrisch zeigt, wenn er sich *stark* äußert. Kurz: das eigentliche Problem ist mir jetzt, warum die *starken* Wechselwirkungen links-rechts *symmetrisch* sind. Wie kann die Stärke einer Wechselwirkung Symmetriegruppen, Invarianzen, Erhaltungssätze *produzieren, hervorbringen*? Diese Frage veranlaßte mich zu meiner voreiligen falschen Prognose. ... In meinem Vortrag schilderte ich, wie Bohr, als mein Hauptopponent beim Neutrino, die Durchbrechung des Energiesatzes beim β-Zerfall für plausibel hielt, wie seine Opposition dann schwächer wurde und er nur allgemeiner sagte (1933), man müßte 'auf Überraschungen vorbereitet' sein – nicht irgendwo, sondern *speziell* beim β-Zerfall. Dann sagte ich spontan (völlig improvisiert) 'ich werde zum Schluß des Vortrages auf die Überraschungen zurückkommen, die Prof. Bohr hier in Aussicht gestellt hat.' "

In Paulis letztem Lebensjahr erreichte eine Auseinandersetzung mit Heisenberg über die einheitliche Spinortheorie der Elementarteilchen ihren Höhepunkt. Diese von Heisenberg mit ungewöhnlicher Anteilnahme vorgetragene Theorie fand anfangs Paulis Zustimmung. „Tage und Nächte arbeite ich an einer neuen theoretischen Deutung des Isospinraumes", schrieb er Fierz noch zum Jahresende. „In dieser wissenschaftlich so wunderbaren Jahreswende fühle ich etwas wie Morgenluft (welche die Geister wittern) und wie Morgenröte."[29] Im Januar traf er sich mit Heisenberg in Zürich, und es wurde beschlossen, „eine 'voreilige' gemeinsame Mitteilung [über] 'The Isospingroup in the theory of elementary particles' " zu publizieren. „Am Dienstag werde ich den ganzen Tag schreiben, dann das Elaborat nach Göttingen an Heisenberg schicken, der es in endgültiger Form als preprint an eine Zeitschrift und zugleich an andere Stellen, u.a. auch an CERN schicken will.[30] Es ist die Idee, daß es noch *vor mir* mit *air mail* in USA ankommen soll."[31]

Doch schon während der Reise nach Amerika Ende Januar kamen Pauli die ersten Zweifel.[32] Das Gerücht einer neuen Heisenberg-Pauli-Theorie der Elementarteilchen hatte bereits die Physiker aufhorchen lassen. Da wesentliche Teile des vorläufigen Entwurfes sich nicht mehr mit seiner Meinung deckten, distanzierte er sich schließlich endgültig[33] von der Arbeit und verschickte am 4. August nach seiner Rückkehr aus den Vereinigten Staaten ein entsprechendes Rundschreiben an die Kollegen.

Paulis Philosophie und Erkenntnislehre

Paulis Interessen – besonders in seinen letzten Züricher Jahren – gingen weit über die reine Physik hinaus. Die intensive Beschäftigung mit der Theoretischen Physik erhielt immer mehr ein Gegengewicht durch die Auseinandersetzung mit philosophischen und wissenschaftshistorischen Fragen.

Fast alle in der vorliegenden Ausgabe seiner *„Aufsätze und Vorträge über Physik und Erkenntnistheorie"* abgedruckten Arbeiten stammen aus jener Nachkriegszeit und reflektieren deshalb die Ansichten des reiferen Pauli. Mit einer gewissen Sicherheit können wir jedoch behaupten, daß Paulis Einstellung während der 20er Jahre noch weitgehend dem positivistischen Vorbild

29 Pauli an Fierz, 31. Dezember 1957.

30 Das „Preprint" wurde an über 70 Theoretiker in aller Welt verschickt.

31 Pauli an Weisskopf, 12. Januar 1958.

35 Um den seiner Auffassung nach inhaltslosen Formalismus Heisenbergs zu charakterisieren, zeichnete er ein leeres Rechteck und schrieb dazu: „This is to show the world, that I can paint like Tizian; only technical details are missing. W. Pauli." Bemerkenswerterweise kennzeichnete Einstein einst die Theorien von Eddington und Mie auf ähnliche Weise: „es ist ein schöner Rahmen, bei dem man absolut nicht sieht, wie er ausgefüllt werden muß." (Einstein an Weyl, 6. Juni 1922.)

33 Pauli an Heisenberg, 7. April 1958.

Wolfgang Pauli und Maurice Goldhaber in Brookhaven im Mai 1958

entsprochen hat. Im Sommer 1922 bezeichnete Pauli gegenüber dem Begründer des Wiener Kreises den Positivismus noch als „eine vollkommen einwandfreie und widerspruchsfreie Weltansicht".[34]

Auch Pauli hatte in seinen frühen atomphysikalischen Arbeiten die anschaulichen Modelle nach Sommerfelds Vorbild verwendet. Es war Bohr, der ihn schon damals auf den provisorischen Charakter solcher Konstruktionen hinwies (S. 26 f.). Bohr empfahl er seinerseits, die Atome nicht in die Fesseln

[34] Pauli an Schlick, 21. August 1922.

unserer Vorurteile zu schlagen, sondern vielmehr unsere Begriffe der Erfahrung anzupassen.[35]

Aber es gab bei Pauli auch damals schon gewisse Anschauungen, die mit einem strengen Positivismus schwer zu vereinen sind. Sein beständiger Glaube an die exakte Gültigkeit der Erhaltungssätze war weder logisch noch empirisch zu begründen und gehörte mithin dem verketzerten metaphysischen Bereich an.

In den dreißiger Jahren machte Pauli die Bekanntschaft mit der Jungschen Archetypenlehre (S. 119), die er in der Folge in Übereinstimmung mit der Bohrschen Komplementaritätsvorstellung zu einer eigenen Erkenntnislehre ausbaute. Die Antizipation naturwissenschaftlicher Erkenntnisse durch den menschlichen Geist wollte er durch einen inneren Zusammenhang der psychischen und physischen Vorgänge im Sinne der platonischen Ideenlehre verstanden wissen (vgl. Nr. 16): „Vielleicht sind Platos Eidola-Vorbilder ein Begriff, der zwischen den 'Archetypen' und der Idee, z.B. der Euklidischen Geraden, vermitteln könnte", erklärte er im Oktober 1938 seinem Freund Erich Hecke. „Ferner erinnere ich mich wohl, wie mir mit 12 Jahren das Euklidische Parallelen-Axiom 'in der Anschauung' unmittelbar und zweifelsfrei gewiß war – sicher nicht aufgrund irgendwelcher Meßerfahrungen. Jenes 'Evidenzgefühl' ... beruht psychologisch sicher auf einer 'Projektion unbewußter Inhalte', also 'Instinkten der Vorstellungen', die bewußte Ausarbeitung kommt später. ... Die naive Sicherheit meiner frühen Hamburger Zeit ... ist mir inzwischen ziemlich abhanden gekommen."[36]

Besonders ansprechend fand Pauli Keplers Archetypen als 'Urbilder' der mathematischen Ideen (S. 36). Die geometrischen Formen waren Kepler der „Archetypus der Schönheit der Welt", die „mathematischen Proportionen von Ewigkeit her der Seele des Menschen als Ebenbild des Schöpfers eingepflanzt". „Durch meinen Lehrer A. Sommerfeld wußte ich wohl, wie diese bei Kepler erscheinenden pythagoräischen Elemente noch heute lebendig sind" (S. 122).

Der Vorgang des Verstehens der Natur sowie auch die Beglückung, die der Mensch beim Bewußtwerden einer neuen Erkenntnis empfindet, schien Pauli „auf einer Entsprechung, einem Zur-Deckung-Kommen von präexistenten inneren Bildern ... mit äußeren Objekten und ihrem Verhalten zu beruhen." Von sich selbst sagte er, daß er „vielleicht mehr ein Platonist sei, als die Psychologen der Jungschen Richtung."[37] Physiker wie Max Born hielten Paulis philosophische Einstellung für bedenklich. Heisenberg dagegen schien

[35] Pauli an Bohr, 12. Dezember 1924.

[36] Pauli an Hecke, 20. Oktober 1938.

[37] Pauli an Fierz, 7. Januar 1948.

„diese mystische Komponente in Pauls Denken immer eine Bereicherung im Bild seiner Persönlichkeit. ... Bei Pauli scheint mir der mystische Zug des Denkens nur dort wirksam geworden zu sein, wo die rationale Analyse allein sicher nicht weiter führt. Nun gibt es ja auch in der Physik immer wieder Stellen, an denen man nicht dadurch weiter kommen kann, daß man immer noch besser und genauer rechnet, sondern es muß einem 'etwas einfallen'. Dieses 'etwas einfallen' gehört nach Paulis Meinung nicht in den rationalen Bereich, obwohl der Inhalt des Einfalls nachträglich durchaus rational fixiert werden kann."[38]

Pauli selbst hat dieses Verhältnis von Mystik und Rationalismus bei der Erkenntnisschule folgendermaßen umschrieben: „Nach meiner Ansicht ist es nur ein schmaler Weg der Wahrheit, der zwischen der Scylla eines blauen Dunstes von Mystik und der Charybdis eines sterilen Rationalismus hindurchführt. Dieser Weg wird immer voller Fallen sein und man kann nach beiden Seiten abstürzen."[39]

Eine Auswahl der wichtigsten Werke

[1921] *Relativitätstheorie.* Encyklopädie der Mathematischen Wissenschaften, Band 5, Teil 2; S. 539–775. Leipzig 1921.

[1926] *Quantentheorie.* Handbuch der Physik, herausgegeben von H. Geiger und K. Scheel. Band 23; S. 1–278. Berlin 1926.

[1929a] *Theorie der schwarzen Strahlung.* Müller-Pouillets Lehrbuch der Physik. Band 2. S. 1483–1553. Braunschweig [11]1929.

[1929b] *Allgemeine Grundlagen der Quantentheorie des Atombaues.* Müller-Pouillets Lehrbuch der Physik, Band 2, Teil 2. S. 1709–1842. Braunschweig [11]1929.

[1933] *Die allgemeinen Prinzipien der Wellenmechanik.* Handbuch der Physik, herausgegeben von H. Geiger und K. Scheel. 2. Auflage. Band 24, 1. Teil; S. 83–272. Berlin 1933. (Ein leicht veränderter Wiederabdruck erfolgte 1958 im Band 5, 1. Teil der Neuauflage des Handbuches.)

[1946] *Meson Theory of Nuclear Forces.* New York 1946.

[1952] Der Einfluß archetypischer Vorstellungen auf die Bildung naturwissenschaftlicher Theorien bei Kepler. Enthalten in C. G. Jung/W. Pauli: *Naturerklärung und Psyche.* Zürich 1952.

[1964] R. Kronig und V. F. Weisskopf (Hrsg.): *Collected Scientific Papers by Wolfgang Pauli.* 2 Bände. New York 1964.

[PBWI] *W. Pauli: Wissenschaftlicher Briefwechsel mit Bohr, Einstein, Heisenberg u.a.* Band I: 1919–1929. New York-Heidelberg-Berlin 1979.

38 Heisenberg an Born, 21. März 1960.
39 Pauli an Weisskopf, 8. Februar 1954.

Der wissenschaftliche Nachlaß

Pauli veröffentlichte mehr als 100 wissenschaftliche Zeitschriftenaufsätze, die in den *Collected Scientific Papers* [1964] wiederabgedruckt wurden.

Außerdem führte Pauli mit den bedeutendsten Physikern seiner Zeit einen ausgedehnten Briefwechsel. Erst die Kenntnis dieser Briefe läßt das wahre Ausmaß seines Einflusses auf die Entwicklung der theoretischen Physik erkennen.

Eine umfangreiche Sammlung von Originalen oder Kopien dieser Briefe wird im Pauli-Archiv bei CERN in Genf aufbewahrt. Die Edition des gesamten wissenschaftlichen Briefwechsels ist vorgesehen. Ein erster Band [PBWI] mit den Briefen aus den Jahren 1919–1929 ist bereits erschienen. Der Band II: 1930–1939 ist in Vorbereitung.

Neben Paulis Büchern wurde auch seine Sammlung von mehr als 10.000 Sonderdrucken CERN übergeben, wo sie heute in der „Salle Pauli" aufbewahrt werden. Siehe *Cataloque of Reprints of Scientific Papers in the Pauli Collection.* CERN Bibl. 8. Geneva 1969.

Festschriften und biographische Aufsätze

P. Ehrenfest: *Address on Award of Lorentz Medal to Professor W. Pauli 31. Oktober 1933.* Versl. Akad. Amsterdam **40**, 121–126 (1931).

M. Fierz und Wolfgang Pauli: *Dictionary of Scientific Biography.* Herausgegeben von Ch. C. Gillispie. Band X, S. 422–425. New York 1974.

M. Fierz und V. F. Weisskopf (Hrsg.): *Theoretical Physics in the Twentieth Century. A Memorial Volume to Wolfgang Pauli.* New York 1960.

M. Fierz und V. F. Weisskopf: *In Commemoration of Wolfgang Pauli.* Physics Today, Juli 1959. S. 17–19.

W. Heisenberg: *Wolfgang Paulis philosophische Auffassungen.* Naturwiss. **46**, 661–663 (1959).

R. E. Peierls: *Wolfgang Ernst Pauli (1900–1958).* Biographical Memoirs of The Fellows of The Royal Society **5**, 175–192 (1960). (Erhält auch ein Verzeichnis der wichtigsten Schriften.)

C. F. v. Weizsäcker: *Erinnerungen an Wolfgang Pauli.* Z. f. Naturforschung **14a**, 439–440 (1959).

Trauerrede für Wolfgang Pauli

gehalten bei der Trauerfeier im Fraumünster zu Zürich
am 20. Dezember 1958

Verehrte Trauergemeinde!

Ich soll den Ausdruck tiefster Trauer und des Beileids überbringen im Namen der Nationalen Akademie der Wissenschaften in den Vereinigten Staaten und der Amerikanischen Physikalischen Gesellschaft. Ich kann dazu aber auch alle anderen Akademien und wissenschaftlichen Institute der ganzen Welt hinzufügen, denn wo immer Wissenschaft getrieben wird, ist der Name Pauli's groß.

Was Pauli für uns und für die Physiker der ganzen Welt bedeutet, das ist so gewaltig, das wissen wir noch gar nicht, so kurz nach dem Schicksalsschlag.

Er war in solchem Maße ein Teil unserer Welt, daß wir noch nicht verstehen können was es heißt, ohne ihn. Erst wenn wir wieder hineintauchen in unsere Probleme und unsere Arbeit, werden wir wirklich begreifen, was wir verloren haben.

Ich möchte nicht sprechen über Paulis Leistungen und Beiträge zu unserer Wissenschaft, so groß und bedeutungsvoll sie auch sind. Andere haben dies vor mir getan. Ich möchte sprechen, so gut ich kann, darüber was Pauli für uns bedeutet hat, für uns Physiker der ganzen Welt, im Westen wie im Osten.

Pauli hatte eine spezielle Art Wissenschaft zu treiben. Er hat einen eigenen Stil des Denkens und des Forschens geschaffen, der uns alle in der Physik der ganzen Welt tief beeinflußt und geleitet hat. Dieser Stil betonte das Wesentliche und das Symmetrische der Naturgesetze, gefaßt in mathematische Formeln, ohne viele Worte und Gerede. Seine Art, sein Denken und sein Wesen schwebt jedem von uns vor als etwas Ideales, Klares und Reines. Wie oft fragen wir uns, wenn wir unsere Arbeit betrachten „Was würde Pauli dazu sagen?" Wie oft denken wir „Das würde Pauli nicht akzeptieren".

Aber es ist mehr als die Arbeit selbst: es ist die tiefe menschliche Klarheit und Unbedingtheit, die von Pauli ausstrahlte und die alle Beziehungen zu seinen Mitmenschen und Kollegen bestimmte. Wir kennen alle die berühmte Schärfe seiner Kritik, die Unbarmherzigkeit und Ironie mit der er falsche Ideen bekämpfte, den Witz und die Verachtung mit denen er Dingen begegnete, die ihm halb und unecht schienen. All dies ist der Ausdruck seines konstanten Strebens nach letzter Klarheit und Reinheit in Wissenschaft und menschlichen Dingen.

Es ist zu einem ganz großen Maße Paulis Verdienst, wenn in unserer Weltgemeinde der Physiker noch etwas Einfaches, Naives und Gesundes vorzufinden ist, trotz aller Politik, Zeitungspublizität und Öffentlichkeits-Getue, das heute in die Wissenschaft einbricht, und dem Pauli so sehr fremd war. Möchte es uns gelingen auch ohne ihn etwas von seinem Stil zu bewahren.

Pauli war nicht nur Physiker, er war ein großer Mensch. Und wie in der Wissenschaft, so war ihm auch in allen menschlichen Dingen gegeben, mehr zu sehen und mehr zu verstehen als die anderen. Er hat tief in philosophische und menschliche Fragen hineingeschaut, tiefer als viele seiner Freunde es wußten. Die Abgründe menschlicher Psyche waren ihm nicht fremd. Er hat sich sein Leben niemals leicht gemacht, wenn es galt sein Leben so zu führen wie es seinen Idealen entsprach.

Und es gelang ihm. Pauli hat in den reifen Jahren seines Lebens ein glückliches und zu tiefst erfülltes Leben gehabt aus dem er so plötzlich gerissen wurde. Er hat uns sein Leben vorgelebt als Mensch und Wissenschaftler in ruhiger Besinnlichkeit und klarer Einfachheit. Möge er uns ein Beispiel sein wie man in diesen unruhigen und schweren Zeiten, Reinheit und Menschlichkeit im Wissen, Forschen und Handeln aufrecht erhalten kann.

Victor F. Weisskopf

DIE AUFSÄTZE UND VORTRÄGE

1

Die Materie

Die Materie war seit jeher einer der Hauptgegenstände der Physik und wird es auch stets bleiben. Wenn ich also von der „Materie als einer Seite des Wesens der Dinge" spreche, so ist es meine Absicht, Ihnen einen Eindruck davon zu vermitteln, wie man Naturgesetze, die die Materie betreffen und die in den Bereich der Physik gehören, finden kann und wie sie sich Schritt für Schritt entwickeln. Zwar werden diese Gesetze und unsre Anschauungen von der Wirklichkeit, deren Existenz sie voraussetzen, immer abstrakter; aber auch für einen Fachmann ist es nützlich, daran erinnert zu werden, daß hinter der fachlichen und mathematischen Gestalt der Gedanken, die den Naturgesetzen zugrunde liegen, immer noch die Schicht des Alltagslebens mit seiner landläufigen Sprache liegt. Die Naturwissenschaft ist eine systematische Verfeinerung der Alltagsbegriffe, die uns eine tiefere und, wie wir sehen werden, nicht unmittelbar sichtbare Wirklichkeit hinter der Alltagswirklichkeit der farbigen und tönenden Dinge enthüllt. Aber es darf nicht vergessen werden, daß diese tiefere Wirklichkeit aufhören würde, Gegenstand der Physik zu sein — anders als die Gegenstände der reinen Mathematik und der reinen Spekulation —, wenn ihre Verknüpfungen mit den Wirklichkeiten des täglichen Lebens ganz und gar unterbrochen würden.

Wir wollen als ein Beispiel die Grundgesetze der Mechanik nehmen, die wir heute die klassische nennen, die aber vor etwa 300 Jahren noch ganz unbekannt waren. Der Trägheitssatz sagt uns, daß die Körper sich mit einer sowohl nach Richtung als auch nach Betrag konstanten Geschwindigkeit bewegen, wenn sie keinen äußeren Einwirkungen unterliegen. Das Revolutionärste an dieser Behauptung, als sie neu war, war die Erkenntnis, daß eine gleichförmige Bewegung eine Grundtatsache ohne jede Ursache ist. Das war den Anschauungen früherer Zeiten fremd, in denen man annahm, daß in Abwesenheit jeglicher bewegenden Ursache Ruhe besteht und daß jede Bewegung auf einer Ursache beruht. Andrerseits war für spätere Zeiten die Frage sehr problematisch, wie man die Gleichförmigkeit einer Bewegung ohne Bezugnahme auf andere bewegte Körper beurteilen könne. Nach vieler kritischer Arbeit im verflossenen Jahrhundert führte diese Frage zu einer neuen Formulierung der Gesetze der Gravitation aus der Hand *Einsteins*.

Indessen wollen wir uns im Geiste der klassischen Mechanik zu dem weiteren Problem wenden, wie äußere Ursachen die Bewegung eines

Körpers beeinflussen. *Newton* nannte die äußeren Ursachen „Kraft“ und definierte diese als das Produkt aus Masse und Beschleunigung. Nehmen wir der Einfachheit an, daß wir wissen, was Beschleunigung ist, so scheint diese Definition noch einen Zirkelschluß zu enthalten: die Kraft wird durch die Masse und die Masse durch die Kraft definiert. Doch ist das nicht so schlimm wie es zunächst klingt, dank dem anderen Gesetz *Newtons*, daß Wirkung und Gegenwirkung gleich groß und entgegengesetzt gerichtet sind. Das schließt ein, daß die Summe aller Kräfte innerhalb eines abgeschlossenen Systems immer verschwindet; und das hat die Folge, daß etwas erhalten bleibt, zeitlich konstant ist, nämlich die Summe der mit den Massen der betreffenden Körper multiplizierten Geschwindigkeiten, genommen über alle Körper eines abgeschlossenen Systems für jede mögliche Richtung.

Wir sehen, daß wir auf diese Weise schon gewisse Schritte in Richtung auf die Bildung abstrakter Begriffe gemacht haben, die ihren Ursprung im täglichen Leben haben. Die Masse, ursprünglich das Gewicht, wie man es mit der Waage mißt, ist nunmehr ein abstrakter Faktor von Geschwindigkeiten, der so definiert ist, daß die Summe der oben genannten Produkte konstant ist. Später mußte man sogar eine Abhängigkeit der Masse von der Geschwindigkeit in Betracht ziehen. Ich will hier erwähnen, daß man das Produkt aus Masse und Geschwindigkeit Bewegungsgröße (auch Impuls) nennt. Ebenso wie die Geschwindigkeit ist das eine gerichtete Größe, ein Vektor, wie man in der Fachsprache sagt. Die Kraft, die ursprünglich mit den Anstrengungen menschlicher Muskeln verwandt war, ist nun zu etwas geworden, das man als das Produkt von Masse und Beschleunigung mißt. Die Kräfte müssen irgendwie in Abhängigkeit von den Abständen der Körper bekannt sein, so daß die angenommenen Gesetze der Mechanik experimentell geprüft werden können. Das war tatsächlich der Fall für die Bewegungen der Himmelskörper unter dem Einfluß der Gravitation, dank *Newtons* berühmtem Gesetz, daß die Kraft zwischen zwei Körpern proportional dem Quadrat des Kehrwertes ihres Abstandes ist.

Um was für Kräfte es sich auch immer handeln mag, es ist eine unmittelbare Folge aus diesen mechanischen Gesetzen, daß die Anfangsbedingungen die Bewegungen aller Körper eindeutig bestimmen, wenn sowohl der Ort als auch die Geschwindigkeit oder die Bewegungsgröße der Körper in einem gegebenen Zeitpunkt mit unter die Anfangsbedingungen aufgenommen werden. Zwecks Prüfung der Gesetze der klassischen Mechanik wählt der irdische Experimentator die Anfangsbedingungen nach freiem Ermessen, während der Astronom sich die verschiedenen Bedingungen zunutze macht, die durch verschiedene Himmelskörper in der Natur verwirklicht sind.

Als eine Folge aus diesen mechanischen Gesetzen gibt es eine weitere Größe, die stets erhalten bleibt und die wir Energie nennen. Sie besteht aus zwei Anteilen. Der eine, die sogenannte potentielle Energie, ist eine Funktion der Orte der Körper, aus der die Kräfte berechnet werden können. Die Summe beider ist zeitlich konstant. Im Gegensatz zur Bewegungsgröße ist die Energie nicht gerichtet.

Die Chemiker haben ein weiteres Erhaltungsgesetz gefunden, nämlich das Gesetz der Erhaltung der Masse bei chemischen Umsetzungen. Aber *Einstein* bewies durch eine sorgfältige Analyse der Gesetze der Elektrizität und des Magnetismus – die seit *Maxwell* die Optik, die Physik des Lichtes, mit umfassen –, daß diese beiden Erhaltungssätze in Wahrheit nur ein einziges Gesetz sind. Wo immer Energie sich ändert, ändert sich auch Masse. Indessen ist der Betrag der Änderung der Masse sehr klein, da der eingehende Faktor das Quadrat der Lichtgeschwindigkeit ist. Es bedarf einer sehr großen Energieänderung, um eine meßbare Massenänderung zu bewirken.

Dies bedeutet nun einen wichtigen Abstraktionsschritt für eben den Begriff der Materie selbst. Was ist Materie? Das Papier, auf dem ich schreibe, ist Materie, auch die Luft ist noch Materie, aber sogar das Licht ist heute auf Grund von *Einsteins* Entdeckungen Materie geworden. Es hat eine Masse und auch ein Gewicht; es unterscheidet sich nicht von gewöhnlicher Materie, indem es ebenfalls sowohl Energie als auch Bewegungsgröße besitzt. Der einzige Unterschied ist, daß Licht nie in Ruhe ist, sondern sich stets mit der gleichen charakteristischen Geschwindigkeit bewegt.

Ich habe schon die Gesetze des Elektromagnetismus erwähnt. Sind sie Konsequenzen aus den Gesetzen der Mechanik *Newtons?* Nein, sie sind von anderem Typus, trotz grundsätzlicher Ähnlichkeiten bezüglich der angenommenen vollständigen Determiniertheit des Ablaufs der Ereignisse durch die Anfangsbedingungen. Seit den Tagen von *Faraday* und *Maxwell* im verflossenen Jahrhundert sprechen wir hier von einem Feld. Was ist ein Feld? Eine weitere Verfeinerung eines Begriffs aus dem täglichen Leben – ein Etwas, das sich in Raum und Zeit kontinuierlich erstreckt, physikalische Eigenschaften der Raum- und Zeitpunkte, die sich mit diesen stetig ändern. Was ist das Wesen dieser physikalischen Eigenschaften? Die heutige Antwort lautet: Das ist belanglos; ich brauche nur ein Mittel, um sie zu messen, und wenn sie sich stetig ändern, so handelt es sich um ein Feld. Im verflossenen Jahrhundert lautete die Antwort ganz anders: das Wesen der fraglichen Eigenschaften sollte mechanischer Art sein, Deformationen, Druck und Zug, vielleicht in einem hypothetischen Medium, aber auf jeden Fall mechanisch. Aber Schritt für Schritt gaben die Physiker die mechanische Prämisse auf. Eine objektive wissenschaftliche Beschreibung war nun nicht mehr eine mechanische Beschreibung in einem absoluten Raum und einer absoluten Zeit. Sie wurde zu einer abstrakteren Beschreibung von Phänomenen, in der stetige Funktionen auftraten, die von einem Bezugssystem abhängen. Die Naturgesetze hingegen bleiben die gleichen, was für ein Bezugssystem man auch wählen mag. Nicht nur hat eine gemeinsame gleichförmige Bewegung von Beobachter und Meßgerät keinen Einfluß auf die Phänomene, sondern sogar eine beschleunigte Bewegung ist nach *Einstein* zumindest örtlich einem Gravitationsfeld äquivalent. Ich will hier nicht versuchen, Ihnen die Gedanken der Gruppentheorie zu erklären, die dazu dient, eine solche Äquivalenz exakt zu formulieren, und die eines der fundamentalen Hilfsmittel der modernen Physik ist, dessen Fruchtbarkeit meines Erachtens heute noch überhaupt nicht ausgeschöpft ist. Ich sage nur kurz, daß auch dieser Zweig der Mathematik eine Verallgemeinerung von Alltagserfahrungen ist, indem wir die zugrunde liegenden Gedanken schon im Problem der Unterscheidung von Rechts und Links finden. Indem Einstein die Äquivalenz von Beschleunigung und Gravitation durchführte, gelang es ihm, ein Gravitationsfeld zu entwickeln, analog der alten Feldtheorie des Elektromagnetismus, aber bereichert durch den Gedanken der Invarianz der Naturgesetze gegenüber Transformationen der raum-zeitlichen Koordinaten — sich stetig ändernden, den einzelnen Raum- und Zeitpunkten zugeordneten Zahlenwerten.

In dieser Phase der Entwicklung der allgemeinen Begriffe der Physik stoßen wir auf die alte Frage, ob es eine Grenze der Teilbarkeit der Materie gibt oder nicht, mit anderen Worten: Ist die Materie kontinuierlich oder diskontinuierlich gebaut? Die Erfahrung entschied zugunsten der Existenz letzter Einheiten der Materie, in Übereinstimmung mit den Vorstellungen der Atomisten des alten Griechenland. Die Chemiker hatten bereits entdeckt, daß die Vorstellung stabiler Moleküle und Atome als Bausteine der Materie der einfachste Weg zur Beschreibung von chemischen Umsetzungen ist; aber erst die Physiker des verflossenen Jahrhunderts haben Verfahren entwickelt, um diese Atome und Moleküle zu zählen. Sie maßen die Schlüsselzahl, die uns angibt, wieviele wirkliche Atome in jeder chemischen Stoffeinheit sind. Die radioaktiven Erscheinungen bewiesen, daß die Atome, die die chemische Natur eines Stoffes kennzeichnen, aus einem verhältnismäßig kleinen Kern mit positiver Ladung bestehen, der von negativ geladenen Teilchen, Elektronen genannt, umgeben ist, genau wie die Sonne von Planeten umgeben ist. Spätere Experimente ergaben, daß auch die Kerne, die viel schwerer sind als die Elektronen, umwandlungsfähig sind und aus anderen Teilchen, den sogenannten Nukleonen, bestehen. Das sind die Protonen mit positiver Ladung und die elektrisch ungeladenen Neutronen mit fast der gleichen Masse wie die Protonen. Ich will hier nicht von den sogenannten Mesonen sprechen, mit denen uns die kosmische Strahlung bekannt gemacht hat, die man später auch im Laboratorium künstlich erzeugt hat und deren Massen zwischen der des Elektrons und des Protons liegen. Ich erwähne nur die Existenz der Positronen, die die gleiche Masse aber die entgegengesetzte Ladung haben wie die Elektronen. Wenn ein Positron und ein Elektron zusammentreffen, so vernichten sie einander, indem sie sich in elektromagnetische Strahlung verwandeln; und umgekehrt kann eine solche Strahlung Elektronen und Positronen paarweise erzeugen.

Wenn man die Existenz aller dieser Umwandlungen ins Auge faßt, was bleibt dann noch von den alten Vorstellungen von Materie und Substanz? Die Antwort lautet: Energie. Diese ist die wahre Substanz, das was erhalten bleibt. Nur die Gestalt, in der sie auftritt, wechselt. Es gibt aber noch eine andere Größe, die erhalten bleibt; aber anders als die Energie kann sie positive und negative Werte annehmen, nämlich die elektrische Ladung. Nicht nur bleibt diese erhalten; sie hat auch einen atomistischen, diskreten Charakter: jede in der Natur vorkommende elektrische Ladung ist ein ganzzahliges Vielfaches einer bestimmten Einheit, der elektrischen Elementarladung. Noch wissen wir nicht, warum das so ist. Die Theorie nimmt es als Tatsache zur Kenntnis, aber deutet es bisher nicht.

Dieses Problem hängt eng mit anderen Zügen der Natur zusammen, die man unter dem Namen des von *Planck* entdeckten „Wirkungsquantums" zusammenfaßt. *Planck* fand, daß die Gesetze der elektromagnetischen Strahlung, einschließlich des Lichtes, wenn sie in thermischem Gleichgewicht mit gewöhnlicher Materie steht, nur gedeutet werden können, wenn man eine vollkommen neue Annahme über die möglichen Strahlungsenergiebeträge von gegebener Frequenz macht. Diese Beträge können nur ganzzahlige Vielfache eines der Frequenz proportionalen Betrages sein. Die hier eingehende universelle Proportionalitätskonstante ist *Plancks* Wirkungsquantum. Hier muß erwähnt werden, daß die Wirkung eine weitere Abstraktion aus *Newtons* Mechanik ist, nämlich eine Größe von der Dimension Energie mal Zeit, die an die Stelle des lediglich qualitativen Alltagsbegriffs der Wirkung tritt. Diese neue Annahme führte bald zu der Vorstellung des „Photons", eines Lichtteilchens, das seine Energie und seine Bewegungsgröße im Raum beisammen hält, so daß nur deren Gesamtbeträge auf einmal ausgestrahlt oder absorbiert werden. Indessen gibt es andere optische Erscheinungen, die sogenannten Interferenzerscheinungen, die nur unter Benutzung des Wellenbildes erklärt werden können. Eine noch tiefere Analyse war nötig, um diese Widersprüche loszuwerden. Paradoxerweise wurde das nur auf Grund der Tatsache möglich, daß die Elektronen, ebenso auch alle anderen materiellen Teilchen, neben ihren Teilcheneigenschaften auch Welleneigenschaften haben, genau wie das Licht Teilcheneigenschaften neben seinen Welleneigenschaften hat.

Diese Paradoxien des Wirkungsquantums machten aus unseren Atomen etwas gans anderes, als es die Gegenstände der *Newton*schen Mechanik waren. Obgleich nun zwar Wirkungen eines einzelnen Atoms in Gestalt kollektiver oder lawinenartiger Wirkungen mit geeignet gebauten Geräten sichtbar gemacht werden können, darf doch nicht vergessen werden, daß wir es hier mit einer unsichtbaren Wirklichkeit zu tun haben, bei der Züge fundamental werden, die bei makroskopischen Objekten zumindest zu vernachlässigen und ohne praktische Bedeutung sind. Es war *Bohr*, der nicht nur *Plancks* Ideen zu einer Theorie des Atombaus und der Spektrallinien weiterentwickelte, sondern auch die erkenntnistheoretischen Konsequenzen der neuen Quanten- oder Wellenmechanik erarbeitete, die seit 1927 die logischen Widersprüche aus der theoretischen Deutung der Quantenerscheinungen beseitigt haben. Diese Konsequenzen sind nicht ganz leicht verständlich, und der als „Komplementarität" bezeichnete Begriff, den *Bohr* und andere zu diesem Zweck entwickelten, fand zwar die Zustimmung der Mehrheit der Physiker, blieb aber doch nicht unwidersprochen.

Um den Sinn der Komplementarität zu verstehen, muß man sich Objekte vorstellen, die sich immer in Bewegung setzen, sobald man sie mit einem Gerät beobachtet, das zur Feststellung ihres Ortes dienen kann. Das würde noch nichts schaden, sofern man diese Bewegung berechnen und so die durch die Messung verursachte Störung theoretisch ermitteln könnte. Was aber, wenn es grundsätzlich nicht möglich wäre, diese Störung unter Beobachtung zu halten? Und wenn die empirische Messung dieser Störung neue Meßgeräte ins Spiel bringen würde, deren Wechselwirkung mit den anderen neue Störungen setzen würde, die grundsätzlich unberechenbar und unkontrollierbar wären?

Das ist in der Tat die wirkliche Lage, die durch die Endlichkeit des Wirkungsquantums geschaffen wird. Wie *Heisenberg* zuerst ausgeführt hat, befindet man sich hier im Zustand des Dilemmas zwischen dem Verzicht und der Wahl, eine Lage, die eine gewisse Freiheit auf Seiten des Beobachters in sich schließt, seine experimentelle Anordnung als eine von mindestens zwei Möglichkeiten auszuwählen, die einander ausschließen. Die alten Anfangsbedingungen des klassischen Trägheitssatzes, nämlich Ort und Geschwindigkeit oder Bewegungsgröße, erscheinen nun als ein echtes Gegensatzpaar, das aus von einander unabhängigen Größen besteht. Auf Grund der Theorie kann man nur dann der einen von diesen einen scharf definierten Wert zuschreiben, wenn die andere grundsätzlich derart unbestimmt ist, daß das Produkt der Unschärfen der beiden Größen durch das Wirkungsquantum gegeben ist. Da diese Undeterminiertheit ein unvermeidliches Element jedes nach den neuen Naturgesetzen überhaupt möglichen Anfangszustandes eines Systemes ist, kann die Weiterentwicklung des Systems niemals determiniert sein, wie es in der klassischen Mechanik der Fall war. Gleichwie eine Grundtatsache ohne Ursache ist indessen das individuelle Ergebnis einer Einzelmessung im allgemeinen nicht in Gesetzen enthalten. Das muß notwendig so sein, wenn die Quanten- oder Wellenmechanik als eine rationale Verallgemeinerung der klassischen Physik verstanden wird, die die Endlichkeit des Wirkungsquatums in Betracht zieht. Die in den neuen Gesetzen auftretenden Wahrscheinlichkeiten müssen dann als primär betrachtet werden, das heißt: als nicht aus deterministischen Gesetzen ableitbar. Als Beispiel für diese primären Wahrscheinlichkeiten erwähne ich hier die Tatsache, daß der Zeitpunkt, zu dem ein individuelles Atom eine bestimmte Umwandlung erleiden wird, auch unter Bedingungen undeterminiert bleibt, wo die Umwandlungsrate für eine große Gesamtheit von Atomen praktisch genau bestimmt ist.

Auf dieser Linie wurde der Widerspruch zwischen der Wellen- und der Teilchenvorstellung überwunden, da auf Grund der oben erwähnten, in den Naturgesetzen enthaltenen Unbestimmtheitsrelationen die Experimente, die dazu dienen, die Welleneigenschaften eines atomaren Objekts nachzuweisen, und die anderen Experimente, die zum Nachweis seiner Teilcheneigenschaften dienen, einander wechselseitig ausschließen.

Die Bedeutung dieser Entwicklung besteht darin, daß sie uns einen Einblick in die logische Möglichkeit einer neuen und erweiterten Art des Denkens gibt. Dieses Denken zieht auch den Beobachter mit in Betracht, einschließlich des von ihm benutzten Meßgerätes, also ganz verschieden von der Art, wie es in der klassischen Physik geschah, sowohl in der *Newton*schen Mechanik als auch in den *Maxwell-Einstein*schen Feldtheorien. Bei der neuen Art, zu denken, nehmen wir nicht mehr den losgelösten Beobachter an, der in den Idealisierungen dieser klassischen Theorientypen auftritt, sondern einen Beobachter, der durch seine undeterminierbaren Einwirkungen eine neue Situation schafft, die theoretisch als ein neuer Zustand des beobachteten Systems beschrieben wird. Auf diese Weise ist jede Beobachtung eine Aussonderung eines realen Einzelereignisses, hier und jetzt, aus den theoretischen Möglichkeiten, wobei gleichzeitig die diskontinuierliche Seite der physikalischen Phänomene zu Tage tritt.

Indessen bleibt auch in der neuen Art von Theorie immer noch eine objektive Wirklichkeit, in sofern als diese Theorien jede Möglichkeit leugnen, daß der Beobachter das Ergebnis eines Experiments noch beeinflussen kann, nachdem einmal die experimentelle Anordnung gewählt worden ist. Deshalb gehen die besonderen Eigenschaften eines individuellen Beobachters nicht in den begrifflichen Rahmen der Theorie ein. Im Gegenteil beschreibt sie die Erscheinungen in der mikroskopischen Größenskala atomarer Objekte auf eine Weise, die für jeden beliebigen Beobachter gilt, und mit mathematischen Gesetzen mit gruppentheoretischen Eigenschaften, die ein jeder erlernen kann, der über ausreichende mathematische und physikalische Kenntnisse verfügt. In diesem erweiterten Sinne ist die quantenmechanische Beschreibung atomarer Phänomene immer noch eine objektive Beschreibung, obgleich nicht mehr angenommen wird, daß der Zustand eines Objekts unabhängig bleibt von dem Weg, auf dem die möglichen Quellen einer Information über das Objekt durch Beobachtungen unwiderruflich geändert werden. Die Existenz solcher Änderungen enthüllt uns eine neue Art von Ganzheit in der Natur, die der klassischen Physik unbekannt war, insofern als ein Versuch, das durch die ganze zur Beobachtung verwendete experimentelle Anordnung definierte Phänomen zu unterteilen, ein ganz und gar neues Phänomen schafft.

Es besteht allgemeine Übereinstimmung darüber, daß die heutige Quantenmechanik noch viele fundamentale Tatsachen unerklärt läßt, wie zum Beispiel den von mir schon erwähnten atomistischen Charakter der Elektrizität. Außerdem gibt es noch keine befriedigende Deutung der charakteristischen Vielfalt der Massenwerte und des sehr verschiedenen Stabilitätsgrades der vielen Teilchen, die man in sehr provisorischer Weise „Elementarteilchen" nennt. Die Grenzen der Anwendbarkeit unserer heutigen Theorie zugegeben, bestehen natürlich sehr große Meinungsverschiedenheiten bezüglich der weiteren Entwicklung in der Zukunft. Manche Physiker erhoffen die Möglichkeit einer Rückkehr zu der klassischen Vorstellung des losgelösten Beobachters, dessen Einfluß auf das beobachtete System immer durch theoretisch determinierbare Korrektionen eliminiert werden kann. Andere, zu denen ich mich selbst rechne, richten ihre Hoffnungen gerade in die entgegengesetzte Richtung. Was mir in der Entwicklung, die im Jahre 1927 schließlich zur Aufstellung der heutigen Wellenmechanik führte, den größten Eindruck gemacht hat, ist die Tatsache, daß es in der Physik echte Gegensatzpaare gibt, wie Teilchen gegen Welle, Ort gegen Bewegungsgröße, Energie gegen Zeit, deren Gegensatz nur auf eine symmetrische Weise überwunden werden kann. Das bedeutet, daß nie ein Partner zugunsten des anderen ausgemerzt wird, sondern sie werden beide in eine neue Art von physikalischen Gesetzen übernommen, das den komplementären Charakter des Gegensatzes angemessen ausdrückt.

Ich halte es für wahrscheinlich, daß die Lage im Fall der Begriffe Feld gegen Körper eine ähnliche ist. Ein Feld kann nur durch seine Wirkungen auf Probekörper gemessen werden, und die Probekörper können auch als Quellen des Feldes angesehen werden. Daraus erwachsen keine Schwierigkeiten bei den gewöhnlichen großräumigen, makroskopischen Erscheinungen, denn man kann immer annehmen, daß die Störung des Feldes durch die Probekörper klein ist und unter Kontrolle gehalten werden kann. Das gilt aber nicht mehr für Probekörper, deren atomistische Beschaffenheit wesentlich ist, und insbesondere nicht für die Elementarteilchen wie die Elektronen und Nukleonen selbst, deren Ort und Bewegung nicht mehr ebenso der Beobachtung zugänglich sind wie bei makroskopischen Probekörpern.

Während in der derzeitigen Theorie immer noch eine Dualität bezüglich der Begriffe der Felder und der Probekörper besteht, glaube ich, daß eine neue mathematische Gestalt der physikalischen Gesetze erforderlich ist, welche Felder ohne Probekörper nicht nur physikalisch, sondern auch logisch unmöglich macht. Die Gesetze müssen auch säuberlich die Komplementarität zwischen der Messung eines Feldes mit einem atomaren Objekt einerseits und der Beschreibung des gleichen Objekts als Quelle des Feldes andrerseits ausdrücken. In der Tat sollten diese beiden Möglichkeiten als Ergebnis einer geeigneten Form der Naturgesetze einander wechselseitig ausschließen.

Ähnliche Gedanken haben bereits *Bohr* und andere geäußert. Indessen brauche ich nicht zu betonen, daß wir uns hier auf einem höchst hypothetischen Gebiet befinden, auf dem bisher noch nichts bewiesen und jede Möglichkeit noch eine Frage des Erfolges ist. Ich habe diese hypothetischen Möglichkeiten nur erwähnt, um allgemein zu empfehlen, man solle nicht einfach in den hergebrachten Formen der Naturerklärung denken, auch wenn diese Formen in historischen philosophischen Systemen trefflich formuliert sind. Vielmehr sollte man ein offenes Ohr für neue logische und empirische Möglichkeiten haben, die in diesen Systemen nicht vorhergesehen sind.

Wir vertrauen darauf, daß der menschliche Geist stets fähig sein wird, neue Gedanken hervorzubringen, die irgendwie zu den Objekten um uns passen, die wir als Zeugen der Materie und der Energie im Sinne der Physik mit unseren Sinnen wahrnehmen. Denn sowohl der menschliche Geist in uns als auch das wahrgenommene Objekt außer uns sind der gleichen kosmischen Ordnung unterworfen.

2

Die philosophische Bedeutung der Idee der Komplementarität

1. Die Veröffentlichung dieses Vortrages erfolgt in der Hoffnung, mit diesem kleinen Beitrag diejenigen größeren Bestrebungen zu fördern, welche im allgemeinen das Ziel verfolgen, die verschiedenen Teildisziplinen, in welche unsere Geistigkeit auseinandergefallen ist, einander wieder näherzubringen. Die Abspaltung der Naturwissenschaften und der Mathematik als selbständige Teildisziplinen aus einer ursprünglich einheitlichen, aber vorwissenschaftlichen Naturphilosophie, welche im 17. Jahrhundert einsetzte, war zwar eine notwendige Bedingung für die weitere geistige Entwicklung des Abendlandes. Aber heute scheinen mir die Voraussetzungen für ein erneutes Einverständnis der Physiker und der Philosophen über die erkenntnistheoretischen Grundlagen der wissenschaftlichen Naturbeschreibung erfüllt zu sein. Die Entwicklung der Atomistik und Quantentheorie seit 1910 hat nämlich dazu geführt, daß die Physik allmählich gezwungen war, ihren stolzen Anspruch, im Prinzip die g a n z e Welt verstehen zu können, aufzugeben. Alle Physiker, welche die Entwicklung bejahen, die in der systematischen Konstruktion des mathematischen Formalismus der Wellenmechanik im Jahre 1927 einen vorläufigen Abschluß fand, müssen zugeben, daß wir heute zwar Naturwissenschaften, aber kein naturwissenschaftliches Weltbild mehr besitzen. Eben dieser Umstand könnte aber als Korrektur der früheren Einseitigkeit den Keim eines Fortschrittes in Richtung auf ein einheitliches Gesamtweltbild in sich tragen, in welchem die Naturwissenschaften nur ein Teil sind. Hierin möchte ich die allgemeinere Bedeutung der Idee der Komplementarität erblicken, welche dank dem dänischen Physiker *Niels Bohr* aus dem Boden der Physik gewachsen ist.

Im Gegensatz zur Relativitätstheorie wurde diese Wendung in der modernen Physik bis jetzt nur von einer kleineren Zahl philosophischer Fachvertreter zur Kenntnis genommen. Andrerseits haben einige Physiker die moderne Quantenphysik als Bestätigung spezieller philosophischer Richtungen, wie z. B. des Positivismus, gedeutet. Im Gegensatz zu dieser Ansicht möchte ich hier den Standpunkt vertreten, daß die erkenntnistheoretische Situation, vor welche die moderne Physik gestellt ist, von keinem philosophischen System vorhergesehen wurde.

Im folgenden möchte ich nun an einfachen Beispielen erläutern, wie innerhalb der Physik die Idee der Komplementarität eine Synthese von entgegengesetzten und einander zunächst widersprechenden Voraussetzungen ermöglicht hat. Zur Erreichung dieses Ziels waren allerdings weitgehende Verallgemeinerungen des alten Ideals der Kausalität und sogar des Begriffes der physikalischen Realität notwendig.

2. Das in der Physik berühmt gewordene Beispiel zweier einander widersprechender Vorstellungen, das uns hier beschäftigen soll, ist das des „Teilchenbildes" und des „Wellenbildes". Daß Teilchen keine Wellen und Wellen keine Teilchen sind, läßt sich bereits erkennen, wenn einem Energiestrom eine halbdurchlässige Platte entgegengestellt wird. Besteht dieser Strom aus einem Wellenvorgang oder aus vielen Teilchen, so wird ein bestimmter Bruchteil der Energie an der Platte reflektiert und der Rest hindurchtreten. Was geschieht jedoch, wenn im Fall des Teilchenstroms dessen Intensität so vermindert wird, daß während des Versuches praktisch nur ein einziges Teilchen die Platte trifft? Dieses wird im Gegensatz zum Fall des Wellenvorganges als unteilbares Individuum entweder durch die Platte hindurchtreten oder von ihr reflektiert werden, aber sicher nicht auf beiden Seiten der Platte zugleich erscheinen können. Der Unterschied der Konsequenzen beider Bilder ist also ebenso unüberbrückbar wie der analoge Unterschied der beiden logischen Relationen „entweder — oder" und „sowohl als auch".

Dennoch hat sich empirisch herausgestellt, daß das Licht sowohl Eigenschaften hat, die sich nur mit Hilfe des Wellenbildes, als auch andere, die sich nur mit Hilfe des Teilchenbildes beschreiben lassen. Zu den ersteren gehören die heute bereits klassisch gewordenen Interferenz- und Beugungserscheinungen. Das ihnen Gemeinsame besteht darin, daß das Licht derselben Quelle in mindestens zwei verschiedene Wege aufgespalten wird, die nachher wieder zusammentreffen. Bei letzterem Vorgang addieren sich jedoch nicht die Intensitäten der Teilstrahlen, sondern die Amplituden (Superpositionsprinzip), deren Quadraten die Intensitäten proportional sind. Die resultierende Intensität hängt sonach periodisch von der Phasendifferenz der Teilwellen ab, für die außer den optischen Konstanten der vom Licht durchlaufenen Medien die Längen der zurückgelegten Wege maßgebend sind. Die genaue geometrische Bestimmtheit dieser Phasendifferenz ist sonach eine notwendige Voraussetzung des Auftretens der Interferenzerscheinungen. Diese erweisen sich jedoch als von der Intensität des Lichtes unabhängig, sofern nur die zum Nachweis des Lichtes benützten Apparate genügend lange Zeit in Funktion sind.

Ein besonders auffallendes Beispiel einer Erscheinung, für deren Deutung das Teilchenbild das naturgemäße ist, bildet andrerseits der lichtelektrische Effekt, der in der Auslösung von Elektronen an einer Metallplatte durch Licht besteht. Während nämlich die Intensität des auffallenden Lichtes nur die Anzahl der pro Zeiteinheit ausgelösten Elektronen bestimmt, erweist sich die Energie der Elektronen als unabhängig von der Lichtintensität und als nur abhängig von der Wellenlänge (oder Schwingungszahl) des einfallenden Lichtes. Wie *Einstein* 1905 gezeigt hat, läßt sich das Phänomen des lichtelektrischen Effektes quantitativ mit Hilfe der Vorstellung beschreiben, daß die Energie E und die Bewegungsgröße P des Lichtes bestimmter Wellenlänge und Fortpflanzungsrichtung in „Lichtquanten" oder „Photonen" der Größe

$$E = h\nu, \qquad P = \frac{h}{\lambda} \tag{1}$$

raumzeitlich konzentriert bleibt. Dabei bedeutet ν die Schwingungszahl, λ die mit dieser gemäß

$$\nu = \frac{c}{\lambda} \tag{2}$$

verknüpfte Wellenlänge, c die Lichtgeschwindigkeit und h die durch *Planck* in die Theorie der Wärmestrahlung eingeführte und Wirkungsquantum genannte universelle Konstante. Zum Verständnis des lichtelektrischen Effektes genügt es, anzunehmen, daß die durch (1) gegebenen, elementaren Beträge von Energie und Bewegungsgröße nur als Ganzes emittiert und absorbiert werden können. Diese Annahme bewährte sich auch bei der Deutung anderer den Energieumsatz von Licht betreffender Phänomene.

Man muß also schließen, daß das oben beschriebene Experiment mit der halbdurchlässigen Platte für Licht geringer Intensität zugunsten des entweder — oder ausfallen wird: ein einzelnes Photon wird entweder hinter oder vor der Platte in einer Photozelle oder photographischen Platte eine Wirkung hervorrufen, aber nicht gleichzeitig auf beiden Seiten. Die Anwendung dieses Teilchenbildes auf Interferenzerscheinungen erweist sich aber als nicht durchführbar. Nimmt man nämlich an, daß ein einzelnes Photon nur einen der Lichtwege durchläuft, auf deren Zusammenwirken die Interferenzerscheinung beruht, so müßte die Häufigkeit seiner Wirkung an einem Punkt, die stets der aus der Wellentheorie folgenden Lichtintensität (d. h. dem Quadrat der resultierenden Amplitude) an dieser Stelle proportional ist, von der Existenz von (unter Umständen weit abliegenden) Wegen abhängen, die es nicht durchlaufen hat. Ja, diese Trefferwahrscheinlichkeit müßte sich sogar wesentlich ändern, wenn der Beobachter z. B. eine Öffnung schließt, die das Photon gar nicht passiert hat; denn eine solche Operation ändert im Wellenbild wesentlich die möglichen Wege der Partialwellen, die für die resultierende Trefferverteilung des Photons maßgebend sind. Das Resultat ist übrigens an Stellen besonders drastisch, wo die Wellentheorie die Intensität Null ergibt, da dann die bloße Möglichkeit des Auftretens eines Photons an dieser Stelle (statt dessen Häufigkeit im allgemeinen Fall) von der Gesamtheit der möglichen Wege des Photons abhängt. Der Interferenzversuch fällt demnach zugunsten des „sowohl — als auch" aus.

Längere Zeit hindurch schien dieses Dilemma unlösbar. Eine unerwartete Wendung in dieser Situation trat jedoch ein, als sich der Dualismus zwischen Wellenbild und Teilchenbild als u n i v e r s e l l erwies. Er besteht nicht nur für das Licht, sondern ebenso auch für alle materiellen Teilchen. Auch diese zeigen Interferenzerscheinungen, die sich nur mit Hilfe eines Wellenbildes beschreiben lassen. Und zwar sind nach *de Broglie* Schwingungszahl und Wellenlänge dieser Wellen gemäß der nämlichen Formel (1) mit Energie und Bewegungsgröße der Teilchen zu verknüpfen, die auch für das Licht Geltung hat. (Nur die Formel (2) ist für Materiewellen durch eine allgemeinere zu ersetzen.)

Dies hat zunächst zur Folge, daß auch das Partikelbild eine charakteristische Begrenzung hat, und zwar nicht nur beim Licht, sondern auch bei der Materie. In der Wellenkinematik läßt sich leicht allgemein zeigen, daß Superpositionen von Wellen, sogenannte W e l l e n p a k e t e , einen um so größeren Spielraum $\Delta(1/\lambda)$ der Wellenzahlen (reziproken Wellenlängen) ihres Spektrums enthalten müssen, je kleiner ihre räumliche Ausdehnung ist, und umgekehrt. Allgemein ist das Produkt

$$\Delta x \, \Delta\left(\frac{1}{\lambda}\right) \sim 1 \qquad (3)$$

höchstens von der Größenordnung 1. Gemäß der fundamentalen Verknüpfung (1) von Wellenlänge und Bewegungsgröße folgt daraus

$$\Delta P \, \Delta x > h \qquad (4)$$

(wobei sich P und x auf Komponenten der zugehörigen Vektoren in derselben Richtung beziehen). Dies ist der Inhalt des berühmten *Heisenberg*schen Ungenauigkeitsprinzips. Es ist nicht möglich, einem materiellen Körper, sei er makroskopisch oder atomar, elektrisch geladen wie ein Elektron oder neutral wie ein Photon, zugleich eine exakte Lage und einen exakten Wert seiner Bewegungsgröße zuzuschreiben. Denn im Wellenbild existieren keine „Pakete", die der Relation (3) widersprechen. (Für Energie und Zeit gilt Analoges; doch brauchen wir nicht darauf einzugehen.)

Dieses universelle Ungenauigkeits- oder Unsicherheitsprinzip ermöglicht es uns, einzusehen, daß die Anwendung des Wellenbildes und des Teilchenbildes nicht mehr in Widerspruch miteinander geraten können, da die Versuchsanordnungen mit dem Resultat zugunsten des „sowohl — als auch" (Wellenbild) und die andern Versuchsanordnungen mit dem Resultat zugunsten des „entweder — oder" (Teilchenbild) e i n a n d e r a u s - s c h l i e ß e n. Um nämlich zu entscheiden, ob ein Photon den einen oder den andern von zwei (oder mehreren) Wegen eingeschlagen hat, muß ein Rückstoß nachgewiesen werden, den das Photon auf gewisse Teile der Apparatur (Schirme, Blenden, Spiegel usw.) ausübt. Mit Hilfe der Erhaltungssätze von Energie und Bewegungsgröße kann dann auf die Fortpflanzungsrichtung des Photons geschlossen werden. Für die Möglichkeit einer solchen Rückstoßmessung ist nicht nur nötig, daß gewisse Apparatteile gegen andere frei beweglich sind, sondern auch daß deren Bewegungsgröße vor ihrer Wechselwirkung mit dem Photon genügend genau bekannt ist. Gemäß der Unsicherheitsrelation (4) bedeutet das jedoch, daß die Lage dieser Apparatteile vor dem Versuch dann nur mit einer unvermeidlichen Ungenauigkeit bekannt ist. Eine quantitative Diskussion, die ich hier nicht wiedergeben kann, zeigt, daß diese Ungenauigkeit stets gerade von einem solchen Betrag ist, daß die für die Ausführung eines Interferenzversuches notwendige Bestimmtheit der Phasendifferenz verlorengegangen ist. Hat man daher nachgewiesen, daß ein Photon einen gewissen Weg sicher nicht eingeschlagen hat, so braucht dieser Weg auch für die Berechnung von Treffwahrscheinlichkeiten nicht in Betracht gezogen zu werden. Andrerseits erfordert eine Interferenzanordnung räumlich fixierte Apparatteile, bei denen die auf sie übertragene Bewegungsgröße stets unbestimmt bleiben muß. Eine Interferenzanordnung für ein Photon ist demnach ein Ganzes, das sich nicht in durch Raum und Zeit verfolgbare Kausalketten von weiteren das Photon betreffenden Ereignissen zerlegen läßt. Jeder Versuch einer solchen raumzeitlichen Verfolgung des Photons würde ja durch unbestimmbare Ortsveränderungen der Apparatteile das Interferenzphänomen zerstören.

3. Die Endlichkeit des Wirkungsquantums, die eine Unterteilung individueller Quantenprozesse ausschließt, stellt also die Physiker vor folgende Situation: Es ist unmöglich, den ganzen Einfluß des Meßapparates auf das gemessene Objekt durch determinierbare Korrekturen in Rechnung zu stellen. Jeder Gewinn an Kenntnis atomarer Objekte durch Beobachtungen muß mit einem unwiderruflichen Verlust anderer Kenntnisse bezahlt werden. Die Naturgesetze verhindern zum Beispiel den Beobachter, eine gleichzeitige Kenntnis sowohl von Energie und Bewegungsgröße als auch von raumzeitlicher Lokalisierung eines Objektes zu erreichen. Welche Kenntnis gewonnen oder welche andere Kenntnis unwiderruflich verloren ist, bleibt der freien Wahl des Experimentators zwischen einander ausschließenden Versuchsanordnungen überlassen. Diese Situation wurde von *Bohr* mit „Komplementarität" bezeichnet. Der Unkontrollierbarkeit des Eingriffes der Beobachtung in das beobachtete System wird dadurch Rechnung getragen, daß die atomaren Objekte nicht in eindeutiger Weise durch die gewöhnlichen physikalischen Eigenschaften beschrieben werden können. Dadurch ist die Voraussetzung einer Beschreibung der Phänomene unabhängig von der Art ihrer Beobachtung nicht mehr erfüllt, und die

physikalischen Objekte erhalten einen zwei- oder mehrdeutigen und daher symbolischen Charakter.

Die Beobachter oder Beobachtungsmittel, welche die moderne Mikrophysik in Betracht ziehen muß, unterscheiden sich demnach wesentlich von dem losgelösten Beobachter der klassischen Physik. Unter letzterem verstehe ich einen solchen, der zwar nicht notwendig ohne Wirkung auf das beobachtete System ist, dessen Einwirkung aber jedenfalls durch determinierbare Korrekturen eliminiert werden kann. In der Mikrophysik ist dagegen jede Beobachtung ein Eingriff von unbestimmbarem Umfang sowohl in das Beobachtungsmittel wie in das beobachtete System und unterbricht den kausalen Zusammenhang der ihr vorausgehenden mit den ihr nachfolgenden Erscheinungen. Die unkontrollierbare Wechselwirkung zwischen Beobachter und beobachtetem System bei jeder Messung macht daher die in der klassischen Physik vorausgesetzte deterministische Auffassung der Phänomene undurchführbar. Auch unter wohl definierten physikalischen Bedingungen lassen sich über die Resultate künftiger Beobachtungen im allgemeinen nur statistische Voraussagen machen, während das Resultat der Einzelbeobachtung nicht durch Gesetze bestimmt ist. In diesem Sinne kann man sagen, daß dem modernen Physiker das Irrationale als auswählende Beobachtung entgegentritt. Das nach vorherbestimmten Regeln ablaufende Spiel wird durch diese unterbrochen und eine Wandlung mit nicht vorhersagbarem Resultat hervorgerufen, die somit als wesentlich nicht automatisches Geschehen aufgefaßt wird *).

4. Dieser Sachverhalt der Komplementarität innerhalb der Physik führt in natürlicher Weise über das engere Gebiet der Physik hinaus zu analogen Situationen bei den allgemeinen Bedingungen der menschlichen Erkenntnis. Innerhalb der Physik braucht allerdings der Begriff des Bewußtseins nicht direkt verwendet zu werden, da als Beobachtungsmittel auch ein automatischer Registrierapparat gedacht werden kann. Von diesem muß nur

*) Die formale mathematische Operation, die einer tatsächlichen Beobachtung zugeordnet ist und deren Resultat die theoretischen Gesetze nicht bestimmen, ist die sogenannte „Reduktion der Wellenpakete". Die dabei affizierte abstrakte Wellenfunktion (im allgemeinen eine komplexe Größe in einem mehrdimensionalen Raum) hat die Bedeutung eines die Gegensätze der anschaulichen Vorstellungen vereinigenden Symbols. Die statistische Verknüpfung dieser Wellenfunktion mit Beobachtungsreihen an gleichartigen und in gleicher Weise vorbehandelten Einzelsystemen ist analog zur obenerwähnten Verknüpfung der Trefferwahrscheinlichkeit eines Photons mit dem klassischen Wellenfeld. Dieser neue Typus eines Naturgesetzes vermittelt zwischen den Ideen des Diskontinuums (Teilchen) und des Kontinuums (Welle) und kann daher im Sinne von *Bohr* als „Korrespondenz" aufgefaßt werden, die den klassisch deterministischen Typus des Naturgesetzes rationell verallgemeinert.

angenommen werden, daß er in der gewöhnlichen Sprache, eventuell ergänzt durch die Terminologie der klassischen Physik, beschreibbar ist. Dieses Beobachtungsmittel vertritt also ein technisch erweitertes erkennendes Subjekt. Auf diese Weise verallgemeinert die moderne Physik die alte Gegenüberstellung von erkennendem Subjekt auf der einen Seite und des erkannten Objektes auf der anderen Seite zu der Idee des Schnittes zwischen Beobachter oder Beobachtungsmittel und dem beobachteten System. Während die Existenz eines solchen Schnittes eine notwendige Bedingung menschlicher Erkenntnis ist, faßt sie die Lage des Schnittes als bis zu einem gewissen Grade willkürlich und als Resulat einer durch Zweckmäßigkeitserwägungen mitbestimmten, also teilweise freien Wahl auf.

In der Tat hat die Beziehung zwischen Subjekt und Objekt paradoxe Eigenschaften, die eine weitgehende Analogie zu der Beziehung zwischen Beobachtungsmittel und beobachtetem System haben, wie wir ihr in der Quantenphysik begegnen. *Bohr* kennzeichnet diese Paradoxie der Erkenntnis in folgender Weise [1]: „Einerseits verlangt die Beschreibung unserer Gedankentätigkeit die Gegenüberstellung eines objektiv gegebenen Inhalts und eines betrachtenden Subjektes, während andrerseits keine strenge Trennung zwischen Objekt und Subjekt aufrechterhalten ist, da ja auch der letztere Begriff dem Gedankeninhalt angehört". *Bohr* weist in dieser Verbindung auch darauf hin, daß „die bewußte Analyse eines jeden Begriffes in einem ausschließenden Verhältnis zu seiner unmittelbaren Anwendung steht".

Der Begriff des Bewußtseins verlangt eben einen Schnitt zwischen Subjekt und Objekt, dessen Existenz eine logische Notwendigkeit ist, während wiederum die Lage des Schnittes bis zu einem gewissen Grade willkürlich ist. Die Nichtbeachtung dieses Sachverhaltes gibt Anlaß zu zwei verschiedenen Arten metaphysischer Extrapolation, die selbst als zueinander komplementär bezeichnet werden können. Die eine ist die des materiellen oder allgemeiner physikalischen Objektes, dessen Beschaffenheit unabhängig sein soll von der Art, in welcher es beobachtet wird. Wir haben gesehen, daß die moderne Physik, durch Tatsachen gezwungen, diese Abstraktion als zu eng aufgeben mußte. Die komplementäre Extrapolation ist die der Hindu-Metaphysik vom reinen Subjekt des Erkennens, dem kein Objekt mehr gegenübersteht. Persönlich habe ich keinen Zweifel, daß auch diese Idee als unhaltbare Extrapolation erkannt werden muß. Der abendländische Geist kann einen solchen Begriff eines überpersönlichen kosmischen Bewußtseins, dem kein Objekt gegenübersteht, nicht anerkennen und muß die durch die Idee der Komplementarität vorgezeichnete Mitte einhalten. Von dieser aus betrachtet, wird durch den Begriff des Bewußtseins bereits eine Zweiheit von Subjekt und Objekt vorausgesetzt.

An Stelle des objektlosen Allbewußtseins des Orients hat die abendländische Psychologie den Begriff des Unbewußten aufgestellt, dessen Beziehung zum Bewußtsein ähnlich paradoxe Züge aufweist, wie wir sie innerhalb der Physik antreffen. Einerseits weist die moderne Psychologie eine weitgehend objektive Realität der unbewußten Psyche nach, andrerseits stellt jede Bewußtmachung, d. h. Beobachtung, einen prinzipiell unkontrollierbaren Eingriff in die unbewußten Inhalte dar, wodurch der objektive Charakter der Realität des Unbewußten begrenzt und dieser zugleich eine Subjektivität verliehen wird.

Es würde mich zu weit führen, hier noch auf andere Analogien zur physikalischen Komplementarität einzugehen, die in das Gebiet der Biologie fallen und auch das Problem des psychophysischen Parallelismus betreffen.

Ich hoffe, daß es mir gelungen ist, Ihnen einen Eindruck von der synthetischen Kraft der Idee der Komplementarität zu geben, welche durch prinzipielle Begrenzungen des Anwendungsbereiches gegensätzlicher Vorstellungen die Widerspruchsfreiheit eines mit diesen operierenden Begriffssystems gewährleistet.

Literatur

[1] N. *Bohr*, Atomtheorie und Naturbeschreibung, Kap. III, S. 62 (Berlin 1931).

3

Wahrscheinlichkeit und Physik

Der mathematische Wahrscheinlichkeitsbegriff ist entstanden durch das Bestreben, die einmalige subjektive Erwartung möglichst zu objektivieren. Um dies zu erreichen, muß diese ersetzt werden durch die objektive durchschnittliche Häufigkeit eines Ereignisses bei Wiederholung unter gleichen Bedingungen. Man nimmt an, daß die Wahrscheinlichkeit eines Ereignisses A sich bei großer Zahl der Wiederholungen nur wenig vom Quotienten m/n unterscheidet, worin n die Zahl der Wiederholungen, m die Zahl der Eintritte von A ist. Wir begegnen hier also dem Motiv der e i n e n zu objektivierenden Erwartung und der v i e l e n Ereignisse.

Eine nähere Analyse dieses Sachverhaltes ist nicht einfach, insbesondere gibt der Sprung von der logisch-mathematischen Formulierung zur Empirie zu tiefliegenden erkenntnistheoretischen Problemen Anlaß. Ich glaube, jeder Physiker ist froh, über eine einwandfreie mathematische Axiomatik verfügen zu können, da sie ihm eine saubere Trennung von mathematisch-logischen Problemen einerseits, von physikalisch-naturphilosophischen Problemen andererseits erlaubt. Wie insbesondere auch *van der Waerden* betont hat [1], enthalten die Axiome der Wahrscheinlichkeitsrechnung keine Zurückführung des Begriffes Wahrscheinlichkeit auf andere Begriffe, vielmehr ist der Begriff „Wahrscheinlichkeit" aus dem Axiomensystem, den Grundregeln zu dessen richtiger Handhabung, nicht eliminierbar, das heißt er wird nur implizite und nicht explizite definiert.

Ich brauche hier kein Axiomensystem in extenso anzugeben, da dies von mathematischer Seite erfolgt ist. Die englische Schule *(Keynes, Jeffries, Broad)* bevorzugt die b e d i n g t e Wahrscheinlichkeit (Wahrscheinlichkeit von p bei gegebenem k) [2]. Der Mathematiker *Kolmogoroff* [3] formuliert die Axiome mengentheoretisch, was dem Physiker vielleicht ferner liegt.

Die wichtigsten Axiome sind das konjunktive und das disjunktive von der Addition und Multiplikation der Wahrscheinlichkeiten. Häufigkeiten der Elemente von endlichen Klassen erfüllen jedenfalls von selber die Axiome *).

Als Kuriosum möchte ich nebenbei anführen, daß nicht ein Mathematiker, sondern ein Physiker, nämlich *P.A.M. Dirac,* auf die Idee kam, das Axiom,

*) Sei B eine gegebene endliche Klasse und A eine andere Klasse; bilde den Quotienten aus der Zahl derjenigen B's, die A's sind, dividiert durch die Gesamtzahl der B's.

wonach die Wahrscheinlichkeiten zwischen 0 und 1 gelegene Zahlen sein müssen, fallen zu lassen und (unter Beibehaltung der übrigen Axiome) auch „negative Wahrscheinlichkeiten" (mit konstanter und normierter Summe aller Wahrscheinlichkeiten) zuzulassen. Diese verallgemeinerten „Wahrscheinlichkeiten" sind natürlich nicht mehr als Häufigkeiten interpretierbar. Dementsprechend hat sich auch deren von *Dirac* ursprünglich vorgesehene weitgehende Anwendung in der Physik nicht als durchführbar erwiesen. Dennoch sind sie aber zuweilen nützlich für mathematische Hilfsgrößen, die keine direkte physikalische Bedeutung haben.

Kehren wir aber nach dieser Abschweifung wieder zu den gewöhnlichen, zwischen 0 und 1 liegenden Wahrscheinlichkeiten zurück: Die wichtigste logische Konsequenz aus den Axiomen ist das Theorem von *Bernoulli*, auch Gesetz der großen Zahlen genannt. Seine Voraussetzung ist: bei jeder Anzahl von Gelegenheiten (Wiederholungen) sei die Chance für das Eintreten eines gewissen Ereignisses stets die gleiche, sagen wir p. Die Aussage des Theorems in der Sprache der Mathematik ist diese: Zu „allen" Pärchen positiver Zahlen (ε, ϑ) „gibt es stets" eine große ganze Zahl N mit folgender Eigenschaft: „Die Chance, daß der Bruchteil der Anzahl der Gelegenheiten, bei denen das Ereignis eintritt, von N Gelegenheiten aufwärts, jemals um mehr als ε von p abweichen wird, ist kleiner als ϑ".

Es ist zu beachten, daß diese Aussage keine Limesaussage ist. Das wäre sie nur dann, wenn ϑ durch 0 ersetzt würde, was aber unerlaubt ist. Ausdrücklich fordert die Wahrscheinlichkeitsrechnung das Vorhandensein einer, wenn auch sehr kleinen, doch nicht verschwindenden Wahrscheinlichkeit für ein späteres Auftreten einer Abweichung größer als ε der empirischen Häufigkeit von der mathematischen Chance p.

So wie es rein mathematisch vorliegt, ist das Bernoullische Theorem daher noch nicht einer empirischen Prüfung zugänglich. Hierzu muß an irgendeiner Stelle eine Regel für die praktische Verhaltungsweise des Menschen oder spezieller des Naturforschers hinzugenommen werden, die auch dem subjektiven Faktor Rechnung trägt, nämlich: auch die einmalige Realisierung eines sehr unwahrscheinlichen Ereignisses wird von einem gewissen Punkt an als praktisch unmöglich angesehen. Theoretisch mag zugestanden werden, daß hierbei eine von Null verschiedene Chance eines Irrtums weiterbesteht, aber praktisch werden auf diese Weise aktuelle Entscheidungen getroffen, insbesondere auch die Entscheidungen über die empirische Richtigkeit der statistischen Aussagen physikalischer oder naturwissenschaftlicher Theorien. An dieser Stelle stößt man schließlich auf die prinzipielle Grenze der Durchführbarkeit des ursprünglichen Programmes der rationalen Objektivierung der einmaligen subjektiven Erwartung [4].

Die erste für unser Verständnis der Naturgesetze grundlegende Anwendung der Wahrscheinlichkeitsrechnung in der Physik ist die von *Boltzmann* und *Gibbs* begründete allgemeine statistische Theorie der Wärme. Bekanntlich führte sie zwangsläufig zur Deutung der Entropie eines Systems als einer Zustandsgröße, die, anders als die Energie, von unserer Kenntnis über das System abhängt. Ist diese Kenntnis die maximale, welche mit den Naturgesetzen überhaupt verträglich ist (Mikrozustand), so ist die Entropie immer Null. Dagegen sind thermodynamische Begriffe auf ein System nur anwendbar, wenn die Kenntnis des Anfangszustandes des Systems eine ungenaue ist; die Entropie wird dann passend durch den Logarithmus eines Phasenvolumens gemessen. Das schönste und wichtigste Ergebnis dieser Theorie war die Auffassung der thermodynamischen „Irreversibilität" von Vorgängen als Übergang in Richtung auf wahrscheinlichere Zustände. Diese Auffassung ließ überdies reale Abweichungen von dem Verhalten der Systeme erwarten, welches die phänomenologische Thermodynamik postuliert hatte, nämlich die sogenannten Schwankungsphänomene, welche die Erfahrung später glänzend bestätigt hat.

Diese Anwendung des Wahrscheinlichkeitsbegriffes in der Physik, so fundamental sie auch ist, war logisch vereinbar mit einer deterministischen Form der Naturgesetze. Dennoch wurde es bereits vielfach als die befriedigendere Möglichkeit angesehen, daß sich der Begriff „Wahrscheinlichkeit", abgelöst von jeder deterministisch-kausalen Form der Naturgesetze, als nicht weiter reduzierbar, das heißt als ein primärer Grundbegriff der Physik erweisen würde. Man hat auch wohl die Tatsache, daß die Induktionsschlüsse der Naturwissenschaften immer Wahrscheinlichkeitsschlüsse sind, als Stütze für diese Auffassung empfunden.

Es ist aber zu betonen, daß solche allgemeine Erwägungen allein nicht ausreichend sind, um die Frage nach dem Vorhandensein oder Nichtvorhandensein eines deterministischen Rahmens der Naturgesetze zu entscheiden. Erst die Wellen- oder Quantenmechanik konnte die Existenz primärer Wahrscheinlichkeiten in den Naturgesetzen behaupten, die sich sonach nicht wie zum Beispiel die thermodynamischen Wahrscheinlichkeiten der klassischen Physik durch Hilfsannahmen auf deterministische Naturgesetze zurückführen lassen. Diese umwälzende Folgerung hält die überwiegende Mehrheit der modernen theoretischen Physiker — allen voran *M. Born, W. Heisenberg* und *N. Bohr,* denen auch ich mich angeschlossen habe — für unwiderruflich.

An Opposition dagegen hat es nicht gefehlt, jedoch ist diese im Stadium regressiver Hoffnungen unfruchtbar stecken geblieben. Überdies liegt es im Wesen der Sache, daß diese Opposition von vornherein in zwei Klassen zerfallen ist. Die eine (zu der auch *Schrödinger* gehört) findet Wellen schöner als Teilchen und möchte dementsprechend den letzteren Begriff eliminieren. Die andere möchte, *de Broglies* alter Theorie der „Pilotwelle" in einer ihrer möglichen Varianten folgend, Teilchen und Wellen als zwei nebeneinander existierende, getrennte Hälften der so in zwei Teile zerfallenden physikalischen Realität einführen.

Ich will hier nicht in eine detaillierte Diskussion der neueren Versuche eintreten, die zur Wiederbelebung dieser alten Ideen unternommen worden sind, sondern im Gegenteil die erkenntnistheoretischen Folgerungen der meines Erachtens allein befriedigenden statistischen Deutung der Wellenmechanik charakterisieren. Gemäß dieser Auffassung ist jede Versuchsanordnung von einer unbestimmbaren Wechselwirkung zwischen Meßinstrument und beobachtetem System begleitet, die zur Folge hat, daß jeder Gewinn an Kenntnis durch eine Beobachtung mit einem unwiderruflichen Verlust anderer Kenntnisse bezahlt werden muß. Welche Kenntnis gewonnen und welche andere Kenntnis unwiderruflich verloren ist, bleibt der freien Wahl des Experimentators zwischen einander ausschließenden Versuchsanordnungen überlassen. Auf dieser Möglichkeit einer freien Wahl zueinander komplementärer Versuchsanordnungen beruht der von der Quantenmechanik postulierte indeterministische Charakter der Naturgesetze.

Hierdurch bekommt die Beobachtung den Charakter der i r r a t i o n a l e n , e i n m a l i g e n A k t u a l i t ä t mit nicht vorhersagbarem Resultat. Überdies bedingt die Unmöglichkeit, die Versuchsanordnung zu unterteilen, ohne das Phänomen wesentlich zu ändern, einen neuen Zug von G a n z h e i t l i c h k e i t im physikalischen Geschehen. Diesem i r r a t i o n a l e n Aspekt der konkreten Erscheinungen, die der A k t u a l i t ä t nach festgestellt sind, steht gegenüber der r a t i o n a l e A s p e k t einer abstrakten Ordnung der M ö g l i c h k e i t e n von Feststellungen mit Hilfe des mathematischen Wahrscheinlichkeitsbegriffes und der ψ-Funktion.

Mathematisch löst die neue Form der quantenmechanischen Naturgesetze auf sehr elegante Weise die Frage nach dem Maß für die Wahrscheinlichkeit: diese ist das Absolutquadrat einer komplexen Zahl, der Wahrscheinlichkeitsamplitude, die einfacheren Gesetzen genügt als die Wahrscheinlichkeit selbst. Diese einfacheren Gesetze geben den Amplituden die Bedeutung von linear superponierbaren Vektoren in einem *Hilbert*schen Raum, der definitionsgemäß eine positiv definite quadratische Form als Maßbestimmung in sich trägt *).

Wenn trotz der logischen Geschlossenheit und der mathematischen Eleganz der Quantenmechanik bei einigen Physikern eine gewisse regressive Hoffnung besteht, der geschilderte erkenntnistheoretische Sachverhalt möge

*) Für die oben erwähnten „negativen Wahrscheinlichkeiten" wird entsprechend die Maßbestimmung eine indefinite quadratische Form.

sich als nicht endgültig erweisen, so liegt dies meines Erachtens an der Macht traditioneller Denkformen, die unter dem Namen „Ontologie" oder „Realismus" zusammengefaßt werden. Auch die Physiker, die sich nicht einseitig zu den „Sensualisten" oder „Empiristen" zählen, müssen aber die infolge des Postulatcharakters dieser traditionellen Denkformen mögliche und infolge des Vorhandenseins der Quantenmechanik unerläßliche Frage stellen, ob diese Denkformen eine notwendige Bedingung für die Möglichkeit der Physik überhaupt sind oder ob ihnen andere, allgemeinere Denkformen gegenübergestellt werden können. Die Analyse der theoretischen Grundlagen der Wellen- oder Quantenmechanik hat gezeigt, daß die zweite Alternative die zutreffende ist.

Am klarsten sind die Postulate der in Rede stehenden Denkformen in ihrer Anwendung auf die Physik von *Einstein* formuliert worden, zum Beispiel neuerdings in der Fassung [5]: „Es gibt so etwas wie den realen Zustand eines physikalischen Systems, was unabhängig von jeder Beobachtung oder Messung objektiv existiert und mit den Ausdrucksmitteln der Physik im Prinzip beschrieben werden kann." Auch diese Formulierungen *Einsteins* umschreiben jedoch nur das Ideal einer besonderen Form der Physik, nämlich der „klassischen" Form. Dieses von *Einstein* so treffend charakterisierte Ideal möchte ich das des l o s g e l ö s t e n B e o b a c h t e r s nennen. In der Tat sind „seiend" und „nicht-seiend" oder „real" und „irreal" keine eindeutigen Charakterisierungen von komplementären Eigenschaften, die nur kontrolliert werden können in statistischen Versuchsreihen mit verschiedenen frei wählbaren Anordnungen, die einander unter Umständen ausschließen. Die neue Theorie verallgemeinert vielmehr jene klassischen Ideale und Postulate. Diese logische Verallgemeinerung hat sich unter dem Druck der unter dem Stichwort „Endlichkeit des Wirkungsquantums" zusammengefaßten physikalischen Tatsachen als schließlich befriedigende Lösung früherer Widersprüche in einer höheren Synthese herausgebildet: Die mathematische Erfassung der M ö g l i c h k e i t e n des Naturgeschehens in der Quantenmechanik erwies sich als ein genügend weiter Rahmen, um auch die irrationale A k t u a l i t ä t des Einmaligen aufzunehmen. Als Zusammenfassung des rationalen und des irrationalen Aspektes einer wesentlich paradoxen Wirklichkeit kann sie auch als eine Theorie des Werdens bezeichnet werden *).

Daß der mathematische Wahrscheinlichkeitsbegriff sich auch in dieser neuen, mit „Komplementarität" bezeichneten Situation bewährt hat, scheint mir höchst bedeutungsvoll. Es scheint diesem eine Wirklichkeit in der Natur zutiefst zu entsprechen, da er für den zwischen Kontinuum (Welle) und Diskontinuum (Teilchen) vermittelnden Typus der Naturgesetze,

*) Man kann mit *F. Gonseth* das Zusammenspiel der beiden Aspekte als „dialektisch" bezeichnen.

welche die klassisch-deterministische Naturerklärung verallgemeinern und für die ich den Namen „statistische Korrespondenz" vorgeschlagen habe [6], eine tragfähige logische Grundlage geliefert hat.

Literatur

[1] *B. L. van der Waerden,* Studium Generale, **4,** 65, 1951.

[2] Vgl. *Harold Jeffreys,* Theory of Probability, 2nd edition. Oxford 1948.

[3] *A. Kolmogoroff,* Grundbegriffe der Wahrscheinlichkeitsrechnung, Erg. d. Math. **2,** Heft 3 (1933).

[4] Vgl. hierzu auch *van der Waerden,* l. c., Note [2].

[5] *Louis de Broglie,* Physicien et penseur, Paris, 1952, p. 6.

[6] Experientia II/2, 1950, p. 72.

4

Niels Bohr zum 60. Geburtstag

Dieser Band, zu dem Wissenschaftler aus vielen Nationen dreier Erdteile trotz der Ungunst der Zeitverhältnisse Beiträge geliefert haben, bezeugt, daß Professor *Niels Bohrs* 60. Geburtstag, der 7. Oktober 1945, nicht nur sein privater, persönlicher Festtag ist, sondern ein hohes Fest der ganzen wissenschaftlichen Gemeinde der Physiker *).

Während viele hervorragende Gelehrte aller Zeiten ihre grundlegenden Erkenntnisse in einsamer, weltabgeschiedener Arbeit gewonnen haben, hat *Niels Bohr* dank seiner begeisternden Persönlichkeit im gleichen Maße, wie sein Lebenswerk wuchs und Gestalt annahm, mit einer ständig wachsenden Anzahl von Menschen Kontakt gewonnen, unter denen er viele Mitarbeiter und Schüler fand. Nach zwei entscheidenden Jahren in *Rutherfords* Laboratorium in Manchester kehrte er 1916 als Professor in seine Geburtsstadt Kopenhagen zurück, wo 1920 das Institut für Theoretische Physik gegründet wurde. Bald machte dieses Institut Kopenhagen als „Hauptstadt der Atomphysik" zu einem Anziehungszentrum für Naturwissenschaftler aus allen Teilen unsres Planeten. Als Direktor des dem Institut angeschlossenen Laboratoriums fand *Bohr* die Gelegenheit, neben seiner theoretischen Hauptarbeit die experimentelle Forschung zu leiten, für die er sich seit seiner Jugend lebhaft interessiert hatte. Die Entdeckung des Elements Hafnium in diesem Laboratorium durch *Coster* und *Hevesy* war das Ergebnis einer engen Zusammenarbeit sowohl zwischen theoretischer und experimenteller Forschung als auch zwischen Physik und Chemie, welche in *Bohrs* Theorie des Atombaus zum ersten Male auf gemeinsame Grundlagen gestellt worden waren. Ebenso wie *Bohrs* Theorie bis dahin getrennte Zweige der Naturwissenschaft vereinte, so integrierte *Bohr* selbst in Vorträgen auf internationalen Kongressen und bei jenen sorgfältig geplanten Konferenzen in Kopenhagen die unterschiedlichen wissenschaftlichen Standpunkte und erkenntnistheoretischen Auffassungen der Physiker und vermittelte so allen Teilnehmern dieser Konferenzen das Gefühl, unbeschadet aller ihrer Meinungsverschiedenheiten einer großen Familie anzugehören.

Ohne auf die Einzelheiten von *Bohrs* Werk einzugehen, wollen wir kurz einige Seiten der allgemeinen Entwicklung der grundlegenden Begriffe

*) Der Band enthält Beiträge zahlreicher namhafter Forscher, die dem Jubilar gewidmet sind. Die besondere persönliche Ehrung Bohrs hatte der Verfasser übernommen. D. Herausgeber.

der Quantentheorie des Atombaus kennzeichnen. Die eigentliche Geburtsstunde dieser Theorie hatte geschlagen, als *Bohr* die glückhafte Synthese von *Rutherfords* Kernatom mit jenen Gedanken gelang, die sich auf die Existenz eines Wirkungsquantums gründeten und die in *Plancks* Theorie der Wärmestrahlung und der weiteren Entwicklung dieses Gedankens in *Einsteins* Deutung des lichtelektrischen Effekts enthalten waren. *Bohr* formulierte seine Postulate ursprünglich dahin [1]:

1) Daß das dynamische Gleichgewicht des Systems in den stationären Zuständen auf der Grundlage der gewöhnlichen Mechanik behandelt werden kann, während der Übergang des Systems zwischen zwei verschiedenen stationären Zuständen nicht auf diese Weise behandelt werden kann.

2) Daß dem letztgenannten Vorgang die Emission einer h o m o g e n e n Strahlung folgt, bei dem die Beziehung zwischen der Frequenz und dem Betrag der ausgestrahlten Energie die durch *Plancks* Theorie gegebene ist."

Mit diesen Postulaten gelang *Bohr* eine theoretische Deutung der bis dahin jedem Verständnis unzugänglichen Regelmäßigkeiten der Spektren. Die Zweideutigkeit der begrifflichen Grundlage — klar ausgesprochen in *Bohrs* Formulierung des ersten Postulats —, mittels derer die Deutung vollzogen wurde, wurde besonders augenscheinlich in der Annahme zweier Arten von Frequenzen, von denen unterstellt wurde, daß sie gemäß den zwei Postulaten im allgemeinen Fall von einander verschieden seien, obgleich sie im klassischen Bilde übereinstimmen — für viele Physiker ein anstößiger Zug. Einerseits gab es die Frequenzen der ausgesandten Strahlung, die mit einem Paar von stationären Zuständen verknüpft waren, dem Anfangs- und dem Endzustand eines „Übergangsprozesses", andrerseits die kinematischen Frequenzen der Teilchen in den mechanischen Kreisbahnen, die ihren stationären Zuständen entsprechen.

Indessen warf die spätere Entwicklung, die zur Beseitigung des Begriffs der mechanischen Kreisbahnen aus der theoretischen Beschreibung führte, ihren Schatten bereits voraus in *Bohrs* berühmtem „Korrespondenzprinzip". Er konnte, zunächst für Systeme mit einfachen periodischen Bewegungen, nachweisen, daß im Grenzfall großer Quantenzahlen, wo die Energien der einzelnen stationären Zustände relativ nahe beieinander liegen, die mit Hilfe des zweiten Postulats berechneten Emissionsfrequenzen sich asymptotisch den Harmonischen $\tau\omega$ der Grundfrequenz ω der periodischen mechanischen Kreisbahn nähern, wenn man die ganze Zahl τ mit der Differenz $n' - n''$ der Quantenzahlen im Anfangs- bzw. im Endzustand identifiziert [3]. Indessen sollten diese Frequenzen nach der klassischen Auffassung alle gleichzeitig emittiert werden; auf Grund der Quantentheorie wird aber das Auftreten der verschiedenen Übergänge durch statistische Gesetze beschrieben, die zuerst *Einstein* in ihrer allgemeinen Form angegeben hat (spontane Emission, induzierte Emission, Absorption). In dem oben erwähnten Grenzfall großer Quantenzahlen ist die Häufigkeit des Auftretens eines Überganges proportional dem Quadrat der Amplitude der „korrespondierenden" Harmonischen, und so werden die Amplituden der mechanischen Bewegung zu „Wahrscheinlichkeitsamplituden". *Bohrs* Schüler *Kramers* hat gezeigt, wie man diese Korrespondenz auch im Fall kleiner Quantenzahlen zur Abschätzung der Intensitäten von Spektrallinien benutzen kann.

Schon 1913 bewies *Bohr* [4], daß das Postulat der asymptotischen Identität der mechanischen Frequenzen und der durch die Energiedifferenzen der stationären Zustände gegebenen Frequenzen und *Plancks* Konstante ausreichen, um die Konstante der *Balmer*schen Gleichung des Wasserstoffspektrums – auch *Rydberg*-Konstante genannt – aus Masse und Ladung des Elektrons und dem Wirkungsquantum zu berechnen (einschließlich der Korrektion wegen der endlichen Masse des Kerns). Aus dem in dieser Arbeit geführten Beweis ging hervor, daß für die Berechnung dieser Konstanten die Annahme der strengen Geltung der klassischen Mechanik für die stationären Zustände nicht erforderlich ist, wenn man die *Balmer*sche Gleichung als empirisches Gesetz anerkennt. Auf der Grundlage einer Erweiterung der Quantisierungsregeln, vor allem durch *Sommerfeld* und seine Schule, verallgemeinerte *Bohr* [5] das Korrespondenzprinzip derart, daß es auch auf die sogenannten mehrfach periodischen Systeme angewendet werden konnte. Zugleich vervollkommnete er die Theorie dieser Systeme durch Entwicklung der Methode der säkularen Störungen, von der *Kramers* interessante Anwendungen machte. In qualitativer Hinsicht erwies diese Methode sich als erfolgreich sogar bei der Deutung der Eigenschaften komplizierter Atome. Es gelang, ihre Energieniveaus mittels Quantenzahlen zu klassifizieren, Auswahlregeln aufzustellen, Röntgenspektren zu deuten, die Bildung der inneren Schalen im Periodischen System einschließlich der Seltenen Erden zu beschreiben. Aber trotz dieser Erfolge wurde es mehr und mehr augenscheinlich, daß eine quantitative Formulierung des im Korrespondenzprinzip ausgedrückten Ziels, insbesondere die Berechnung der Übergangswahrscheinlichkeiten und der Energieniveaus bei Atomen mit mehr als einem Elektron, nur möglich sein werde, wenn man den Gedanken an eine Anschaulichmachung der stationären Zustände mit den Mitteln der klassischen Kinematik aufgäbe. Während meines Aufenthaltes in *Bohrs* Institut in Kopenhagen machte mir die Vorsicht großen Eindruck, mit der *Bohr* im Gegensatz zu anderen Physikern diese klassischen Modelle benutzte. Immer unterstrich er ihren vorläufigen Charakter, und bei seinen Ableitungen zog er es vor, auf den Grenzfall großer Quantenzahlen zurückzugreifen, für die allein eine zuverlässige Korrespondenz zwischen der klassischen und der

Quantentheorie bestand. Diese Haltung spiegelt sich in einer Formulierung des ersten Postulats, die *Bohr* damals gab [7], und die wir hier zum Vergleich mit der ursprünglichen Formulierung mitteilen:

„Das erste Postulat der Quantentheorie für ein isoliertes Atom behauptet, daß es unter den kinematisch denkbaren relativen Bewegungen der Teilchen des Atoms gewisse Zustände, die sogenannten stationären Zustände, gibt, die durch eine eigentümliche Stabilität ausgezeichnet sind, erwiesen durch die Tatsache, daß jede bleibende Änderung in der Bewegung des isolierten Systems in einem vollständigen Übergang von dem ursprünglichen Zustand in einen anderen dieser stationären Zustände bestehen muß."

Die Annahme der Geltung der klassischen Mechanik für die stationären Zustände wurde gesondert von dem Grundpostulat formuliert. Wir sehen hier ein Beispiel für die Feinheit von *Bohrs* Stil. Doch vermag ein Leser, der mit der Entwicklungsgeschichte von *Bohrs* Arbeiten nicht hinreichend vertraut ist, die Bedeutungsnuancen kaum richtig einzuschätzen. Er wußte genau, was er n i c h t zu sagen wünschte, wenn er sich in langen Sätzen bemühte, sich in seinen wissenschaftlichen Aufsätzen auszudrücken.

Die kritische Einstellung gegenüber dem Gebrauch kinematisch-mechanischer Bilder führte zu einer weiteren Entwicklung. Obgleich kurzfristige Zweifel an der strengen Geltung der Gesetze von der Erhaltung der Energie und der Bewegungsgröße bei Elementarprozessen bald aufgegeben wurden, erwies sich das Bild virtueller Oszillatoren, das in diesem Zusammenhange als eine Verallgemeinerung der klassischen Elektronentheorie der Lichtbrechung eingeführt wurde, als nützlich. Unter Anwendung dieses Begriffes und mittels einer kühnen Extrapolation der Ergebnisse der klassischen Mechanik, stellte *Kramers* das erste Gesetz auf, das sich sogar für den Fall kleiner Quantenzahlen als streng gültig erwies, eine Gleichung, die die Dispersionserscheinungen mit den Übergangswahrscheinlichkeiten bei der spontanen Lichtemmission verknüpfte. Sie wurde später auf die inkohärente Lichtstreuung ausgedehnt. Auch in anderen Fällen war man imstande, quantitative Gesetze, die die Energien der stationären Zustände und die Wahrscheinlichkeitsamplituden erfüllen mußten, richtig vorherzusagen.

So war der Grund gelegt für den entscheidenden Fortschritt, der 1925 mit *Heisenbergs* Matrizentheorie kam. In dieser Theorie wurden die Wahrscheinlichkeitsamplituden der virtuellen Oszillatoren und die Energiewerte der stationären Zustände zum ersten Mal mit den Mitteln eines kohärenten mathematischen Formalismus abgeleitet. Bald danach (1926) entdeckte *Schrödinger* unter Benutzung von *de Broglies* Idee der Materiewellen seine berühmte Wellengleichung, deren periodische Lösungen sich als gleichwertig mit der Matrizentheorie erwiesen. Nun standen die formalen Methoden für eine in sich geschlossene Beschreibung der Quantenerscheinungen zur Verfügung, aber es mußten noch viele Probleme der physikalischen Deutung gelöst werden, um die Grundlagen der Theorie zu erhellen. Die Diskussionen auf dem Solvay-Kongreß im Jahre 1927, an dem *Bohr* teilnahm, geben ein lebendiges Bild dieser Schwierigkeiten. Nach *Borns* statistischer Deutung der *Schrödinger*-Funktion und der Entwicklung einer allgemeinen quantenmechanischen Transformationstheorie, die sorgfältig von *Dirac* ausgearbeitet wurde, machte die Aufklärung der Kernpunkte weitere Fortschritte. Schließlich entdeckte *Heisenberg* seine Unbestimmtheitsrelation und erkannte intuitiv ihre große Bedeutung. Indessen war es *Bohr* selbst, der eine einfache und richtige Ableitung dieses Prinzips auf Grund der Eigenschaften von Wellenpaketen gab, eine Ableitung, die man heute in allen Lehrbüchern findet [9]. Er betonte auch die Wichtigkeit der allgemeinen, zeitabhängigen Lösung der *Schrödinger*-Gleichung für die Diskussion des Überganges zur klassischen Mechanik in den Fällen, in denen die Zerstreuung des Wellenpakets zu vernachlässigen ist.

Mittels einer gründlichen Diskussion zahlreicher Gedankenexperimente zeigte *Bohr*, daß der Begriff der Komplementarität den wesentlichen physikalischen Gehalt der neuen Theorien kennzeichnet. In Einklang mit dem Unbestimmtheitsprinzip definiert er diesen Begriff mit den folgenden Worten [9]:

„Jede gegebene Anwendung klassischer Begriffe schließt die gleichzeitige Anwendung anderer klassischer Begriffe aus, die in einem anderen Zusammenhange ebenso nötig für die Beschreibung der Erscheinungen sind."

Wohlbekannte Beispiele dieser wechselseitigen Ausschließung von Begriffen sind: Bewegungsgröße und Ort eines Teilchens, der Rückstoß bei der Emission eines Photons und die Kohärenz von in verschiedenen Richtungen ausgesandtem Licht, Welle und Teilchen. Nach *Bohr* [8] dient der Begriff der Komplementarität dazu, „die der Physik gesetzte grundsätzliche Grenze unsrer eingewurzelten Vorstellungen von Phänomenen zu symbolisieren, die unabhängig von den Hilfsmitteln existieren, mittels derer man sie beobachtet".

In der Tat ist es diese Grenzziehung, die die Theorie logisch in sich geschlossen macht. Die „Übergangsprozesse" der Theorie in ihrer früheren Gestalt sind nun ersetzt durch die diskontinuierliche Auswahl aus den theoretischen Möglichkeiten eines Falles durch den Akt der Beobachtung „hier und jetzt". Die theoretischen Möglichkeiten selbst sind statistischen Gesetzen mit Wahrscheinlichkeitsamplituden unterworfen, die stetig als Funktionen der Zeit veränderlich sind.

Bohr hat immer die Quantenmechanik als die genaue Erfüllung des Programms angesehen, das er bei seiner ursprünglichen Formulierung des

Grundpostulats im Sinn gehabt hatte. In Einklang mit der Quantenmechanik charakterisiert er das Korrespondenzprinzip dahin, daß es ausdrückt [8]:

„unser Bemühen, mittels eines angemessen eingeschränkten Gebrauchs mechanischer und elektromagnetischer Begriffe zu einer statistischen Beschreibung der atomistischen Phänomene zu gelangen, die sich als eine rationale Verallgemeinerung der klassischen physikalischen Theorie darstellt, ungeachtet dessen, daß von deren Standpunkt aus das Wirkungsquantum als etwas Irrationales betrachtet werden muß."

In der Tat kann die Wellen- oder Quantenmechanik in ihrer heutigen Gestalt als der Schlüssel angesehen werden für die Übersetzung der klassischen Theorie in eine Quantensprache, die mit der Existenz des Wirkungsquantums vereinbar ist. Für eine solche Übersetzung erwies sich der kanonische Formalismus, der die Gestalt der Bewegungsgesetze aus der sogenannten *Hamilton*-Funktion ableitet, als ein ausgezeichnetes Werkzeug. Indem aber die Quantenmechanik die Gestalt der *Hamilton*-Funktion von der klassischen Theorie entlehnt, nimmt sie auch einen Dualismus in ihren Grundlagen in den Kauf, nämlich die Begriffe der Teilchenmechanik und die Begriffe der elektromagnetischen Feldtheorie von *Maxwell* und *Lorentz*. Infolgedessen erklärt die heutige Form der Quantentheorie nicht den Atomismus der elektrischen Ladung, und sie liefert keinen logischen Zusammenhang zwischen der elektrischen Elementarladung und dem Wirkungsquantum.

Man mag über die Grundlegung der Quantenmechanik vom erkenntnistheoretischen Standpunkt aus denken, wie man will; von der Situation aus gesehen, die durch die Schaffung dieser Theorie entstand, ist es gewiß, daß der Weg zu künftigen Entwicklungen nicht zurück-, sondern vorwärts führen wird. Wir meinen, daß die Hinweise auf die spezielle Richtung dieses Weges nicht so sehr aus philosophischen Erwägungen und Postulaten entspringen werden als aus neuen experimentellen Erfahrungen über die Wechselwirkungen von Elementarteilchen, insbesondere im Bereich hoher Energien, und vielleicht von der durch Einführung neuer formaler Begriffe herbeigeführten Befruchtung der theoretischen Untersuchung jener Folgen aus der Theorie, die eine Begrenztheit in der Anwendung ihres mathematischen Formalismus enthüllen. Einer solchen Grenzsetzung begegnen wir bei der Anwendung der Quantenmechanik auf die Wechselwirkung zwischen elektromagnetischer Strahlung und Elektronen. Einerseits liefert diese Wechselwirkung, in eine Potenzreihe der Feinstrukturkonstanten entwickelt, dank der Kleinheit dieser Konstanten eine brauchbare Näherung für Emissions-, Absorptions- und Streuprozesse von Lichtquanten, sofern man nur den Term der Entwicklung benutzt, in dem der spezielle Prozeß zuerst auftritt. Andrerseits sind in der logisch vollständigen Form der Theorie, in der das elektromagnetische Feld selbst quantisiert ist (Quantenelektrodynamik), die höheren Näherungen divergent. Im Endeffekt können gewisse kleine (aber experimentell nachweisbare) Effekte auf der Grundlage der heutigen Theorie nicht streng berechnet werden. Als ein Beispiel sei der Einfluß der Emission eines kleinen Energiebetrages in Gestalt vieler Lichtquanten von kleiner Frequenz auf den Wirkungsquerschnitt von Elektronen für die Streuung unter einem bestimmten Winkel durch ein Coulomb-Feld genannt, ein Effekt, der zu Korrektionsgliedern in *Rutherfords* wohlbekannter Formel führen muß. Vor ganz kurzer Zeit gemachte geistreiche Versuche, die Theorie auf solche elektrodynamische Effekte auszudehnen, von denen man annimmt, daß sie klein sind, scheinen nicht hinreichend erfolgreich zu sein. Wahrscheinlich können daher die Divergenzschwierigkeiten der Theorie nicht überwunden werden, ohne die tiefer liegenden Probleme anzugreifen, die von der heutigen Theorie noch nicht erfaßt werden. Die wichtigsten von ihnen sind die Deutung der elektrischen Elementarladung und die theoretische Vorhersage der in der Natur vorkommenden Elementarteilchen und ihrer Massen.

Es sieht so aus, als sei diese Ansicht auch in Einklang mit einer interessanten Arbeit von *Bohr* und *Rosenfeld* [10] über die physikalische Deutung der Unbestimmtheitsrelationen, die in die Quantenelektrodynamik für das elektrische Feld der freien Strahlung eingehen. In dieser Arbeit bewährt sich *Bohr,* wie so oft, wieder als Meister in der Anwendung von Gedankenexperimenten. Es wird gezeigt, daß die von der Quantenelektrodynamik geforderten Unbestimmtheitsrelationen für die Beträge der über raum-zeitliche Bereiche gemittelten einzelnen Feldstärkenkomponenten im Prinzip tatsächlich verifizierbar sind. Diese Arbeit ist eine gute Illustration zu einer Bemerkung, die *Bohr,* lange vorher, dem Verfasser gegenüber geäußert hat. Er sagte, sein Interesse an der Physik sei nicht so sehr das eines Mathematikers als das eines Handwerkers und eines Philosophen. In der angezogenen Arbeit spiegelt sich diese fruchtbare Verbindung in dem Umstand, daß die verwickelten Mechanismen von Quellen und Senken sich auf das einfache Prinzip gründen, daß es zulässig ist, als Probekörper ausgedehnte Körper mit praktisch homogener Ladungs- und Massenverteilung zu verwenden, solange man keine einschränkenden Annahmen über die in der Natur vorkommenden Elementarteilchen macht. Wie *Bohr* und *Rosenfeld* dartun, kann man das Eintreten einer neuen erkenntnistheoretischen Situation nur erwarten, wenn man den atomistischen Bau der Probekörper zu einem wesentlichen Zuge der Beweisführung macht.

Der Raum verbietet hier eine Erörterung über *Bohrs* interessante Anwendungen seines erkenntnistheoretischen Standpunktes bezüglich der Komplementarität auf die Gebiete der Biologie und Psychologie [9]. Indessen wird sich die Physik höchstwahrscheinlich, über das Korrespondenzprinzip hinausgehend, den Problemen der Elementarteilchen und dem damit in enger Beziehung stehenden Problem der Kernkräfte zuwenden. Es ist klar, daß diese Physik der Zukunft, ebenso wie bei der früheren Entwicklung der Atomphysik, einer logischen Geschlossenheit und eines vereinheitlichenden Ordnungsprinzips bedürfen wird. Professor *Bohr*, dessen Interesse an den Problemen des Kernbaus und der Radioaktivität bis in jene frühen Zeiten zurückreicht, die er mit seinem Lehrer *Rutherford* und dessen Mitarbeitern verbrachte, wird mehr als irgend jemand anders dazu berufen sein, bei der Durchführung dieser schwierigen Aufgabe eine führende Rolle zu spielen.

So sei es seinen Freunden und Schülern erlaubt, an seinem 60. Geburtstage die Hoffnung auszusprechen, daß die Umstände es ihm erlauben werden, bald die physikalischen Konferenzen in Kopenhagen wieder aufzunehmen, die für alle Teilnehmer so fruchtbar und anregend waren.

Literatur

[1] N. Bohr, Phil. Mag. **26**, 1 (1913). Als 2. Aufsatz auch in [2] enthalten.

[2] —, Abhandlungen über Atombau, Friedr. Vieweg & Sohn, Braunschweig 1921. (Übersetzungen von Aufsätzen aus dem Phil. Mag. 1913—1916, einschließlich eines 1916 von der Veröffentlichung zurückgehaltenen Aufsatzes.)

[3] —, Phil. Mag. **27**, 506 (1914), und **28**, 394 (1915), in [2] als 6. und 7. Aufsatz enthalten. Vgl. ferner besonders den 10. Aufsatz, dessen Veröffentlichung früher zurückgestellt war.

[4] Vgl. die Abhandlung I in [6], die Übersetzung einer Ansprache, die im Dezember 1913 vor der Physikalischen Gesellschaft in Kopenhagen gehalten wurde und in der Fysisk Tidskrift **12**, 97 (1914) veröffentlicht ist.

[5] N. Bohr, On the Quantum Theory of Line Spectra, Teil I und II; Kgl. Danske Vid. Sels. Math. Fys. Medd. [8], **IV**, Nr. 1 (1918).

[6] —, The Theory of Spectra and Atomic Constitution. Cambridge University Press, Teddington, England, 1922.

[7] —, Über die Anwendung der Quantentheorie auf den Bau der Atome. Zs. Phys. **13**, 117 (1923).

[8] —, Light and Life, Ansprache vor dem Internationalen Lichttherapiekongreß in Kopenhagen im August 1932; Nature 131, 421 und 457 (1933). Deutsch s. Bd. 112 dieser Sammlung, S. 3. Vgl. a. Natwiss. **21**, 245 (1933).

[9] —, Atomic Theory and the Description of Nature. Cambridge University Press, Teddington, England 1934.

[10] — u. L. Rosenfeld. Zur Frage der Meßbarkeit der elektromagnetischen Feldgrößen, Kgl. Danske Vid. Sels. Math. Fys. Medd. **XII**, Nr. 8 (1933).

5

Sommerfelds Beiträge zur Quantentheorie

Die früheren Arbeiten *A. Sommerfelds* hatten sich teils mit Anwendungen der Mathematik der Wellentheorie, wie z. B. Integration der *Maxwell*schen Gleichungen bei Problemen der Beugung und der drahtlosen Telegraphie, teils mit Problemen der klassischen Elektronentheorie beschäftigt. Die bei Bremsung von Elektronen emittierte Röntgenstrahlung hatte ihn bereits mit der Quantentheorie konfrontiert [1]; auch hatte ihn die formale *Voigt*sche Theorie des anomalen Zeemaneffektes der Dublettspektren, die er durch Betrachtung der Emission statt der Absorption wesentlich vereinfachen konnte [2], mit dem großen Fragenkreis der Erklärung der Spektren in Berührung gebracht. Bald darauf wurde durch *Bohrs* grundlegende Arbeiten (seit 1913) *Rutherfords* Kernmodell des Atoms mit *Plancks* Quantentheorie der Wärmestrahlung in Verbindung gebracht und die *Rydberg*sche Konstante der Spektra auf das Wirkungsquantum und auf die Ladung und Masse des Elektrons (mit einer zusätzlichen Korrektur für die Mitbewegung des Kernes) zurückgeführt. Es war Ende 1915, als sich *Sommerfeld* unter dem großen Eindruck dieser neuen Entwicklung der theoretischen Deutung der Spektren und damit auch den Problemen des Atombaues zuwandte. Man kann sagen, daß seit dieser Zeit ein neuer Abschnitt in *Sommerfelds* wissenschaftlicher Tätigkeit einsetzte, der mit dem Wechsel des Gegenstandes auch eine wesentliche Veränderung der in seinen Arbeiten verwendeten Methoden mit sich brachte. Es war ein glücklicher Umstand, daß *Sommerfeld* die formale Bedeutung der Phasenintegrale in den sogenannten Separationskoordinaten eines mechanischen Systems erkannte und sie sogleich in seinen ersten Arbeiten „Zur Quantentheorie der Spektrallinien" [3] auf die Bewegung eines einzigen Elektrons in einfach periodischen Keplerellipsen unter dem Einfluß der *Columb*schen Anziehung durch den Kern ohne Bedenken wegen der Entartung dieses Systems anwandte. Indem er die Phasenintegrale der beiden Polarkoordinaten r und φ über deren volle Periode je gleich einem ganzzahligen Multiplum des Wirkungsquantums setzte, hatte er neben der radialen Quantenzahl n_r eine azimutale Quantenzahl n_φ in die Theorie eingeführt. Solange die *Newton*sche Mechanik zugrunde gelegt war, führte dies zwar zu keinen neuen Resultaten, verglichen mit der Theorie von *Bohr*, da in diesem Fall die gesamte Energie nur abhängt von der auch als Hauptquantenzahl bezeichneten Summe $n = n_r + n_\varphi$. *Sommerfelds* Rechnung ermöglichte ihm jedoch sogleich, sein Resultat zu verallgemeinern für den Fall, daß die von der speziellen Relativitätstheorie geforderte

Abhängigkeit der Masse des Elektrons von der Geschwindigkeit mit berücksichtigt wird, die eine zusätzliche Periheldrehung der Ellipse und damit eine Aufhebung der Entartung zur Folge hat. Dann hängt die Energie des Systems von den beiden Quantenzahlen n_r und n_φ einzeln ab, womit der Rahmen der damaligen Theorie einfach periodischer Systeme durchbrochen war! Sofort erkannte *Sommerfeld* die Möglichkeit der Anwendung der Theorie auf die Feinstruktur der wasserstoffähnlichen Spektren (bald voll bestätigt durch *Paschens* Messungen am Spektrum des ionisierten Heliums) und auf die zu dieser analogen relativistischen Dubletts der Röntgenspektren, sowie auch auf die Serienspektren höherer Atome, bei denen die Wirkung des Atomrestes auf ein Leuchtelektron näherungsweise durch ein nicht-*Coulomb*sches Zentralfeld dargestellt werden kann. In diesem Falle fehlt die Entartung bereits bei Vernachlässigung der relativistischen Massenveränderlichkeit, und die im Wasserstoffatom eng beisammen liegenden Terme fallen hier weit auseinander (*s*, *p*, *d*-Terme. Aus *Sommerfelds* Arbeit entwickelte sich rasch die allgemeine Quantentheorie der sogenannten mehrfach periodischen mechanischen Systeme, die 1916 unabhängig von *Epstein* [4] und *Schwarzschild* [5] formuliert und erfolgreich auf den Starkeffekt des Wasserstoffspektrums angewandt wurde. Trotz voller Übereinstimmung der Resultate ist zwischen den Betrachtungsweisen dieser Autoren ein gewisser Unterschied festzustellen. Während bei *Epstein* als Schüler von *Sommerfeld* zunächst die Separation der Variablen des mechanischen Problems in geeigneten Punktkoordinaten im Vordergrund steht, legte *Schwarzschild* das Hauptgewicht auf die Periodizitätseigenschaften der mechanischen Bahn. Während die Phasenintegrale der Separationskoordinaten in engster Beziehung stehen zu dem in der gleichzeitig veröffentlichten Arbeit von *Planck* [6] behandelten, im Hinblick auf einen thermodynamischen Ausgangspunkt natürlichen Problem der Einteilung des Phasenraumes in endliche Zellen, hat sich die dem Astronomen *Schwarzschild* geläufige Methode der „Winkelvariablen" sehr bewährt im Hinblick auf *Bohrs* Korrespondenzprinzip und die aus der Himmelsmechanik stammende Methode der säkularen Störungen. Die Winkelvariablen sind solche Koordinaten des Systems, von denen die gewöhnlichen Impuls- und Lagenkoordinaten periodische Funktionen sind (zweckmäßigerweise kann die Periode entweder auf 1 oder auf 2π normiert werden), die aber selbst lineare Funktionen der Zeit sind. Alle Schwingungszahlen in den Fourierkomponenten der Bewegung eines solchen Systems sind dann lineare Kombinationen mit ganzzahligen Koeffizienten aus einer gewissen Zahl von Grundfrequenzen, deren Anzahl s sicher nicht größer ist als die Anzahl f der Freiheitsgrade des Systems, die aber unter Umständen kleiner sein kann (Entartung). Die Grundfrequenzen müssen nämlich so gewählt werden, daß keine homogenen linearen Relationen mit ganzzahligen Koeffizienten zwischen ihnen bestehen. Eine direkte physikalische Bedeutung und eindeutige Definition haben nur diejenigen „Wirkungsvariablen", die kanonisch konjugiert sind zu den Winkelvariablen, die diesen unabhängigen Grundfrequenzen entsprechen und deren Anzahl daher mit s übereinstimmt. Da die Energie eines mehrfach periodischen Systems allein von diesen s Wirkungsvariablen abhängt, schlug *Schwarzschild* vor, ein solches System gerade nur durch s Quantenbedingungen zu charakterisieren, welche diese s Wirkungsvariablen als ganzzahlige Multipla der *Planck*schen Konstante festlegen.

Dieser Formulierung der Quantenbedingungen hat sich *Bohr* völlig angeschlossen, als er sein bereits erwähntes Korrespondenzprinzip, das er früher nur für einfach periodische Systeme formuliert hatte, der allgemeinen Theorie der mehrfach periodischen Systeme anpassen konnte [7]. Das Korrespondenzprinzip sagt aus, daß die allgemeine Kombinationsschwingung in der mechanischen Bewegung mit der Schwingungszahl $\tau_1 \nu_1 + \tau_2 \nu_2 + \ldots + \tau_s \nu_s$ (worin $\tau_1 \ldots \tau_s$ ganze Zahlen beiderlei Vorzeichens einschließlich der Null, $\nu_1 \ldots \nu_s$ die gewählte Basis der Grundfrequenzen bedeuten) einem solchen Übergang zugeordnet wird, bei welchem die Werte $n'_1 \ldots n'_s$ bzw. $n''_1 \ldots n''_s$ der Quantenzahlen im Anfangs- bzw. Endzustand sich gerade um $\tau_1 \ldots \tau_s$ unterscheiden. In der Tat läßt sich leicht zeigen, daß im Grenzfall großer Quantenzahlen die aus der Frequenzbedingung $h\nu = E(n'_1 \ldots n'_s) - E\ (n''_1 \ldots n''_s)$ berechnete Schwingungszahl des emittierten Lichtes als Folge der angenommenen Form der Quantenbedingungen mehrfach periodischer Systeme asymptotisch zusammenfällt mit dem Ausdruck $(n'_1 - n''_1)\,\nu_1 + \ldots + (n'_s - n''_s)\,\nu_s$. Die Grundfrequenzen welcher mechanischen Bahn sind für $\nu_1 \ldots \nu_s$ hierin einzusetzen? Solange jedes n groß ist gegenüber dem zugehörigen τ, können die Unterschiede der Werte der $\nu_1 \ldots \nu_s$ im Anfangs- und Endzustand vernachlässigt werden, und eine Antwort auf diese peinliche Frage ist unnötig. *Bohr* hatte die glückliche Idee, daß wenigstens im Grenzfall großer Quantenzahlen die Amplitudenquadrate jeder Schwingungskomponente den Wert der Intensität des „korrespondierenden" Überganges bestimmen müsse. Bei der Extrapolation zu kleinen Quantenzahlen war man aber auf das Raten angewiesen. Immerhin konnte *Bohr* in einigen Fällen auch für kleine Werte der Quantenzahlen gültige Auswahl- und Polarisationsregeln aus seinem Prinzip gewinnen, dann nämlich, wenn für alle mechanischen Bahnen eines Systems die Schwingungen mit gewissen Werten der $\tau_1 \ldots \tau_s$ fehlen (die Amplitude Null haben) bzw. zu einer bestimmten Form der Schwingung gehören. Hierdurch konnte z. B. die Quantentheorie des normalen Zeemaneffektes von *Sommerfeld* [8] und *Debye* [9] vervollständigt werden.

Bohr hatte deutlich darauf hingewiesen, daß sein Korrespondenzprinzip keineswegs dazu dienen kann, den Unterschied zwischen klassischer Mechanik und Quantentheorie zu verwischen, sondern vielmehr einen Hinweis bilde auf das Ziel einer allgemeinen Übersetzung der klassischen mechanischen Behandlung eines gegebenen Systems in eine logisch zusammenhängende quantentheoretische Behandlungsweise. Dennoch hatte *Sommerfeld* selbst eine gewisse Abneigung, das Korrespondenzprinzip anzuwenden, wohl hauptsächlich deshalb, weil es beim damaligen Stand der Theorie nicht möglich war, dieses Prinzip für allgemein quantitative Schlüsse bei kleinen Quantenzahlen zu verwerten. Auch hatte er ein gewisses Widerstreben dagegen, ein entartetes System durch weniger Quantenzahlen zu charakterisieren als die Zahl seiner mechanischen Freiheitsgrade, obwohl ihm genau bekannt war, daß die von den nach *Schwarzschild* festgelegten s Wirkungsintegralen verschiedenen Bahnkonstanten sehr empfindlich sind gegen Störungen durch schwache äußere Kraftfelder, indem sie im Laufe der Zeit anwachsende Veränderungen ihrer Werte erleiden (säkulare Störung, im Gegensatz zur periodischen Störung der s Wirkungsintegrale). Es sei an dieser Stelle bemerkt, daß dieser Sachverhalt auch in der heutigen Wellenmechanik ein Analogon besitzt. Ist ein Energiewert g-fach entartet, so existiert zu ihm gehörig ein g-dimensionaler linearer Unterraum des allgemeinen *Hilbert*schen Raumes der Eigenfunktionen; w e l c h e r Vektor in diesem Unterraum gerade den Zustand des Systems beschreibt (j e d e r solche Vektor ist als Linearkombination von g linear unabhängigen Basisvektoren darstellbar), ist vor Aufhebung der Entartung von zufälligen Umständen abhängig und gegenüber äußeren Störungen des Systems empfindlich.

Es war jedoch stets mein eigener Eindruck, daß die Unterschiede der Methoden *Sommerfelds* und seiner Schule einerseits, von *Bohr* anderseits nur günstig und befruchtend auf die Weiterentwicklung der Theorie gewirkt haben. In der Folgezeit handelte es sich darum, den Gültigkeitsbereich der klassischen Mechanik deutlicher zu umgrenzen. Während es bald offenbar wurde, daß die klassische Mechanik bereits beim Heliumspektrum versagen muß, da das Zweielektronenproblem nicht zu mehrfach periodischen Bahnen führt, hatte man sich anfangs getäuscht über die Tragweite der Theorie der mehrfach periodischen Systeme. Später stellte sich heraus, daß die Behandlung der stationären Zustände mit Hilfe der klassischen Mechanik auch bei diesen mehrfach periodischen Systemen nicht notwendig zu richtigen Resultaten führt, ja, daß die Brauchbarkeit dieser Theorie auch für kleine Quantenzahlen an sehr spezielle Systeme gebunden und mehr oder weniger zufällig ist. Dabei war das Korrespondenzprinzip sehr nützlich, um diejenigen Anwendungen der Theorie, wo die klassische Mechanik nur zur Deutung der Auswahl- und Polarisationsregeln aus dem allgemeinen Bahntypus oder nur im Grenzfall großer Quantenzahlen (wie z. B. bei der Herleitung der Formel für die Rydbergkonstante) benützt wurde, zu trennen von denjenigen anderen Anwendungen, wo Details mechanischer Bilder wesentlich herangezogen wurden (wie z. B. bei dem Ausschluß gewisser Bahnen im Wasserstoffatom).

Sommerfeld sah sich in dieser Zeit ganz folgerichtig gezwungen, die mechanischen Modelle mehr und mehr zu verlassen und sich der Klassifikation der Spektralterme durch Quantenzahlen und dem Aufsuchen einfacher, durch ganze Zahlen beherrschter empirischer Gesetze zuzuwenden. Wir können uns diese Zeit gar nicht mehr denken ohne sein grundlegendes Werk „Atombau und Spektrallinien" [10], das die Einheitlichkeit der Behandlung des großen Stoffes so meisterhaft verbindet mit der Fähigkeit, den verschiedenartigsten Lesern etwas Wesentliches geben zu können. Im Vorwort der ersten Auflage hatte er zu *Keplers* Ellipsen auch *Keplers* Geist heraufbeschworen, als er schrieb: „Was wir heutzutage aus der Sprache der Spektren heraushören, ist eine wirkliche Sphärenmusik des Atoms, ein Zusammenklingen ganzzahliger Verhältnisse, eine bei aller Mannigfaltigkeit zunehmende Ordnung und Harmonie. Für alle Zeiten wird die Theorie der Spektrallinien den Namen *Bohrs* tragen. Aber noch ein anderer Name wird dauernd mit ihr verknüpft sein, der Name *Plancks*. Alle ganzzahligen Gesetze der Spektrallinien und der Atomistik fließen letzten Endes aus der Quantentheorie. Sie ist das geheimnisvolle Organon, auf dem die Natur die Spektralmusik spielt und nach dessen Rhythmus sie den Bau der Atome und der Kerne regelt." Es ist, wie wenn *Keplers* Suchen nach den Harmonien im Kosmos, geleitet von dem musikalischen Gefühl für die Schönheit der richtigen Proportion im Sinne der Philosophie der Pythagoräer, sein „geometria est archetypus pulchritudinis mundi" (die Geometrie ist das Urbild der Schönheit der Welt), hier wiederklingen würde. Und wie wohl verstand es *Sommerfeld*, sein nie versagendes Gefühl für die richtige Proportion und für das Harmonische auf seinen großen Schülerkreis zu übertragen! Es war in den Jahren vor der Aufstellung der neuen Quantenmechanik, als unter den jüngeren Physikern der (die Reklame einer bekannten optischen Firma abwandelnde) Spruch von Mund zu Mund ging: „Sind's ganze Zahlen — geh' zu *Sommerfeld*."

Durch Vergleich der aufeinanderfolgenden Auflagen seines Buches seit der ersten Auflage 1919 bis zur endgültigen Form des „wellenmechanischen Ergänzungsbandes" 1939 läßt sich die Entwicklung der Theorie des Atombaues und der Spektrallinien während dieser zwanzig Jahre in allen Einzelheiten verfolgen. Wir können hier nur die wichtigsten Marksteine dieser Entwicklung kurz erwähnen. Die Ähnlichkeit der Erdalkalifunkenspektren mit den Alakalibogenspektren führt *Sommerfeld* gemeinsam mit *Kossel* [11] zur Aufstellung des „spektroskopischen Verschiebungssatzes". Später wurden die Ausnahmen von diesem Satze wichtig bei denjenigen Elementen, wo eine innere Elektronenschale in Ausbildung begriffen ist. Die Arbeit an der Termdarstellung (Energieniveaus im Magnetfeld) beim anomalen Zeemaneffekt führt *Sommerfeld* zur Formulierung des „magnetooptischen Zerlegungssatzes" für die *Runge*schen Nenner [12], dem bald darauf die Einführung der „inneren Quantenzahl" j und ihrer Auswahlregeln für Dublett- und Tripletspektren folgte [13]. Beide Arbeiten wurden weitergeführt durch wesentliche Beiträge von *A. Landé*, dem zum erstenmal die Termdarstellung des anomalen Zeemaneffektes vollständig gelang und der auch die Werte der inneren Quantenzahl, die bald als Quantenzahl des resultierenden Impulsmomentes gedeutet wurde, für die Singuletterme ermittelte. An seine früheren Arbeiten über die *Voigt*sche Theorie des anomalen Zeemaneffektes anknüpfend, gelang *Sommerfeld* die quantentheoretische Umdeutung dieser Theorie und damit die formelmäßige Darstellung der Lage der Energieniveaus im äußeren Magnetfeld für alle Terme der Dublettspektren, und zwar für die ganze von *Paschen* und *Back* entdeckte magnetooptische Verwandlung von schwachen bis zu starken Feldern [14]. Auch diskutierte er die Beziehung des spektroskopischen Materials des Zeemaneffektes zum Paramagnetismus [15]. Nach der experimentellen Auffindung der Multiplets konnte er leicht seine dritte Quantenzahl j auch diesen Termen zuordnen [16]. Von größter Wichtigkeit für die Entwicklung der Theorie war es, als sich *Sommerfeld* den Fragen der Intensität der Spektrallinien zuwandte, nachdem die Utrechter Messungen auch hier durch ganze Zahlen bestimmte Regelmäßigkeiten an den Tag gebracht hatten. Auf Grund dieser Messungen gelang es *Sommerfelds* Schüler *Hönl* [17] und unabhängig von diesem *Goudsmit* und *Kronig* [18], die quantitativ richtige Präzisierung der Formeln zu erraten, die *Sommerfeld* und *Heisenberg* [19] früher als aus dem Korrespondenzprinzip folgende Abschätzung hergeleitet hatten. Ähnlich konnten *Sommerfeld* und *Hönl* zugleich mit *Russel* und *Kronig* die richtigen Formeln für die Intensitäten der Multiplettlinien erraten [20].

Damit war der Boden vorbereitet für die Quantenmechanik des *Sommerfeld*schülers *Heisenberg*, der den Kalkül der Matrixmultiplikation als den geeigneten Schlüssel erkannte für eine quantitative Übersetzung der klassischen Mechanik in eine rationelle Quantenmechanik, was *Bohrs* Korrespondenzprinzip zwar angestrebt hatte, aber nicht durchführen konnte. In dieser Quantenmechanik wird nunmehr eine harmonische Schwingungskomponente wirklich einem Paar von stationären Zuständen zugeordnet. Durch dieses Aufgeben des mechanischen Bildes — für einen einzigen stationären Zustand gibt es keinen zeitlichen Ablauf — wird die früher erwähnte peinliche Frage nach den einzusetzenden Werten der mechanischen Umlauffrequenzen hinfällig, da ja der letztere Begriff aus der Theorie nun völlig eliminiert ist.

In diese Zeit der Abklärung der Grundprinzipien der neuen Quantenmechanik fallen Beiträge *Sommerfelds*, die nicht die Spektren, sondern die Elektronentheorie der Metalle betreffen. Als ich die auf dem Ausschließungsprinzip fußende *Fermische* Statistik auf den Paramagnetismus der Metalle anwandte, erweiterte *Sommerfeld*, unternehmender als ich, den Anwendungsbereich der Theorie sogleich auf andere Eigenschaften der Metalle, wie elektrische Leitfähigkeit, Wärmeleitfähigkeit (Konstante des *Wiedemann-Franz*schen Gesetzes) und die thermoelektrischen Erscheinungen [21]. Hier eröffnete sich ein neues, weites Gebiet für die Quantenmechanik, über das man in dem Handbuchartikel von *Sommerfeld* und *Bethe* [22] eine zusammenfassende Darstellung findet.

In die prinzipiellen Diskussionen über *Heisenbergs* Unsicherheitsrelationen sowie über Kausalität und Wahrscheinlichkeit, die *Schrödingers* Aufstellung seiner berühmten Wellengleichung folgten, hat *Sommerfeld* selbst nicht eingegriffen. Doch fand er in der wellenmechanischen Form der neuen Quantentheorie ein reichliches Anwendungsgebiet vor für die ihm so wohlvertrauten mathematischen Methoden der Integration der partiellen Differentialgleichungen und der Eigenwertprobleme. Man findet diese in *Sommerfelds* wellenmechanischem Ergänzungsband zusammengefaßt. Dort findet man auch die aus den *Dirac*schen Spinorgleichungen für das Elektron folgende Theorie der relativistischen Feinstruktur der Spektren von Atomen mit einem Elektron ausführlich dargestellt. Es ist erstaunlich, wie *Sommerfelds* ursprüngliche Formel für die Energieniveaus von 1916 auch aus dieser neuen, dem Elektronenspin Rechnung tragenden Theorie abgeleitet werden kann. Dabei ergibt sich allerdings ein wichtiger Unterschied in den Auswahlregeln gegenüber der alten Theorie, der damit zusammenhängt, daß der Elektronenspin auch bei den Atomen mit einem einzigen Elektron eine Verdoppelung der Anzahl der Energieniveaus zur Folge hat. Diese Verdoppelung war der Aufmerksamkeit der Physiker früher entgangen, da bei diesen Atomen je zwei Niveaus, die nur durch das Vorzeichen der *Dirac*schen Quantenzahl unterschieden sind, zusammenfallen.

Nach der *Dirac*schen Theorie sollte dieses Zusammenfallen vollständig sein. Seit etwa einem Jahr hat hier eine bedeutsame neue Entwicklung eingesetzt, an der bereits mehrere experimentelle und theoretische Physiker beteiligt sind. Die Verfeinerung der Meßtechnik mit Kurzwellen in den Vereinigten Staaten ermöglichte durch Messung der Linien des H-Atoms, die Übergängen zwischen Termen gleicher Hauptquantenzahl entsprechen, die Feststellung, daß diese von der *Dirac*schen Theorie geforderte Entartung durch eine kleine Verschiebung der *S*-Terme nach oben aufgehoben ist. Später wurde durch gewöhnliche spektroskopische Messungen ein analoger Effekt für die Terme des ionisierten Heliums nachgewiesen. Man kann wohl sagen, daß die Quantenelektrodynamik bei richtiger Interpretation eine Deutung dieses Effektes erlaubt. Es darf aber nicht vergessen werden, daß wir uns hier wegen der bekannten Divergenzen in den aus der Quantentheorie der Wellenfelder folgenden Resultaten bereits außerhalb der Reichweite einer logisch abgeschlossenen Theorie befinden, wo man wieder auf das Erraten der richtigen Endformeln angewiesen ist. Die Kleinheit dieser neuen Effekte beruht auf der Kleinheit der sogenannten Feinstrukturkonstante, die oft mit *Sommerfelds* Namen verbunden wird, da ihre fundamentale Bedeutung erst durch dessen Theorie der Feinstruktur der wasserstoffähnlichen Spektren von 1916 deutlich zutage trat. Die theoretische Deutung ihres numerischen Wertes ist eines der wichtigsten noch ungelösten Probleme der Atomphysik.

Sommerfelds eigene wissenschaftliche Schöpfungen bilden nur den einen Teil seines Wirkens. Der andere Teil ist seine eindrucksvolle, erfolgreiche Tätigkeit als Lehrer. Wie kaum ein zweiter Forscher inspirierte er in München einen ständig anwachsenden Kreis von Schülern. Dieser über viele Länder diesseits und jenseits des Atlantik verbreitete Schülerkreis, zu dem auch ich mich dankbar zählen darf, sorgt dafür, daß die geistige Tradition, die *Sommerfeld* uns vermittelt hat, an die akademische Jugend und damit an die Nachwelt weitergegeben wird. Diese Tradition geht auf *Sommerfelds* Lehrer *Felix Klein* und damit auch auf *Riemann* zurück. Enthält doch das großangelegte Buch über die Theorie des Kreisels, das *Sommerfeld* zusammen mit *Klein* herausgab, auch die „*Cayley-Klein*schen Drehungsparameter", die für die Theorie der Spinoren und daher auch für *Diracs* Wellengleichungen des Elektrons so wichtig geworden sind. Nicht nur bei den ganzen Zahlen werden sich *Sommerfelds* Schüler stets zu Hause fühlen, sondern auch in der komplexen Ebene, die er so gerne bei der Auswertung der Phasenintegrale und bei der Diskussion der Lösungen partieller Differentialgleichungen benutzte.

Gerade aus dem Beispiel *Keplers* wissen wir, daß das spezielle, auf ganzzahlige Proportionen eingestellte Harmoniegefühl selbst als Teil zu einem größeren Ganzen in die richtige Proportion gebracht werden muß: zum fortschreitenden Prozeß der Erkenntnis. Während *Kepler* die begriffliche Klärung der „discorsi" *Galileis* und die Deutung seiner eigenen Gesetze in *Newtons* „principia" nicht mehr erlebt hat, konnte *Sommerfeld* an der Einordnung der von ihm gefundenen Harmonien in das neue Begriffssystem der Quanten- oder Wellenmechanik selbst mitwirken. Er ist wohl auch glücklicher als *Kepler* in den äußeren Bedingungen seines Lebens, wenn es ihm nach Vollendung seines 80. Lebensjahres nun vergönnt ist, seine durch lange Jahre gehaltenen Vorlesungen ruhig in druckfertige

Form zu bringen. Ich würde nicht zögern, über *Sommerfelds* Werke in einem weiteren Sinne den Titel von *Keplers* Hauptwerk zu setzen: Harmonices mundi.

Literatur

[1] Bericht über den Solvay-Kongreß 1911 in Brüssel.

[2] *A. Sommerfeld,* Gött. Nachrichten, math.-phys. Klasse (1914).

[3] *A. Sommerfeld,* Sitzungsber. der Münchener Akad. S. 425, 459 (1915), S. 131 (1916); Ann. d. Phys. **51**, 1 und 125 (1916 „Zur Quantentheorie der Spektrallinien".

[4] *P. Eptein,* Phys. ZS, **17**, 148 (1916); Ann. d. Phys. **50**, 489; **51**, 168 (1916).

[5] *K. Schwarzschild,* Berl. Akad. Ber. S. 548 (1916). Vgl. als Ergänzung auch J. M. Burgers, Diss., Haarlem (1918).

[6] *M. Planck,* Verh. d. deutschen phys. Ges. **17**, 407 und 438 (1915); Ann. d. Phys. **50**, 385 (1916).

[7] *N. Bohr,* D. Kgl. Danske Vidensk. Selsk. Skrifter, naturvidensk. og math. Afd. 8. Raekke IV, 1: Teil I u. II (1918). In deutscher Übersetzung durch *P. Hertz* erschienen mit dem Titel „Über die Quantentheorie der Linienspektren", Braunschweig (1923).

[8] *A. Sommerfeld,* Phys. ZS **17**, 491 (1916): „Zur Theorie des Zeemaneffektes der Wasserstofflinien, mit einem Anhang über den Starkeffekt".

[9] *P. Debye,* Phys. ZS **17**, 507 (1916).

[10] *A. Sommerfeld,* „Atombau und Spektrallinien", Verlag Vieweg & Sohn, Braunschweig: 1. Aufl. (1919); 2. Aufl. (1920); 3. Aufl. (1922); 4. Aufl. (1924); „Wellenmechanischer Ergänzungsband" (1929); 5. Aufl., 1. Band (1931); 2. Band (1939).

[11] *A. Sommerfeld* und *W. Kossel,* Verh. d. deutschen phys. Ges. **21**, 240 (1919); „Auswahlprinzip und Verschiebungssatz bei Serienspektren".

[12] *A. Sommerfeld,* Naturwissenschaften **8** 61 (1920): „Ein Zahlenmysterium in der Theorie des Zeemaneffektes".

[13] —, Ann. d. Phys. **63**, 221 (1920): „Allgemeine spektroskopische Gesetzmäßigkeiten, insbesondere ein magnetooptischer Zerlegungssatz".

[14] —, ZS f. Phys. **8**, 257 (1622); „Quantentheoretische Umdeutung der Voigtschen Theorie des anomalen Zeemaneffektes vom D-Linientypus".

[15] —, Phys. ZS **24**, 360 (1923); „Spektroskopische Magnetonenzahlen" ZS. f. Phys. **19**, 221 (1923): „Zur Theorie des Magnetons".

[16] —, Ann. d. Phys. **70**, 32 (1923): „Über die Deutung verwickelter Spektren (Mangan, Chrom usw.) nach der Methode der inneren Quantenzahlen". Ann. d. Phys. 73, 209 (1924): „Zur Theorie der Multiplets und ihrer Zeemaneffekte".

[17] *H. Hönl,* ZS f. Phys. **31**, 340 (1925).

[18] *S. Goudsmit* und *P. Kronig,* Naturw. **13**, 90 (1925).

[19] *A. Sommerfeld* und *W. Heisenberg*, ZS f. Phys. **11**, 131 (1922): „Die Intensität der Mehrfachlinien und ihrer Zeemankomponenten".

[20] *A. Sommerfeld* und *H. Hönl*, Berl. Ber., phys.-math. Klasse S. 141 (1925): „Über die Intensität der Multiplettlinien". — *H. N. Russel*, Nature **115**, 835 (1925); Proc. Nat. Ao. **11**, 314 u. 322 (1925). — *R. Kronig*, ZS f. Phys. **31**, 885 (1925).

[21] *A. Sommerfeld*, Naturw. **15**, 825 (1927); ZS f. Phys. **47**, 1 (1928): „Zur Elektronentheorie der Metalle".

[22] Handbuch d. Physik, Verlag Springer, Berlin, Bd. XXIV/2, 2. Aufl. p. 333 bis 620 (1933): *A. Sommerfeld* und *H. Bethe*, „Elektronentheorie der Metalle". Das erste Kapitel dieses Berichtes ist von Sommerfeld selbst verfaßt.

6

Arnold Sommerfeld

Am 26. April 1951 starb im 83. Lebensjahr in München an den Folgen eines etwa vier Wochen vorher erlittenen Verkehrsunfalls *A. Sommerfeld,* einer der bedeutendsten deutschen Physiker seiner Generation. Es war ihm noch vergönnt, fünf von geplanten sechs Bänden seiner Vorlesungen über theoretische Physik in endgültiger Form der Nachwelt zu übergeben, nur e i n Band, die Thermodynamik, blieb unvollendet.

Früh schon, als er noch Privatdozent in Göttingen war, wandte sich sein Interesse den technischen Anwendungen der Mathematik zu, was von seinem Lehrer *F. Klein* tatkräftig gefördert wurde. Aus dieser Zeit stammt das von Lehrer und Schüler gemeinsam veröffentlichte Standardwerk über die T h e o r i e d e s K r e i s e l s, das unter vielem anderem auch die mathematischen Grundlagen für die viel später in die Wellenmechanik eingeführten „Spinoren" bereits implizite enthält. Von Anwendungen der Theorie auf technische Probleme sind *Sommerfelds* Theorie der Schmiermittelreibung und seine Beiträge zur drahtlosen Telegraphie am bekanntesten geworden.

F. Kleins Pläne, seinen Lieblingsschüler *Sommerfeld* unter die angewandten Mathematiker einzureihen, wurden jedoch durch *W. C. Röntgens* Initiative modifiziert, der *Sommerfeld* 1906 als Professor für theoretische Physik nach München berief, das seit dieser Zeit sein ständiger Wohnsitz bleiben sollte. Dort entwickelten sich die bereits in Göttingen von *C. Runge* und *W. Voigt* empfangenen Anregungen zur Theorie der Spektrallinien nach Aufstellung des *Bohr*schen Atommodells (1913) zu großer und entscheidender Fruchtbarkeit, die in seinem grundlegenden Werk „A t o m b a u u n d S p e k t r a l l i n i e n" ihren sichtbaren Ausdruck gefunden hat. Daß diesem Buch später ein „W e l l e n m e c h a n i s c h e r E r g ä n z u n g s - b a n d" nachfolgte, gibt *Sommerfelds* wissenschaftlicher Arbeit eine größere Geschlossenheit, indem er seine alte Meisterschaft in der Handhabung der Mathematik der Wellentheorie nunmehr auch der Theorie des Atombaues dienstbar machen konnte.

Sommerfeld vereinte in glücklicher Weise den Typus des Forschers und des Lehrers, wie es nur wenigen gelungen ist. Zahlreiche Professuren für theoretische Physik in den verschiedensten Ländern wurden mit Schülern *Sommerfelds* besetzt, die jetzt, um ihn trauernd, sein Werk fortsetzen werden.

7

Rydberg und das Periodische System der Elemente

Es ist nicht so gut bekannt, wie es sein sollte, daß *Rydbergs* Beschäftigung mit den Spektrallinien ihren Ursprung in seinem Interesse am Periodischen System der Elemente hatte, ein Interesse, das ihn durch sein ganzes Leben begleitet hat.

Nach einem frühen Versuch (1885), durch eine Fourier-Analyse der berühmten Kurve der Atomvolumina der Elemente von *Lothar Meyer* neue Gesetze zu entdecken, sprach er schon 1889 in seiner ersten größeren Arbeit [1] über die Emissionsspektren der chemischen Elemente klar den Gedanken aus, daß diese Spektren den Schlüssel für das Verständnis des Periodischen Systems liefern sollten. Der Zusammenhang zwischen Spektren und chemischen Eigenschaften war von *Kirchhoff* und *Bunsen* empirisch gut gesichert worden, aber die Versuche einer theoretischen Deutung dieses Zusammenhanges waren nur sehr tastend. *Rydberg* sagte ziemlich allgemein, das Periodische System der Elemente zeige uns, daß die wirksame Kraft zwischen den Atomen eine periodische Funktion des Atomgewichts sein müsse. Er sah darin einen Wink, daß periodische Bewegungen der Atome etwas mit der Sache zu tun hätten, und das legt eine Analyse der Spektren nahe. So schloß er, daß die Spektralanalyse uns dem Ziel einer Mechanik der Atome und einem Verständnis des Periodischen Systems näher führen würde als „Untersuchungen irgend einer anderen physikalischen Eigenschaft".

Ich zitiere hier *Rydbergs* eigene Worte:

„Durch *Mendelejeffs* Entdeckung des periodischen Systems der Elemente ist ein neuer Ausgangspunkt aller einschlägigen Arbeiten gewonnen worden, und doch hat man sich dessen selten bedient. Um solche Untersuchungen wenigstens in Schub zu bringen, habe ich in einer früheren Abhandlung (Bihang till K. Svenska Vet.-Akad. Handlingar, **10**, no 2) mit etwas größerer Genauigkeit die periodische Beziehung zwischen dem spezifischen Gewichte und dem Atomgewichte der Elemente zu bestimmen versucht. Ich habe dort gefunden, daß man annähernd diese Beziehung durch eine Sinusreihe mit veränderlichen Koeffizienten darstellen kann. Daraus habe ich ferner geschlossen, daß die Periodizität sehr vieler physikalischer Konstanten davon abhängen muß, daß die wirksame Kraft zwischen zwei Atomen eines und desselben oder verschiedener Elemente eine periodische Funktion des Atomgewichtes sei. Steigt man noch weiter vor, so gelangt man zu der sehr wahrscheinlichen Annahme, daß Kohäsion, Adhäsion und chemische Affinität im Grunde auf periodische Bewegungen der Atome zurückzuführen seien. Es läge somit am nächsten, die periodischen Bewegungen überhaupt zu untersuchen, und da die Spektren der chemischen Elemente auf Bewegungen dieser Art beruhen, werden wir in den Bereich der Spektralanalyse hingewiesen. Zwar können wir nicht wissen, ob diese periodischen Bewegungen dieselben sind, die wir anfänglich aufsuchten, aber eine Untersuchung dieser Schwingungen wird uns jedenfalls wertvolle Erkenntnisse vermitteln über die Beschaffenheit der Atome und wird uns unserem Ziele mehr nähern als eine Untersuchung irgendeiner anderen physikalischen Eigenschaft."

Man muß wohl zugeben, daß *Rydbergs* Spekulationen zuweilen ziemlich wild waren, aber andrerseits wurden sie immer wieder von neuem durch sein Studium des empirischen Materials kontrolliert. In einer Arbeit aus dem Jahre 1897 [2] stellt er ausdrücklich fest (11. Kapitel): „Bei Untersuchungen über das Periodische System sollte man die Ordnungszahlen der Elemente anstelle des Atomgewichts als unabhängige Variable benutzen." Er begründete das damit, daß die Ordnungszahlen einfach die Reihe der ganzen Zahlen durchlaufen.

Damals hat man *Rydbergs* Anregung nicht genügend Beachtung geschenkt, und erst später folgten die Arbeiten von *Julius Thomson* und anderen über das Periodische System der Elemente.

In der gleichen Arbeit findet *Rydberg* eine bemerkenswert einfache Regel für die Beziehung zwischen der Massenzahl M und der Ordnungszahl Z. Heute müssen wir hinzufügen, daß die Regel sich auf die Massenzahl des häufigsten Isotops mit der Ordnungszahl Z bezieht. Die Regel lautet:

Ist Z ungerade (ungerade chemische Wertigkeit), so ist $M = 2Z + 1$;
ist Z gerade (gerade chemische Wertigkeit), so ist $M = 2Z$.

Rydberg übersah nicht, daß der Stickstoff ($Z = 7$, $M = 14$) eine Ausnahme bildet, aber im übrigen stimmt diese Regel etwa bis zum Calcium. *Rydberg* traute seiner Regel so sehr, daß er immer Leerstellen annimmt und die Ordnungszahlen vergrößert, bis die Regel stimmt. Auf diese Weise hat er die allgemeine Neigung, zu viele Leerstellen im Periodischen System und zu hohe Werte der Ordnungszahlen anzunehmen.

Nach dem diesem Vortrag vorangegangenen Vortrag von Professor *Bohr* erwähne ich nur kurz *Rydbergs* Gedanken einer Beziehung zwischen der Parität bzw. der Multiplizität der Spektrallinien und derjenigen der chemischen Wertigkeit. Ist die eine gerade, so ist die andere ungerade, und umgekehrt. Doch war sich *Rydberg* der Richtigkeit dieses Gedankens nicht sicher, da er nicht imstande war, einen allgemeinen Beweis dafür zu geben. Das lag einmal daran, daß die Ordnung und die Auflösung komplizierterer Spektren (z. B. des Kupfers) zu jener Zeit noch nicht genügend fortgeschritten waren, um diese Multiplizität zuverlässig zu ermitteln. Zweitens machte der Unterschied zwischen den Funkenspektren und den Bogenspektren die Sache verwickelt, da man damals noch nicht wußte, daß erstere von Ionen emittiert werden. Erst sehr viel später wurde es klar, daß die Regel ausnahmslos gilt, wenn man die chemische Wertigkeit durch die Anzahl der Elektronen des emittierenden Atoms ersetzt. Dieser streng gültige „Wechselsatz" wurde von *Sommerfeld* nach *Rydberg* benannt.

Einen weiteren Fortschritt in der Ordnung des Periodischen Systems machte *Rydberg* in seiner Arbeit „Elektron, der erste Grundstoff" [3] im Jahre 1906. Hier (S. 11) sagte er zum erstenmal, daß die drei Zahlen 2, 8, 18 in den Perioden des Systems der Elemente als $2 \cdot 1^2$, $2 \cdot 2^2$, $2 \cdot 3^2$ zu verstehen sind. Es blieb noch einige Unsicherheit bezüglich der Anzahl der Seltenen Erden, die *Rydberg* zu 36 statt 32 annahm. Immer noch waren seine Ordnungszahlen zu groß, aber nicht mehr so groß wie in seinen früheren Arbeiten.

In einer großen Arbeit „Untersuchungen über das System der Grundstoffe" [4] vom Jahre 1913 geht er einen Schritt weiter. Nach Anführung der älteren Formeln $2 = 2 \cdot 1^2$, $8 = 2 \cdot 2^2$, $18 = 2 \cdot 2^3$ fährt er fort (§ 3): „Die Fortsetzung wäre $2 \cdot 4^2 = 32$, $2 \cdot 5^2 = 50$ usw." Das ist die berühmte Formel $2p^2$ (p ganze Zahl), die *Sommerfeld* in seinem Buch „Atombau und Spektrallinien" kabbalistisch genannt hat und die mir als Studenten einen großen Eindruck machte. Endgültig sagt er nun, daß die „Gruppe G_4" ($p = 4$, Seltene Erden) aus 32, nicht aus 36 Elementen besteht.

Zwischen *Rydbergs* Arbeit von 1913 und der heute üblichen Deutung besteht ein wichtiger Unterschied. Er nannte die Zahlen $2p^2$, die den Abstand zweier Edelgase bestimmen, eine „halbe Gruppe" und ihr Doppeltes $4 \cdot 1^2$, $4 \cdot 2^2 \ldots$, $4p^2$ eine „vollständige Gruppe". Zu dieser Deutung führte ihn die Tatsache, daß die Perioden 8 und 18 im Periodischen System zweimal vorkommen, und er war überzeugt, daß das Gleiche auch für die erste Gruppe gilt, die $p = 1$ entspricht und von der er annahm, sie bestehe aus vier, nicht aus zwei Elementen. Der Wert 4 für die Ordnungszahl des Heliums schien ihm gestützt durch Linien in den Spektren der Nebel und der Sonnenkorona, die er zwei hypothetischen neuen Elementen zuschrieb, die er Nebulium und Coronium nannte.

Alles dieses ist in der Abb. 1 aus *Rydbergs* Arbeit [4] von 1913 zu sehen. Sie zeigt seine Darstellung des Periodischen Systems in Spiralform. Die „halben" und die „vollständigen" Gruppen entsprechen hier einem Fortschreiten um 180^0 bzw. 360^0. Alle Leerstellen im System sind nun vollkommen korrekt, so daß *Rydbergs* Ordnungszahlen von Helium an nur um die konstante Differenz 2 von den richtigen verschieden sind, verursacht durch die erwähnte Annahme der zwei Elemente Nebulium und Coronium zwischen H und He. Heute wissen wir, daß die fraglichen Spektrallinien sämtlich ionisierten Atomen bekannter Elemente zuzuschreiben sind, die Nebuliumlinien ionisiertem Sauerstoff und Stickstoff; die Koronalinien sehr hoch ionisiertem Eisen.

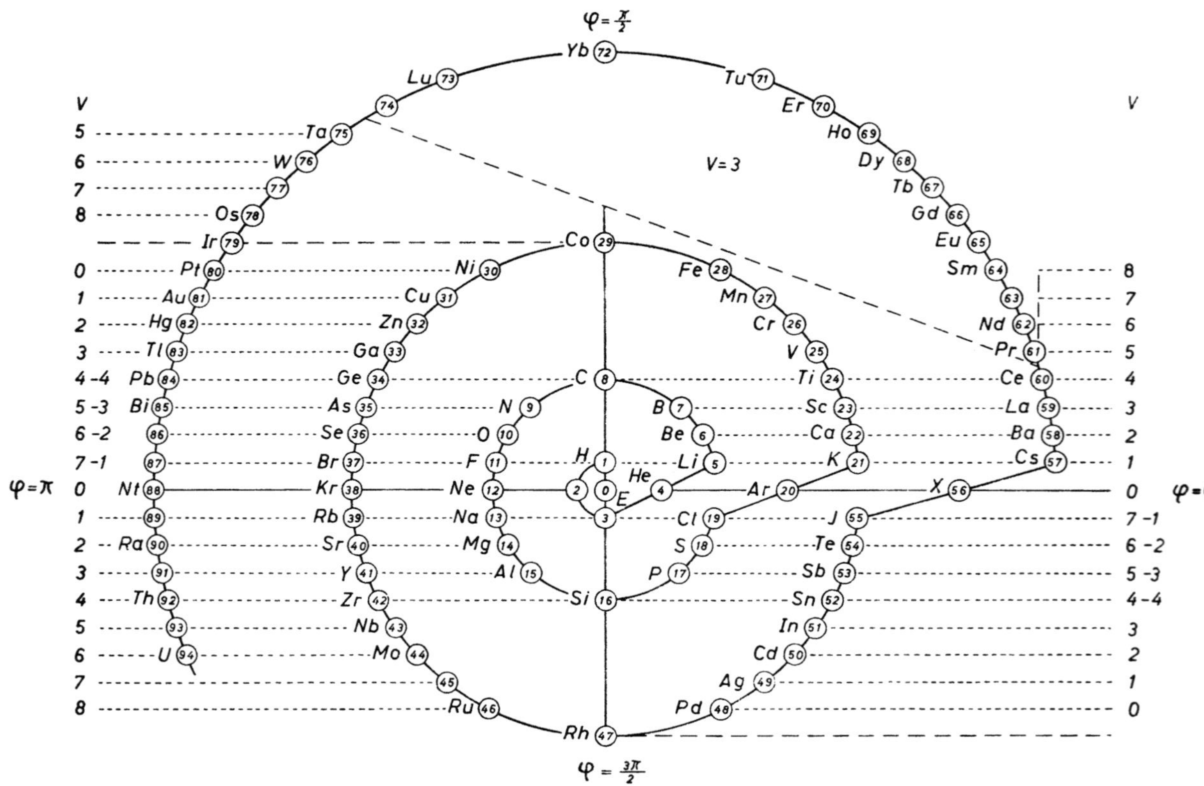

Abb. 1. *Rydbergs* Darstellung des Periodischen System der Elemente

Rydberg erhielt *Moseleys* berühmte Arbeit im Manuskript vor ihrer Veröffentlichung und war erfreut über die Bestätigung seiner alten Idee (1897) von der Wichtigkeit der Ordnungszahl und der Einzelheiten seiner Darstellung des Periodischen Systems. Aber in einer kurzen Abhandlung [5] im Jahre 1914 über *Moseleys* Arbeit hielt er an der erwähnten Differenz um 2 und an seiner Hypothese zweier neuer Elemente zwischen H und He fest.

Mit dieser Abhandlung scheinen *Rydbergs* Veröffentlichungen ein Ende gefunden zu haben. Wie ich erfuhr, erlaubte ihm seine Gesundheit bis zu seinem Tode im Jahre 1919 nicht mehr, die anschließende Entwicklung irgend zu verfolgen. So findet dieser historische Bericht ein natürliches Ende mit dem Heraufdämmern einer neue Ära in unserm Verständnis von den Spektren, eingeleitet durch *Bohrs* Arbeit von 1913, die die berühmten revolutionären Postulate seiner Quantentheorie des Atombaus enthielt. Aber auf *Rydberg* hat diese Arbeit keinerlei Einfluß mehr gehabt.

Literatur

[1] „Recherches sur la constitution des spectres d'émission des éléments chimiques", Kongl. Svenska Vetenskapsakademiens Handlingar, Vol. **23**, Nr. 11, Stockholm 1890. Deutsche Ausgabe: „Untersuchungen über die Beschaffenheit der Emissionsspektren der chemischen Elemente", Ostwalds Klassiker der exakten Wissenschaften Nr. 196, Leipzig 1922.

[2] „Studien über Atomgewichtszahlen", ZS f. anorg. Chemie **14**, 66 (1897).

[3] „Elektron, der erste Grundstoff", Lund 1906.

[4] „Untersuchungen über das System der Grundstoffe", Lunds Univ. Arsskrift, Bd **9**, No. 18, 1913. Französische Ausgabe: "Recherches sur le système des éléments", Journ. de chimie phys. **12**, 585 (1914).

[5] "The ordinals of the elements and the highfrequency spectra", Phil. Mag. Ser. 6, **28**, 144 (1914).

8

Paul Ehrenfest †

Am 25. September 1933 brachte *Paul Ehrenfest* unter tragischen Umständen zur Bestürzung seiner Familie und seiner zahlreichen Freunde und Bekannten seinen unheilvollen Entschluß zur Ausführung, die ihm zu schwer gewordene Last des Lebens von sich abzuwerfen. An uns ist es nun, das Andenken an sein wissenschaftliches Wirken und das Bild seiner Persönlichkeit frei von jenen Minderwertigkeitsgefühlen und Sorgen, die sein Gemüt in den letzten Jahren mehr und mehr verdüstert haben, festzuhalten. Es ist das Bild jenes geist- und witzsprühenden Mannes, der mit scharfer Kritik, aber zugleich mit tiefer Einsicht in die Grundlagen der wissenschaftlichen Betrachtung in die Diskussion eingreift und die Aufmerksamkeit auf einen bisher nicht oder zu wenig beachteten, wesentlichen Punkt richtet.

Ehrenfest wurde am 18. Januar 1880 in Wien geboren und studierte ebenda an der Universität. Dort empfing er von seinem Lehrer *Boltzmann* jene entscheidenden Anregungen, die seinem Schaffen für immer die kinetische Theorie der Materie und statistische Mechanik zum Lieblingsgegenstand machen sollten. Die spätere, unter dem Zeichen der Entstehung der Quantentheorie erfolgende Weiterentwicklung dieser Disziplin, wurde von ihm stets aufmerksam verfolgt, und es gelang ihm, an einigen wesentlichen Stellen in entscheidender Weise fördernd in diese Entwicklung einzugreifen.

In weiteren Kreisen bekannt wurde *Ehrenfest* zuerst durch seinen großen Enzyklopädieartikel „Die begrifflichen Grundlagen der statistischen Auffassung in der Mechanik", der von ihm gemeinsam mit seiner Gattin *T. Ehrenfest-Afanasiewa* in Rußland verfaßt wurde, wo er einige Jahre tätig war. In dem in Rede stehenden Enzyklopädieartikel, der heute noch ein überaus wertvolles Nachschlagewerk ist, kam es *Ehrenfest* nicht so sehr darauf an, die statistische Theorie der Wärme als eine in sich abgeschlossene, festgefügte Lehre darzustellen, als vielmehr den *Boltzmann*schen Standpunkt, insbesondere dessen berühmtes H-Theorem vom Anwachsen der Entropie im statistischen Mittel, gegen alle möglichen Einwände als widerspruchsfrei zu verteidigen und definitiv zu erweisen. Hierbei gelang ihm manche begriffliche Verschärfung, selbst gegenüber den vortrefflichen früheren Darstellungen des H-Theorems durch *H. A. Lorentz;* insbesondere betonte er die Notwendigkeit der Unterscheidung zwischen „feiner" und „grober" (d. h. bereits über endliche Zellen gemittelter) Dichte im Phasenraum, die für eine strenge allgemeine Begründung des H-Theorems unerläßlich ist.

Eben dieser Umstand soll nicht ohne Einfluß auf den Entschluß von *H. A. Lorentz* gewesen sein, *Ehrenfest* als seinen Nachfolger in Leiden (Holland) zu empfehlen. Dort wirkte dieser dann von 1912 bis an sein Lebensende, eine rege Lehrtätigkeit entfaltend und auf manchen Jungen seine eigene Begeisterung für die physikalische Wissenschaft übertragend.

Als durch die grundlegenden Arbeiten von *Planck, Einstein, Debye* u. a. sich in rascher Folge die Quantentheorie entwickelte, war es eine bestimmte Frage, deren weitere konsequente Verfolgung *Ehrenfest* zu seiner größten Entdeckung führte. Diese Frage lautet in seiner eigenen (wie so oft drastischen und in didaktischer Hinsicht sehr eindrucksvollen) Formulierung: „Wieso steht das doch auf klassischer Grundlage abgeleitete *Wien*sche Verschiebungsgesetz unerschüttert inmitten der Quantenbrandung?" Um einen allgemeinen Ansatz zu haben, der die statistischen Ansätze der klassischen Theorie und der Quantentheorie umfaßt, führt *Ehrenfest* zunächst den Begriff des statistischen apriori-Gewichtes ein, mit dem die verschiedenen Gebiete des Phasenraumes bei Bildung der zur Berechnung der thermodynamischen Funktionen dienenden Zustandsintegrale bzw. Zustandssummen zu multiplizieren sind. In dem von *Planck* zuerst behandelten Spezialfall des harmonischen Oszillators haben in der klassischen Theorie (welche bekanntlich, um wieder *Ehrenfests* Ausdruck zu gebrauchen, zur „Violettkatastrophe" bei der schwarzen Strahlung führt) alle demselben Spielraum der Gesamtenergie entsprechenden Bereiche des Phasenraumes das gleiche Gewicht, während in der Quantentheorie nur die den diskreten Energiewerten $E_n = n\,h\,\nu + E_0$ (E_0 = Nullpunktsenergie, ν = Frequenz des Oszillators) entsprechenden Gebiete zu zählen sind, diese aber mit dem gleichen Gewicht. *Ehrenfest* untersuchte nun die allgemeinste Gewichtsfunktion $g\,(E, \nu)$, die mit dem *Wien*schen Verschiebungsgesetz verträglich ist, und fand das Resultat

$$g\,(E,\nu) = f\,(E/\nu)\ ;$$

die Gewichtsfunktion darf nur abhängen von dem Quotienten aus Oszillatorenenergie und Frequenz. Indem *Planck* seine Energieelementarbereiche gerade proportional zur Frequenz gesetzt hatte, war dem *Wien*schen Verschiebungsgesetz genügt worden.

Was bedeutet nun dieses Resultat physikalisch? Hierauf gaben weitere Arbeiten von *Ehrenfest* die Antwort, in welchen er die Aufmerksamkeit auf die sog. adiabatischen Prozesse richtete, die thermodynamisch-statistisch dadurch charakterisiert sind, daß nur Arbeit, keine Wärme von außen dem System zugeführt wird, während sie mechanisch zu charakterisieren sind durch die Forderung, daß das System infolge „unendlich langsamer" Veränderung äußerer Parameter lauter Gleichgewichtszustände durchläuft; unter „unendlich langsam" ist hierbei zu verstehen, daß die relative Veränderung der Parameterwerte in Zeiten von der Größenordnung der Umlaufperioden des periodisch oder quasi periodisch gedachten Systems eine vernachlässigbar kleine ist. Und nun zeigte *Ehrenfest* erstens, daß jene statistische Gewichtsfunktion bei solchen adiabatischen Prozessen allgemein invariant bleiben muß, soll die statistisch definierte Entropie bei diesem Prozeß ihren Wert nicht ändern, was ja aus themodynamischen Gründen verlangt werden muß. (Prinzip der adiabatischen Invarianz der apriorischen Gewichte.) Zweitens zeigte er, an ältere Überlegungen von *Rayleigh* anknüpfend, daß eben der Ausdruck E/ν bei adiabatischer Veränderung der Eigenfrequenz des Oszillators bzw. angewandt auf eine Eigenschwingung des Strahlungshohlraumes bei adiabatischer Kompression des Hohlraumes, bei Verfolgung dieses Vorganges auf Grund der klassischen Mechanik invariant bleibt. Für beliebige periodische mechanische Systeme mußte an die Stelle von E/ν das über die Periode T des Systems erstreckte Zeitintegral der doppelten kinetischen Energie:

$$\int_0^T 2\,E_{\text{kin}}\,dt$$

gesetzt werden. Dies führte *Ehrenfest* zur Aufstellung der Adiabatenhypothese, wonach die Quantenbedingungen immer von solcher Art sein müssen, daß adiabatische Invarianten der klassischen Mechanik einem ganzzahligen Multiplum des Wirkungsquantums gleichgesetzt werden.

Über die Benützung der Adiabatenhypothese als heuristisches Hilfsmittel zur Auffindung der Quantenbedingungen bei komplizierten Systemen und die Sonderrolle der sog. entarteten Systeme, wie sie in den auf die Entdeckung des *Bohr*schen Atommodells folgenden Arbeiten von *Bohr* selbst und anderen immer deutlicher zutage trat, hat *Ehrenfest* selbst anläßlich des 10jährigen Jubiläums des *Bohr*schen Atommodells berichtet [1]. Wir können heute anläßlich des 20jährigen Jubiläums des *Bohr*schen Atommodelles hinzufügen, daß die Adiabatenhypothese *Ehrenfests* auch in der Wellenmechanik ihre Bedeutung behalten hat. Nur liegt der Akzent jetzt nicht mehr auf der Gültigkeit der klassischen Mechanik bei adiabatischen Transformationen eines Systemes (da ja schon bei der Beschreibung der stationären Zustände des Systems selbst im allgemeinen die klassische Mechanik sich als unzulänglich erwiesen hat), sondern vielmehr auf dem wellenmechanisch zuerst von *Born* allgemein bewiesenen Sachverhalt, daß bei adiabatischen Transformationen eines Systems dieses stets in einem bestimmten, bei festen äußeren Parametern stationär möglichen Zustande verbleibt (während bei raschen, nicht adiabatischen äußeren Einwirkungen im allgemeinen Übergänge des Systems von einem stationären Zustand in andere durch sog. „Schüttelwirkung" stattfinden).

Ist auch die Aufstellung der Adiabatenhypothese *Ehrenfests* Hauptleistung auf dem Gebiete der Quantenstatistik, so möge doch auch ein anderer Beitrag *Ehrenfests* zu diesem Gebiet hier besprochen werden, der zwar weniger bekannt, aber doch äußerst wichtig ist. Es ist dies seine gemeinsam mit *V. Trkal* verfaßte Arbeit über die Theorie der chemischen Konstante [2]. Hier fiel *Ehrenfests* kritischer Blick auf den nur scheinbar trivialen Umstand, daß die Entropie eines doppelt so großen Gasquantums bei gleicher Dichte und gleicher Temperatur als doppelt so groß wie die Entropie des einfachen Quantums definiert wird, während die allgemeine Vorschrift der klassischen Statistik zur Berechnung der thermodynamischen Funktionen, angewandt auf ideale Gase, zu einem anderen Ergebnis führt. Erst nach einer vom damaligen Standpunkt aus nicht begründbaren und willkürlichen Division der betreffenden Wahrscheinlichkeiten durch N! (worin N die Zahl der vorhandenen Moleküle bedeutet) ergab sich Übereinstimmung mit der eben erwähnten phänomenologischen Festsetzung. Richtig erkannte *Ehrenfest*, daß jener „dunkle Punkt" der Division der thermodynamischen Wahrscheinlichkeiten durch N! damit zusammenhängt, daß man ja nicht auf einem reversiblen Wege ein Quantum Gas in das doppelte Quantum überführen und damit die zugehörige Entropie bestimmen kann, so daß an dieser Stelle Platz für eine Definition bleibt. Er zeigt weiter, daß die Theorie des Dissoziationsgleichgewichtes der Gase ganz unabhängig von jenem dunklen Punkt begründet werden kann, indem man nur tatsächlich mögliche reversible Dissoziationsprozesse der Moleküle betrachtet und alles auf den Phasenraum der ihrer Anzahl nach festen Atome (bzw. Atomgruppen) bezieht. Hierbei wird zum erstenmal auf die Bedeutung der Symmetriezahlen eines Moleküls für den Wert der chemischen Konstanten hingewiesen — der Anzahlen derjenigen Permutationen gleichartiger Atome im Molekül, die auch durch starre Drehung des Moleküls hergestellt werden können.

Was nun die Aufhellung jenes dunklen Punktes betrifft, so geschah sie erst durch Anwendung der Wellenmechanik auf ein System von N gleichen Teilchen (z. B. den in einem Hohlraum eingeschlossenen Molekülen eines Gases) und dessen stationäre Zustände. Bei gegebener Energie der Einzelteilchen sind bei Fehlen von Wechselwirkung zwischen den Teilchen noch N! verschiedene Eigenfunktionen des Gesamtsystems im Konfigurationsraum möglich. Aber in der Natur kommt (wenn wir hier einfachheitshalber von der kleinen durch das Vorhandensein des Kernspins bedingten Komplikation des Sachverhaltes absehen) nur eine einzige Linearkombination dieser Eigenfunktionen vor, entweder die symmetrische oder die antisymmetrische. Daher ist die Anzahl der nicht entarteten Zustände des gesamten Gases 1/N! mal geringer, als ursprünglich anzunehmen war, und der „dunkle Punkt" hört damit auf, dunkel zu sein. Historisch hat *Ehrenfest* zur allmählichen Entwicklung dieser Erkenntnis noch einmal wesentlich beigetragen. Noch vor Aufstellung der Wellenmechanik des Konfigurationsraumes, wo es also noch nicht möglich war, eindeutig von stationären Zuständen des gesamten Gases zu sprechen, hat *Einstein*, anschließend an eine Betrachtung von *Bose* über die Entropie des als „Lichtquantengas" betrachteten Strahlungshohlraumes, eine Abzählungsweise der Zustände des einatomigen Gases eingeführt, die zu einer neuen Berechnungsweise der Entropie des idealen Gases und damit zu einer neuen Theorie der Gasentartung führte. Von dieser stellte sich später heraus, daß sie identisch war mit derjenigen Theorie, die aus der Annahme folgt, daß nur Zustände des Gases mit in den Teilchenkoordinaten symmetrischen Eigenfunktionen in der Natur existieren sollen. In der ersten Arbeit von *Bose* und *Einstein* waren sich aber diese Verfasser über die Grundlagen ihrer Betrachtung keineswegs vollkommen klar, und es war *Ehrenfest*, der sie darauf hinwies, daß sie implizite die übliche Voraussetzung des statistisch unabhängigen Verhaltens der Gasatome in ihren Betrachtungen verlassen hatten.

Das hier Vorgebrachte möge nur als Beispiel für die Art des Schaffens und Denkens von *P. Ehrenfest* betrachtet werden. Alle Anregungen, die von ihm ausgegangen waren, im Rahmen eines Aufsatzes zu erschöpfen, ist unmöglich. Nur nebenbei können wir hier erwähnen seine Beiträge zur Theorie der bei Streuung von Röntgenstrahlen an mehratomigen Molekülen auftretenden Interferenzerscheinungen, zur Theorie des osmotischen Druckes, zur Theorie der *Brown*schen Bewegung (wobei man ihm vielleicht mit einem gewissen Recht eine allzu große Vorliebe für kleine Paradoxien vorwerfen kann), sein bekanntes wellenmechanisches Theorem über die klassische Bewegung des Mittelpunktes eines Wellenpaketes, seine Anregung eines Entwurfes des Spinorkalküls von mathematischer Seite; endlich seine früheren Beiträge zur Aufklärung der physikalischen Grundlagen der speziellen Relativitätstheorie, insbesondere des Begriffes der „Signalgeschwindigkeit" und seine auch heute noch lesenswerte Antrittsrede in Leiden „Zur Krise der Lichtätherhypothese", die auch der der Erfahrung gegenüber nicht haltbaren, aber begrifflich interessanten Theorie seines früh verstorbenen Freundes *W. Ritz*, des Entdeckers der Kombinationsprinzips in den Spektren, gerecht zu werden versucht.

Seine damaligen Überlegungen führten *Ehrenfest* auch zu der durch die spezielle Relativitätstheorie aufgerollten und durch die *Maxwell-Lorentz*sche Elektrodynamik allein nicht beantwortbaren Fragen nach der „Struktur" des Elektrons und der Natur und Größe seiner Selbstenergie. (Er widmete ihr eine kleine Note, die das auf ein bewegtes, ellipsoidisches Elektron wirkende elektromagnetische Drehmoment betraf). Es ist dies eine Frage, die seither lange geschlafen hat, heute aber wieder an der Oberfläche des wissenschaftlichen Lebens aufgetaucht ist und im Mittelpunkt der Diskussionen steht. Und hier darf ich vielleicht mit einer persönlichen Erinnerung an ein kritisches Eingreifen *Ehrenfests* in eine Diskussion schließen. Es war zu der Zeit, als *Dirac* gerade seine erste Arbeit über Strahlungstheorie, bei der das elektromagnetische Feld quantisiert wird, veröffentlicht hatte. Da wies *Ehrenfest* sofort darauf hin, daß diese Theorie die Schwierigkeit einer unendlichen Selbstenergie des Elektrons enthalten müsse, da sie den Wert der Potentiale des Feldes am Ort des Elektrons selbst wesentlich verwendet und als korrespondenzmäßige Umdeutung der klassischen Theorie eines p u n k t f ö r m i g e n Elektrons aufzufassen sei. Eine Schwierigkeit, die sich beim weiteren Ausbau der Quantenelektrodynamik in der Tat als überaus peinlich und störend erweisen sollte und bis heute ungelöst ist.

Wenn wir nochmals *Ehrenfests* wissenschaftliches Wirken rückschauend betrachten, so erscheint es uns als lebendiges Zeugnis der bleibenden Wahrheit: Wissenschaftlich objektive Kritik, und sei sie noch so scharf, wirkt stets anregend und befruchtend, wenn sie konsequent zu Ende gedacht wird.

Literatur

[1] Naturwiss. II, 543 (1923).

[2] Proc. Amst. **23,** 162 (1920). — Ann. Physik 65, 602 (1921).

9

Einsteins Beitrag zur Quantentheorie

Jede neue Naturerscheinung, die mit dem bisher anerkannten Theoriensystem noch unvereinbar ist, stellt ihren Entdecker vor die Frage, welche der bekannten, zur Naturbeschreibung verwendeten Prinzipien hinreichende Allgemeinheit besitzen, um die neue Situation zu erklären, und welche derselben abzuändern oder aufzugeben sind. Die Haltung verschiedener Physiker zu Problemen dieser Art, welche hohe Anforderungen an die Intuition und den Takt eines Wissenschaftlers stellen, hängt wesentlich vom persönlichen Temperament des betreffenden Forschers ab. Im Falle der *Planck*schen Entdeckung des Wirkungsquantums im Jahre 1900, die er im Zuge seiner berühmten Untersuchungen über das Strahlungsgesetz des schwarzen Körpers machte, lag es auf der Hand, daß die Erhaltungssätze von Energie und Impuls, sowie das *Boltzmann*sche, Entropie und Wahrscheinlichkeit verbindende Prinzip sich als zwei Säulen erweisen mußten, deren Tragkraft durch die der neuen Entdeckung folgende Entwicklung nicht erschüttert werden konnten. Tatsächlich war es gerade das Festhalten an diesen Prinzipien, welches *Planck* die Einführung der neuen Konstanten h, des Wirkungsquantums, in seine statistische Theorie des thermodynamischen Strahlungsgleichgewichtes ermöglichte.

Die Frage, ob die neue „Quantenhypothese“ die Notwendigkeit einer Änderung der Gesetzmäßigkeiten mikroskopischer Phänomene an sich, unabhängig von statistischen Anwendungen, impliziert oder ob lediglich eine Verbesserung der statistischen Methoden zur Abzählung gleichwahrscheinlicher Zustände anzustreben ist, wurde in *Plancks* ursprünglicher Untersuchung mit einer gewissen Zurückhaltung behandelt. Die Tendenz zu einem Kompromiß zwischen den älteren Vorstellungen der Physik, die man heute als die „klassischen“ bezeichnet, und der Quantentheorie, wurde jedenfalls von ihm selbst bevorzugt. Das gilt sowohl für seine ersten, wie auch die späteren Arbeiten, obwohl eine Bejahung dieser Möglichkeit die Bedeutung seiner eigenen Entdeckung ganz wesentlich beeinträchtigen mußte.

Überlegungen dieser Art bildeten die Grundlage von *Einsteins* erster Arbeit *) über die Quantentheorie [1], welcher sich die Untersuchungen

*) Bemerkung des Herausgebers: Alle Nummern, welche in dieser Arbeit in [ ] erscheinen, beziehen sich auf Arbeiten *Einsteins*, die sich mit Quantentheorie befassen. Die Arbeiten sind nochmals unter denselben Nummern am Ende dieses Artikels aufgeführt.

über die Grundlagen der statistischen Mechanik[1]) anschlossen. Im gleichen Jahre 1905 erschienen seine beiden anderen grundlegenden Arbeiten über die Theorie der *Brown*schen Bewegung[2]), sowie die Relativitätstheorie[3]). In dieser und den darauffolgenden Untersuchungen [2, 3, 4b] klärte und verschärfte *Einstein* die der *Planck*schen Theorie zugrunde liegenden thermodynamischen Gesichtspunkte so weitgehend, daß er eindeutige Schlüsse bezüglich der mikroskopischen Phänomene selbst ziehen konnte. Er gab der *Boltzmann*schen Gleichung zwischen Entropie S und „Wahrscheinlichkeit" W

$$S = k \log W + \text{konstant} \tag{1}$$

eine eindeutige physikalische Bedeutung, indem er für einen gegebenen Zustand W als die relative Dauer dieses Zustandes in einem abgeschlossenen System mit fest vorgegebener Energie definierte (wobei dieser Zustand mehr oder weniger vom thermodynamischen Zustand abweichen kann). Damit stellt die *Boltzmann*sche Beziehung nicht nur eine Definition von W dar, sondern sie liefert auch eine Beziehung zwischen prinzipiell beobachtbaren Größen. Beispielsweise ergibt sich für das Quadratmittel der Energieschwankungen eines kleinen Teilvolumens in einem abgeschlossenen System als Folge von (1) der Ausdruck

$$\varepsilon^2 = k \left[- \left(\frac{\partial^2 S}{\partial E^2} \right)_{T,\,V} \right]^{-1} = k\, T^2 \left(\frac{\partial E}{\partial T} \right)_V ; \tag{2}$$

hierin bedeutet T die Temperatur und E den Mittelwert der Energie (die durch Dichteschwankungen verursachten Komplikationen der Formel sind hier außer Betracht gelassen, da dieselben im Falle der Strahlung nicht vorkommen). Die obige Beziehung gilt unabhängig von allen Modellvorstellungen. Ist die Energie eines Systems als Funktion seiner Temperatur empirisch bekannt, so muß das Modell in Übereinstimmung mit den nach (2) berechneten Schwankungen stehen. Die Annahme eines solchen theoretischen Modells schreibt hinwiederum die Wahl der in der *Boltzmann*schen Beziehung (1) als gleichwahrscheinlich angenommenen Zustände vor. Das Quadratmittel der Energieschwankung für einen Frequenzbereich $(\nu, \nu + d\,\nu)$ der Strahlung in einem kleinen Teilvolumen V eines strahlungserfüllten Hohlraumes im thermodynamischen Gleichgewicht beträgt nach der *Planck*schen Strahlungsformel in Übereinstimmung mit (2), wie erstmals von *Einstein* [4b] gezeigt,

$$\overline{\varepsilon^2} = h\,\nu\,E + \frac{c^3}{8\,\pi\,\nu^2\,d\,\nu}\,\frac{E^2}{V}, \tag{3}$$

[1]) Ann. Phys. (4) **9**, 417 (1902); **11**, 170 (1903); **14**, 354 (1904).
[2]) Ann. Phys. (4) **17**, 549 (1905).
[3]) Ann. Phys. (4) **17**, 891 (1905).

wenn E die mittlere Energie der Strahlung in V für das betrachtete Frequenzintervall bedeutet. Während der zweite Term mit Hilfe der klassischen Wellentheorie auf Interferenzerscheinungen zwischen Partialwellen[4]) zurückgeführt werden kann, steht das erste Glied offensichtlich im Widerspruch zur klassischen Elektrodynamik. Dieses kann jedoch in Analogie zu den Schwankungen in der Teilchenzahl der Moleküle eines idealen Gases interpretiert werden. Das gelingt unter Zuhilfenahme des Bildes, nach welchem die Strahlungsenergie sich aus diskreten Energiebeträgen $h\nu$ zusammensetzt, welche in begrenzten Raumbereichen konzentriert sind und sich wie voneinander unabhängige Teilchen, „Lichtquanten" oder „Photonen" genannt, verhalten.

Da Bedenken gegen die Anwendung statistischer Methoden auf die Strahlung selbst bestanden, untersuchte *Einstein* auch noch die *Brown*sche Bewegung eines Spiegels, welcher Licht des Frequenzbereiches $(\nu, \nu + d\nu)$ vollkommen reflektiert, für alle übrigen Frequenzen dagegen völlig durchlässig ist [4b]. Bedeutet P_v die der Geschwindigkeit v des Spiegels normal zu seiner Fläche entsprechende Reibungskraft, so liefert *Einsteins* allgemeine Theorie der *Brown*schen Bewegung für die regellosen Impulsänderungen $\triangle$ des Spiegels während des Zeitintervalls τ die statistische Beziehung

$$\overline{\triangle^2} = 2\,P\,m\,\overline{v^2}\,\tau = 2\,P\,k\,T\,\tau\,, \tag{4}$$

da $m\,\overline{v^2} = kT$ (m bedeutet die Masse des Spiegels). Man berechnet zunächst P entsprechend der üblichen Wellentheorie, was zum Ausdruck

$$P = \frac{3}{2\,c}\left(\varrho - \frac{1}{3}\,\nu\,\frac{\partial\,\varrho}{\partial\,\nu}\right)d\,\nu \cdot f \tag{5}$$

führt, worin $\varrho\,d\,\nu$ die auf die Volumeneinheit bezogene Strahlungsenergie im betrachteten Frequenzintervall $(\nu, \nu + d\,\nu)$ und f die Fläche des Spiegels bedeutet. Bei Einführung von (5) in (4) erhält man unter Verwendung der *Planck*schen Formel

$$\frac{\overline{\triangle^2}}{\tau} = \frac{1}{c}\left[h\,\nu\,\varrho + \frac{c^3}{8\,\pi\,\nu^2}\,\varrho^2\right]d\,\nu \cdot f\,. \tag{6}$$

Diese Formel steht in enger Beziehung zu (3), man erhält nämlich unter Verwendung von $E = \varrho\,d\,\nu \cdot V$

$$\frac{\overline{\triangle^2}}{\tau} = \frac{1}{c}\,f\,\frac{\overline{\varepsilon^2}}{V}\,. \tag{6a}$$

---

[4]) Für eine quantitative Berechnung, siehe *H. A. Lorentz*, „Théories statistiques en thermodynamiques", Leipzig 1916, Appendix Nr. IX.

Analog zu (3) kann wiederum nur der letzte Term in (6) durch die klassische Wellentheorie erklärt werden, während der erste Term mittels der Vorstellung korpuskularer Lichtquanten der Energie $h\nu$ und des in die Fortschreitungsrichtung fallenden Impulses $h\nu/c$ interpretiert werden kann.

Hierzu sind zwei Bemerkungen zu machen. 1. Geht man vom vereinfachten *Wien*schen Gesetz für die Strahlung des schwarzen Körpers aus, welches für $h\nu \gg kT$ gültig ist (oder dessen Gültigkeit auf $h\nu \gg kT$ beschränkt ist), so erhält man nur den ersten Term in (3). 2. In seiner ersten Arbeit [1] berechnete *Einstein* für den Gültigkeitsbereich des *Wien*schen Gesetzes die Wahrscheinlichkeit des extrem seltenen Zustandes, in welchem die gesamte Strahlungsenergie in einem gewissen Teilvolumen enthalten ist. Diese Rechnung erfolgte mittels einer direkten Anwendung von Gleichung (1) an Stelle einer Betrachtung des Quadratmittels der Energieschwankungen. Auch in diesem Fall konnte er seine Resultate mit Hilfe des obenerwähnten Bildes korpuskularer Lichtquanten interpretieren. Auf diese Weise wurde *Einstein* zu seiner berühmten „Lichtquantenhypothese" geführt, welche er unmittelbar auf den photoelektrischen Effekt und das *Stokes*sche Gesetz der Fluoreszenz [1] anwendete. Später folgte die Anwendung auf die Erzeugung sekundärer Kathodenstrahlen durch Röntgenlicht [5] und die Vorhersage der Grenzfrequenz im Spektrum der Bremsstrahlung [9]. Das alles ist heute so gut bekannt, daß es wohl kaum nötig erscheint, in eine detaillierte Diskussion dieser Konsequenzen einzutreten. Wir erinnern nur kurz daran, daß es dieses frühe Werk *Einsteins* klargestellt hat, daß die Existenz des Wirkungsquantums eine radikale Änderung der alle Mikrovorgänge beherrschenden Gesetze bedingt. Im Falle der Strahlung drückt sich diese Änderung durch den Gegensatz zwischen der Anwendung des Teilchenbildes einerseits und des Wellenbildes andrerseits auf verschiedene Phänomene aus.

Die Konsequenzen der *Planck*schen Theorie, der zufolge harmonische Oszillatoren der Eigenfrequenz ν nur diskrete Energiewerte haben können, welche durch ganzzahlige Vielfache $h\nu$ [2] bestimmt sind, wurde von *Einstein* auch mit Erfolg auf die Theorie der spezifischen Wärme fester Körper angewandt [3]. Vom methodischen Standpunkte aus wurde darauf hingewiesen, daß bei dieser Gelegenheit *Einstein* erstmals die einfachere Methode der kanonischen Gesamtheit zur Ableitung der freien Energie und der mittleren Energie solcher Oszillatoren als eine Funktion der Temperatur verwendete. In den früheren Arbeiten von *Planck* wurde demgegenüber die Entropie als Funktion der Energie mit Hilfe der *Boltzmann*schen Methode, in welcher die mikrokanonische Gesamtheit verwendet wird, berechnet. Im Hinblick auf den physikalischen Inhalt der Theorie erscheint es offensichtlich, daß die Annahme eines einzigen Wertes für die Frequenz der Oszillatoren im festen Körper nicht korrekt sein kann. Dieses Problem wurde von *Einstein* in verschiedenen nachfolgenden Arbeiten [7, 8, 9] diskutiert in Verbindung mit der Entdeckung von *Madelung* [5]) und *Sutherland* [6]), wonach eine Relation zwischen dem angenommenen Wert dieser Frequenz und den elastischen Eigenschaften des Körpers existiert. Unter diesen Arbeiten ist *Einsteins* Bericht beim Solvay-Kongreß 1911 am interessantesten, da er nach der Auffindung der empirischen Formel von *Nernst* und *Lindemann* für die thermische Energie der Festkörper und gerade vor der theoretischen Lösung des Problems durch *Born* und *Karmann* [7]) und unabhängig von *Debye* [8]) verfaßt wurde. Es mutet heute eher merkwürdig an, daß diese späteren Theorien nicht viel früher gefunden wurden, um so mehr, als die Methode der Eigenschwingungen schon viel früher von *Rayleigh* und *Jeans* vom Standpunkt der klassischen Theorie auf die schwarze Strahlung angewandt worden war. Es ist jedoch zu bedenken, daß bis zu jenem Zeitpunkt noch keine allgemeine Regel zur Bestimmung der diskreten Energiewerte von Zuständen gefunden war und daß außerdem die Physiker gezögert haben, die Quantengesetze auf so weit räumlich ausgedehnte Zustände, wie die Eigenschwingungen eines Körpers, anzuwenden.

Einsteins Bericht über die Beschaffenheit der Strahlung anläßlich der Physikalischen Tagung in Salzburg im Jahre 1909 [5], an welcher er erstmals vor einer größeren Hörerschaft erschien, kann als einer der Wendepunkte in der Entwicklung der theoretischen Physik angesprochen werden. Er behandelt in demselben sowohl die spezielle Relativitätstheorie als auch die Quantentheorie und kommt zu dem wichtigen Schluß, daß dem Elementarprozeß nicht nur im Falle der Absorption, sondern auch der Emission von Strahlung eine Richtung zuzuschreiben ist (Nadelstrahlung). Dieses Postulat stand allerdings in offenem Widerspruch zu der klassischen Vorstellung der Emission von Kugelwellen, welche für das Verständnis der Kohärenzeigenschaften der Strahlung, wie sie in Interferenzexperimenten zutage treten, unerläßlich ist. *Einstein* hat sein Postulat des gerichteten Emissionsprozesses in seiner folgenden Arbeit durch gewichtige thermodynamische Argumente weiter gestützt. In Untersuchungen, welche er zusammen mit *L. Hopf* publizierte [6] (diese Untersuchungen veranlaßten auch eine interessante Diskussion mit *von Laue* [12] über den Grad der Unordnung in der „schwarzen" Strahlung), konnte er die frühere Arbeit über die Impulsschwankungen eines Spiegels unter dem Einfluß eines Strahlungsfeldes auf die entsprechenden Impulsschwankungen eines harmonischen Oszillators ausdehnen. Auf diese Weise

---

[5]) *Madelung, E.*, Phys. Zschr. **11**, 898 (1910).

[6]) *Sutherland, W.*, Phil. Mag. (6) **20**, 657 (1910).

[7]) *Born*, M. und *van Karmann, Th.*, Phys. Zschr. **13**, 297 (1912).

[8]) *Debye, P.*, Ann. Phys. (4) **39**, 789 (1912).

war es – zumindest für dieses spezielle System, das in *Plancks* ursprünglicher Theorie eine so wichtige Rolle gespielt hat – möglich, neben der von *Planck* viel früher behandelten Oszillationsbewegung auch die translatorische Bewegung für die Berechnung des Strahlungsgleichgewichtes heranzuziehen. Das Resultat war für alle diejenigen enttäuschend, die immer noch vergeblich hofften, die *Planck*sche Formel lediglich durch eine Änderung der statistischen Annahmen an Stelle eines grundsätzlichen Bruchs mit den klassischen, die elementaren Mikrophänomene betreffenden Vorstellungen abzuleiten: Die klassische Berechnung der Impulsschwankung eines harmonischen Oszillators bei seiner Wechselwirkung mit einem Strahlungsfeld ist nur mit dem wohlbekannten Wert $3/2\ kT$ seiner kinetischen Energie im thermodynamischen Gleichgewicht verträglich, sofern das Strahlungsfeld dem klassischen Gesetz von *Rayleigh-Jeans* an Stelle der *Planck*schen Formel genügt. Wird umgekehrt die letztere akzeptiert, so müssen die Impulsschwankungen des Oszillators von Unregelmäßigkeiten im Strahlungsfeld herrühren, die viel größer sind als die entsprechenden klassischen Schwankungen für kleine Dichten der Strahlungsenergie.

Mit *Bohrs* erfolgreicher Anwendung der Quantentheorie auf die Linienspektren der Elemente, deren Erklärung auf seinen wohlbekannten zwei „Fundamentalpostulaten der Quantentheorie" (1913) beruht, setzte eine rasche Entwicklung ein, in deren Verlauf die Quantentheorie von der Beschränkung auf so spezielle Systeme wie *Planck*sche Oszillatoren befreit wurde.

Hieraus ergab sich das Problem, das *Planck*sche Strahlungsgesetz in Übereinstimmung mit den *Bohr*schen Postulaten auf Grund allgemeiner, für alle atomaren Systeme gültigen Annahmen abzuleiten. Dieses Problem wurde durch *Einstein* im Jahre 1917 in einer berühmten Arbeit gelöst [13], die als der Höhepunkt einer Etappe von *Einsteins* Leistungen in der Quantentheorie (s. a. [10] und [11]) und als die reife Frucht seiner früheren Untersuchung der *Brown*schen Bewegung angesehen werden kann. Mit Hilfe allgemeiner statistischer Gesetze für die spontanen und induzierten Emissionsprozesse und für deren Umkehrung, die Absorptionsprozesse, konnte er das *Planck*sche Strahlungsgesetz neu begründen. Dabei nahm er zwei allgemeine Relationen an zwischen den drei Koeffizienten, welche die Häufigkeit dieser Prozesse bestimmen und aus welchen bei Angabe von zwei dieser Koeffizienten der dritte Koeffizient berechnet werden kann. Da diese *Einstein*schen Resultate heutzutage in allen Lehrbüchern der Quantentheorie enthalten sind, ist es wohl kaum nötig, die Einzelheiten dieser Theorie sowie ihre spätere Verallgemeinerung auf kompliziertere Strahlungsprozesse zu diskutieren [15]. Außer der Herleitung der *Planck*schen Strahlungsformel wird in dieser Arbeit auch der Impulsaustausch zwischen dem atomaren System und der Strahlung in einer endgültigen und sehr allgemeinen Weise diskutiert. Das geschieht wiederum unter Verwendung der Gleichung (4) aus der Theorie der *Brown*schen Bewegung, welche das Quadratmittel des Impulsaustausches während eines bestimmten Zeitintervalls mit der Reibungskraft P_ν verbindet. Diese letztere läßt sich unter Benützung der allgemeinen Annahme berechnen, daß die von Strahlenbündeln verschiedener Richtung hervorgerufenen Emissions- bzw. Absorptionsprozesse voneinander unabhängig sind [9]). Diese Annahme ist sowohl durch die Erfahrung als auch durch das Experiment nahegelegt. Dann ist die Bedingung (4) für das *Planck*sche Strahlungsfeld nur erfüllt, wenn die spontane Emission als gerichtet angenommen wird, derart, daß für jeden elementaren Strahlungsprozeß ein Impuls vom Betrage $h\nu/c$ in einer nach Zufall verteilten Richtung emittiert wird und das Atomsystem einen entsprechenden Rückstoß in der entgegengesetzten Richtung erfährt. Die letztgenannte Schlußfolgerung wurde später durch *Frisch* experimentell bestätigt [10]).

Nach der Ansicht des Verfassers wurde *Einsteins* eigenem kritischen Urteil über die fundamentale Rolle, welche dem „Zufall" in dieser Beschreibung der Strahlungsprozesse durch statistische Gesetzmäßigkeiten zukommt, zu wenig Aufmerksamkeit geschenkt. Wir zitieren deshalb die folgende Stelle seiner Arbeit aus dem Jahre 1917:

„Die Schwäche der Theorie liegt einerseits darin, daß sie uns dem Anschluß an die Undulationstheorie nicht näher bringt, andererseits darin, daß sie Zeit und Richtung der Elementarprozesse dem ‚Zufall' überläßt; trotzdem hege ich das volle Vertrauen in die Zuverlässigkeit des eingeschlagenen Weges."

Der Gegensatz zwischen den Interferenzeigenschaften der Strahlung, für deren Beschreibung das Superpositionsprinzip der Wellentheorie unerläßlich ist, und den Eigenschaften des Energie- und Impulsaustausches zwischen Strahlung und Materie, welche nur mit Hilfe des Korpuskelbildes beschrieben werden können, war unvermindert und schien zunächst auch unversöhnlich. Wie allgemein bekannt, formulierte *de Broglie* später in quantitativer Weise die Auffassung, derzufolge ein ähnlicher Gegensatz wiederum bei der Materie auftritt. *Einstein* begünstigte sehr diese neue Idee; der Autor erinnert sich, daß während einer Diskussion bei der Physikertagung in Innsbruck im Herbst 1924 *Einstein* die Suche nach Interferenz- und Beugungserscheinungen bei Molekularstrahlen vorschlug [11]). Zur gleichen Zeit wurde in einer Arbeit von *S. N. Bose* eine

---

[9]) Vgl. zu diesem Punkt die Diskussion zwischen *Einstein* und *Jordan* [16].

[10]) *Frisch, R.*, Zschr. f. Phys. **86**, 42 (1933).

[11]) Vgl. in diesem Zusammenhang auch die früheren Diskussionen zwischen *Einstein* und *Ehrenfest* [14] in Fragen, welche die Molekularstrahlen betreffen.

Ableitung der *Planck*schen Formel gegeben, in welcher nur das Korpuskelbild, aber keine wellentheoretische Vorstellung verwendet wurde. Das regte *Einstein* zu einer analogen Anwendung auf die Theorie der sog. Entartung idealer Gase [17] an, die uns heute als allgemeine Beschreibung des thermodynamischen Verhaltens eines Systems von Teilchen mit symmetrischen Eigenfunktionen bekannt ist (*Einstein-Bose*-Statistik). Es ist interessant, daß später ein Versuch gemacht wurde, diese Theorie auf flüssiges Helium anzuwenden. Der fundamentale Unterschied zwischen den statistischen Eigenschaften von gleichen und ungleichen Teilchen, der auch in den genannten Arbeiten von *Einstein* diskutiert wird, ist nach der Wellenmechanik mit dem Umstand verknüpft, daß gemäß der *Heisenberg*schen Unbestimmtheitsrelation, die zu den Grundlagen der neuen Theorie gehört, die Möglichkeit einer Unterscheidung zwischen verschiedenen gleichen Teilchen auf Grund der Kontinuität ihrer Bewegung in Raum und Zeit verlorengeht. Kurz nachdem *Einsteins* Arbeit erschien, wurde die thermodynamische Konsequenz der andern Alternative, von Teilchen mit antisymmetrischen Wellenfunktionen, welche für Elektronen gilt, in der Literatur diskutiert („*Fermi-Dirac*-Statistik").

Die kurz auf das Erscheinen von *de Broglies* Arbeit folgende Formulierung der Quantenmechanik war entscheidend für die neue Möglichkeit, erstmals seit der *Planck*schen Entdeckung wiederum eine widerspruchsfreie Beschreibung derjenigen Phänomene aufzustellen, in denen das Wirkungsquantum eine wesentliche Rolle spielt. Außerdem brachte die Quantenmechanik oder Wellenmechanik den Fortschritt einer tieferen Einsicht in die allgemeine begriffliche Situation der Atomphysik im Zusammenhang mit dem von *Bohr* „Komplementarität" genannten Gesichtspunkt. Der Verfasser gehört zu den Physikern, welche glauben, daß die neue, der Quantenmechanik zugrunde liegende erkenntnistheoretische Situation befriedigend ist, und zwar sowohl vom Standpunkt der Physik, als auch von dem weiteren Standpunkt der menschlichen Erkenntnis im allgemeinen. Ich bedauere es, daß *Einstein* über diese Sachlage anderer Meinung ist, um so mehr, als dieser neue Aspekt der Naturbeschreibung, im Gegensatz zu den der klassischen Physik zugrunde liegenden Ideen, die Hoffnung auf eine zukünftige Entwicklung verschiedener wissenschaftlicher Teildisziplinen in Richtung auf eine größere Einheit des Ganzen erweckt.

Innerhalb der eigentlichen Physik sind wir uns bewußt, daß der gegenwärtige Bau der Quantenmechanik von seiner endgültigen Form nicht nur noch weit entfernt ist, sondern sogar Probleme ungelöst läßt, mit denen sich *Einstein* schon viel früher befaßt hat. In seiner vorgehend erwähnten Arbeit aus dem Jahre 1909 [4 b] hebt er die Bedeutung von *Jeans* Bemerkung hervor, daß die elementare elektrische Ladung e mit Hilfe der Lichtgeschwindigkeit c die Konstante e^2/c bestimmt, welche die gleiche

Dimension hat wie das Wirkungsquantum h (womit er also auf die heute wohlbekannte Feinstrukturkonstante $2\pi e^2/hc$ zielt). Er betonte (loc. cit. p. 192), „daß das (elektrische) Elementarquantum e ein Fremdling ist in der *Maxwell-Lorentz*schen Elektrodynamik", und gab der Hoffnung Ausdruck, „daß die gleiche Modifikation der Theorie, welche das Elementarquantum e als Konsequenz enthält, auch die Quantenstruktur der Strahlung als Konsequenz enthalten wird". Die Umkehrung dieser Aussage hat sich sicherlich als unzutreffend herausgestellt, indem die neue Quantentheorie der Strahlung und Materie den Wert der elektrischen Elementarladung nicht als Konsequenz enthält, so daß diese auch in der Quantenmechanik ein Fremdling geblieben ist.

Die theoretische Bestimmung der Feinstrukturkonstante ist zweifellos das wichtigste aller noch ungelösten Probleme der Physik. Wir glauben, daß jede Rückkehr zu den Ideen der klassischen Physik (wie z. B. die Benützung des klassischen Feldbegriffs) uns diesem Ziel nicht näher bringen kann. Um es zu erreichen, werden wir vermutlich noch in weitere revolutionäre Änderungen der fundamentalen physikalischen Begriffe einwilligen müssen, die uns von den Begriffen der klassischen Theorien noch weiter entfernen werden.

Verzeichnis von Einsteins Arbeiten über Quantentheorie

[1] Ann. Phys., Leipzig (4) **17**, 132 (1905): „Über einen die Erzeugung und Verwandlung des Lichtes betreffenden heuristischen Gesichtspunkt."

[2] Ann. Phys., Leipzig (4) **20**, 199 (1906): „Zur Theorie der Lichterzeugung und Lichtabsorption."

[3] Ann. Phys., Leipzig (4) **22**, 180 und 800 (1907): „Die Plancksche Theorie der Strahlung und die Theorie der spezifischen Wärme."

[4] Diskussion mit *W. Ritz:* a) *W. Ritz,* Phys. Zschr. **9**, 903 (1908) und **10**, 224 (1908); b) *A. Einstein,* Phys. Zschr. **10**, 185 (1909): „Zum gegenwärtigen Stand des Strahlungsproblems." c) *W. Ritz* und *A. Einstein,* Phys. Zschr. **10**, 323 (1909): „Zur Aufklärung."

[5] Phys. Zschr. **10**, 817 (1909): „Über die Entwicklung unserer Anschauungen über das Wesen und die Konstitution der Strahlung." (Bericht anläßlich der physikalischen Tagung in Salzburg, September 1909).

[6] a) *A. Einstein* und *L. Hopf,* Ann. Phys., Leipzig **33**, 1096 (1910): „Über einen Satz der Wahrscheinlichkeitsrechnung und seine Anwendung in der Quantentheorie" (vgl. auch unten, Referenz 12); b) *A. Einstein* und *L. Hopf,* Ann. Phys., Leipzig **33**, 1105 (1910): „Statistische Untersuchung der Bewegung eines Resonators in einem Strahlungsfeld."

[7] Ann. Phys., Leipzig **34**, 170 und 590 (1911): „Eine Beziehung zwischen dem elastischen Verhalten und der spezifischen Wärme bei festen Körpern mit einatomigem Molekül."

[8] Ann. Phys., Leipzig **35**, 679 (1911): „Elementare Betrachtungen über die thermische Molekularbewegung in festen Körpern."

[9] Bericht und Diskussion des Solvay-Kongresses, 1911: „La théorie du Rayonnement et les Quanta", Paris, 1912. Bericht *Einsteins:* „L'état actuel du problème des chaleurs spécifiques."

[10] Ann. Phys., Leipzig **37**, 832 (1912) und **38**, 881 (1912): „Thermodynamische Begründung des photochemischen Äquivalentgesetzes."

[11] *A. Einstein* und *O. Stern*, Ann. Phys., Leipzig **40**, 551 (1913): „Einige Argumente für die Annahme einer molekularen Agitation beim absoluten Nullpunkt."

[12] Diskussion zwischen *Einstein* und *von Laue:* a) *M. von Laue*, Ann. Phys., Leipzig **47**, 853 (1915); b) *A. Einstein*, Ann. Phys., Leipzig **47**, 879 (1915); c) *M. von Laue*, Ann. Phys., Leipzig **48**, 668 (1915).

[13] Phys. Zschr. **18**, 121 (1917) (vgl. auch Verhandlungen der Deutschen Physikalischen Gesellschaft, Nr. 13/14, 1916): „Zur Quantentheorie der Strahlung."

[14] *A. Einstein* und *P. Ehrenfest*, Z. Phys. **11**, 326 (1922): „Quantentheoretische Bemerkungen zum Experiment von Stern und Gerlach."

[15] *A. Einstein* und *P. Ehrenfest*, Z. Phys. **19**, 301 (1923): „Zur Quantentheorie des Strahlungsgleichgewichtes." (Siehe auch *W. Pauli*, Z. Phys. **18**, 272, 1923.)

[16] Diskussion *Jordan-Einstein:* a) *P. Jordan*, Z. Phys. **30**, 297 (1924); b) *A. Einstein*, Z. Phys. **31**, 784 (1925).

[17] Berliner Ber. (1924), S. 261 und (1925), S. 3 und 18: „Zur Quantentheorie des einatomigen idealen Gases." (Siehe auch: *S. N. Bose*, Z. Phys. **26**, 178, 1924 und **27**, 384, 1924.)

10

Raum, Zeit und Kausalität in der modernen Physik

In vieler Hinsicht erscheint die heutige Zeit als eine Zeit der Unsicherheit der Grundlagen, des Wankens der Fundamente. Und auch die Entwicklung der exakten Wissenschaften ist von dieser Stimmung nicht ganz verschont geblieben, wie dies zum Beispiel in den Termini „Grundlagenkrise" in der Mathematik, „Umsturz des Weltbildes" in der Physik zum Ausdruck kommt. In der Tat erscheinen dem modernen Physiker viele Begriffe, die scheinbar direkt den aus den Sinnesempfindungen entlehnten Anschauungsformen entstammen und früher als selbstverständlich oder trivial oder unmittelbar evident galten, als in ihrer Anwendbarkeit begrenzt. Skeptisch blickt der moderne Physiker auf philosophische Systeme, die – wähnend die apriorischen Voraussetzungen der menschlichen Vernunft schlechthin endgültig erkannt zu haben – in Wahrheit nur die apriorischen Voraussetzungen des Systems der Mathematik und der Naturwissenschaften einer bestimmten Zeit aufstellen konnten.

Ist es aber deshalb berechtigt, die Forderung aufzustellen, daß die früheren Ergebnisse und Methoden der Naturwissenschaft gänzlich verlassen werden sollen und man lieber durch diese ganz unbeschwert nach gänzlich neuen Erkenntnismöglichkeiten des Menschen Umschau halten sollte? Eine einfache Überlegung zeigt, daß dies nicht der Fall ist und daß, nachdem wir soeben eine Abgrenzung des Standpunktes der modernen Physik gegen zu konservative Richtungen vorgenommen haben, wir nun ebenso genötigt sind, eine Abgrenzung gegen zu umstürzlerische Richtungen festzustellen. In der Tat, der Astronom berechnet weiter praktisch unbekümmert um die Errungenschaften der modernen Physik die Planetenbahnen mit großem Erfolg nach dem *Newton*schen Gravitationsgesetz, ebenso berechnet der Ingenieur zu einem sehr großen Teil seine Maschinen weiter nach den Gesetzen der klassischen Mechanik, Wärmelehre und Elektrodynamik, unbekümmert um die Erkenntnisse über den atomistischen Aufbau der Materie. In dieser Tatsache spiegelt sich die historische Kontinuität der Entwicklung der Physik wieder, die auch in ihrem logischen Aufbau zum Ausdruck kommt.

Es zeigt sich nämlich, daß durch die späteren Entwicklungsschritte in der Physik die früheren Stadien nicht etwa schlechthin für null und nichtig erklärt werden, sondern daß nur eine Abgrenzung des Anwendungsbereiches dieser früheren Stadien aufgezeigt wird, indem letztere als Grenzfälle in den umfassenderen Systemen der neueren Physik enthalten sind. So entstehen verschiedene, logisch mannigfaltig miteinander zusammenhängende Bereiche, von denen jeder seine eigenen a priorischen Voraussetzungen in sich trägt und von denen jeder vollständig ist in dem Sinne, daß dem System der Naturgesetze des betreffenden Bereiches keine neuen hinzugefügt werden können, ohne den Inhalt schon in ihm vertretener teilweise abzuändern.

Die Physik ist vor anderen Wissenschaften wie z. B. der Psychologie oder der Geschichte dadurch in einem besonderen Vorteil, daß sie, sehr weitgehend unabhängig von menschlichen Gefühlswerten, es mit quantitativ m e ß b a r e n Gegenständen zu tun hat und daher exakter mathematischer Formulierung zugänglich ist. Hieran hat auch die moderne Physik in keiner Weise etwas geändert, und so sehen wir die Existenz der erwähnten verschiedenen logischen Bereiche an die Existenz bestimmter N a t u r - k o n s t a n t e n geknüpft, deren Zahlwerte durch Messungen exakt ermittelt werden können.

*

Da wir hier unser Augenmerk speziell auf Raum, Zeit und Kausalität richten, wollen wir insbesondere drei fundamentale Naturkonstanten der Physik besonders betrachten:

1. Die Lichtgeschwindigkeit $c = 3 \cdot 10^{10}$ cm/sec.
2. Die Gravitationskonstante $\varkappa = 1{,}87 \cdot 10^{-27}$ cm/g.

(wir meinen hier die sogenannte relativistische Gravitationskonstante, die mit der gewöhnlichen *Newton*schen Konstante k, welche die Gravitationskraft in dyn von zwei Massen von 1 g in der Entfernung 1 cm aufeinander angibt, nach der Formel $\varkappa = 8\pi k/c^2$ zusammenhängt) und

3. das Wirkungsquantum (*Planck*sche Konstante)

$$h = 6{,}545 \cdot 10^{-27} \text{ erg sec.}$$

Wir können nun einen bestimmten Bereich der Naturgesetze dadurch charakterisieren, daß alle Geschwindigkeiten materieller Teilchen als klein gegen die Lichtgeschwindigkeit angesehen werden können und daß außerdem alle in Betracht kommenden „Wirkungen" (Dimension: Energie $\times$ Zeit = Impuls $\times$ Länge) sehr groß sind gegen das Wirkungsquantum h. Man kann technisch diesen Bereich auch als die „Näherung $c = \infty$, $h = 0$" charakterisieren, da die betreffenden Vernachlässigungen damit gleichbedeutend sind, daß in allen Formeln $c = \infty$, $h = 0$ gesetzt werden kann. Es ist dies der Bereich der *Galilei-Newton*schen Mechanik, in welchem die Gleichzeitigkeit räumlich distanter Ereignisse eine objektive Bedeutung besitzt. Der nächste allgemeine Bereich ist derjenige, wo zwar die Endlichkeit von c berücksichtigt, aber noch $h = 0$ gesetzt und ebenso alle zu

$\varkappa = 8\pi k/c^2$ proportionalen Wirkungen vernachlässigt werden. Wir haben es hier mit dem Bereich der speziellen Relativitätstheorie und dem der klassischen (*Maxwell-Lorentz*schen) Elektrodynamik und Optik zu tun, in welchem Raum und Zeit zu einem einheitlichen vierdimensionalen Kontinuum verschmolzen sind. In diesem Kontinuum hat der „Abstand" Δs zweier Ereignisse mit den Koordinaten (x_i^I, t^I) und (x_i^{II}, t^{II}) $(i = 1,2,3)$, der definiert ist durch

$$\Delta s^2 = \sum_{i=1}^{3} \left(x_i^I - x_i^{II}\right)^2 - c^2 \left(t^I - t^{II}\right)^2,$$

noch eine objektive Bedeutung, ebenso die Sätze der euklidischen Geometrie.

Der dritte Bereich, der die klassische Physik erschöpft, ist derjenige, wo nur noch $h = 0$ gesetzt, aber die zu $\varkappa$ proportionalen Wirkungen mitberücksichtigt werden. Wir sind hier im Bereich der allgemeinen Relativitätstheorie, gemäß welcher die Geometrie als abhängig von der Materie anzusehen ist und nur der raumzeitlichen Koinzidenz objektiv definierter Gegenstände eine direkte physikalische Realität zugesprochen wird. In bekannter Weise führt diese Auffassung zur Gleichwertigkeit aller Bezugssysteme; aber e i n e logische Voraussetzung der früher besprochenen Bereiche bleibt hier unangetastet: es wird angenommen, daß die physikalischen Phänomene, wenn einmal das Bezugssystem vorgegeben ist, unabhängig davon verlaufen (und beschrieben werden können), wie sie beobachtet werden, und daß die Forderung des Determinismus (Kausalität) im folgenden speziellen Sinn erfüllt ist: Durch Kenntnis einer gewissen Zahl von physikalischen Zustandsgrößen (die eventuell stetige Raumfunktionen sein können) zu einem Zeitmoment $t = t_0$, welche Kenntnis durch Messungen im Prinzip mit beliebiger Genauigkeit erlangt werden kann, lassen sich die Werte dieser Zustandsgrößen zu einem anderen (späteren oder früheren) Zeitpunkt $t = t_1$ berechnen und damit die Ergebnisse aller möglichen anderen Messungen für $t = t_1$ genau vorhersagen.

Vor eine ganz neue erkenntnistheoretische Situation werden wir jedoch hinsichtlich der letztgenannten Voraussetzungen der Physik gestellt, wenn wir diejenigen Erscheinungen mit in Betracht ziehen, die im *Planck*schen Wirkungsquantum h zusammengefaßt sind. Da diese neuesten Errungenschaften der Quantenphysik noch bedeutend weniger in der Allgemeinheit bekannt geworden sind als die Relativitätstheorie (namentlich gilt dies von den philosophischen Kreisen), ohne dieser an Bedeutung nachzustehen, mögen sie im folgenden Abschnitt etwas ausführlicher erläutert werden. Bevor wir hierzu übergehen, fassen wir noch das bisher über die Stufenfolge der unter verschiedenen Bedingungen näherungsweise gültigen Bereiche Gesagte in einer Übersichtstabelle summarisch zusammen.

TABELLE I.

Die logischen Bereiche der klassischen Physik

<table>
<tr><th>Bereich I</th><th>Bereich II</th><th>Bereich III</th></tr>
<tr><td>Näherung:
$c = \infty$
$\varkappa = 0$
$h = 0$</td><td>c endlich
Näherung:
$\varkappa = 0$
$h = 0$</td><td>c endlich
$\varkappa$ endlich
Näherung:
$h = 0$</td></tr>
<tr><td>Galilei-Newtonsche Mechanik
Thermodynamik und klassische statistische Mechanik.</td><td>Maxwell-Lorentzsche Elektrodynamik und Optik.
Spezielle Relativitätstheorie.</td><td>Relativistische Gravitations-Theorie.</td></tr>
<tr><td>Objektive Bedeutung der Zeit unabhängig vom Raum.</td><td>Nur das vier-dimensionale Raum-Zeit-Kontinuum hat physikalische Realität.</td><td>Die geometrischen und kinematischen Eigenschaften des Raum-Zeit-Kontinuums werden durch die physikalischen Objekte mitbedingt und durch das g-Feld beschrieben, welches auch die Gravitationswirkungen hervorbringt.
Gleichwertigkeit aller Bezugssysteme.</td></tr>
<tr><td colspan="2">Objektive Bedeutung der gleichförmigen und drehungsfreien Bewegung. Unabhängigkeit der geometrischen und kinematischen Eigenschaften des Raum-Zeit-Kontinuums von der Materie (den physikalischen Objekten).</td><td></td></tr>
<tr><td colspan="3">Objektive Bedeutung der raum-zeitlichen Koinzidenz exakt definierter physikalischer Individuen. Kausalität im Sinne der eindeutigen Determiniertheit des zeitlichen Verlaufes aller die möglichen Messungsergebnisse erschöpfend beschreibenden physikalischen Zustandsgrößen aus durch Messungen prinzipiell ermittelbaren Anfangswerten. Unabhängigkeit der Gesetzmäßigkeiten des Ablaufs physikalischer Phänomene von der Art ihrer Beobachtung; eindeutige Objektivierbarkeit derselben.</td></tr>
</table>

Die Begriffe der klassischen Physik haben sich in gewissem Sinne auch für die Beschreibung der Quantenphänomene als unentbehrlich erwiesen, da die Messungsergebnisse im Prinzip stets durch Apparate gewonnen werden, die praktisch gemäß den Gesetzen der klassischen Physik funktionieren. Andrerseits hat sich gezeigt, daß der simultanen Benützung zweier (oder mehrerer) klassischer Begriffe oder anschaulicher Bilder durch die Endlichkeit des Wirkungsquantums eine prinzipielle Grenze gesetzt sein kann. Ein Beispiel hierfür bietet die Wellenvorstellung und die Teilchenvorstellung der klassischen Physik. Die erstere ist unentbehrlich für das Verständnis der im Superpositionsprinzip zusammengefaßten Interferenzerscheinungen, die letztere für die Beschreibung des quantenhaften Umsatzes von Energie und Bewegungsgröße (Impuls) zwischen Licht und Materie (sowie auch zwischen Materie unter sich), bei welchem sich die Erhaltungssätze von Energie und Bewegungsgröße auch bei den atomaren Elementarprozessen als ausnahmslos gültig erwiesen haben. Dieses scheinbare Dilemma zwischen Wellen- und Teilchenvorstellung, das bei den optischen Erscheinungen zuerst aufgetreten war, wiederholte sich bei der Materie, insbesondere gilt dies auch für die Elektronen und Protonen, indem auch Strahlen materieller Teilchen zu Interferenzerscheinungen Anlaß geben. Eben die Erkenntnis der universellen Natur des scheinbaren Dilemmas bot jedoch die Möglichkeit zu einer widerspruchslosen Beschreibung aller hiermit zusammenhängenden Phänomene, die in der Aufstellung der sogenannten Unsicherheitsrelation gipfelte. Diese sagt aus, daß es sinnlos ist, der Ortskoordinate x eines materiellen Teilchens oder Lichtquants und der Komponente p_x seines Impulses simultan Zahlwerte zuzuordnen, wenn das Produkt ihrer Genauigkeiten Δx und Δp_x kleiner als von der Ordnung des Wirkungsquantums h ist. Es muß also sein:

$$\Delta x \; \Delta p_x > h. \tag{1}$$

Aus der Quantenmechanik folgt nämlich, daß zur exakten Messung des Ortes einerseits, des Impulses andrerseits einander ausschließende Versuchsanordnungen benützt werden müssen, da jede solche exakte Messung eine teilweise prinzipiell unbestimmte und unbestimmbare Wechselwirkung zwischen Meßinstrument und gemessenem Objekt erfordert. Und zwar ist eine raum-zeitliche Begrenzung des zu messenden Objektes stets mit einer unbestimmbaren Übertragung von Energie und Bewegungsgröße zwischen diesem und einem festen Rahmen verknüpft. Andrerseits involvieren Versuchsanordnungen, welche diesen Umsatz exakt zu messen gestatten, notwendigerweise einen Verzicht hinsichtlich der Verfolgbarkeit des raum-zeitlichen Verlaufes der Wechselwirkung zwischen dem zu messenden Objekt und dem Meßapparat. Auf diese Weise entsteht zwar ein weiterer Schritt in der Physik in Richtung auf Abstraktion von anschaulichen Bildern, andrerseits aber die Möglichkeit eines widerspruchslosen Gebrauches der verschiedenen klassischen Begriffe zur Beschreibung der atomaren Phänomene. Für die logische Relation zwischen zwei klassischen Begriffen, von denen infolge der Endlichkeit des Wirkungsquantums zwar jeder einzelne für sich beibehalten werden kann, die aber innerhalb des Bereiches der Quantentheorie nicht mehr simultan verwendet werden dürfen, hat sich der Terminus K o m p l e m e n t a r i t ä t mehr und mehr eingebürgert. Im allgemeinen Fall des quantenmechanischen Zustandes eines materiellen Teilchens ist weder der Ort noch der Impuls mit Sicherheit voraussagbar, und daher kann dieser nur durch s t a t i s t i s c h e Angaben über die Werteverteilungen der Ergebnisse möglicher Orts- oder Impulsmessungen in diesem Zustand beschrieben werden. Diese werden formal in einer (aus einem reellen und einem imaginären Teil bestehenden) Wellenfunktion symbolisch zusammengefaßt. In diesem Sinn kann die q u a n t e n m e c h a n i s c h e K o m p l e m e n t a r i t ä t als eine natürliche und zweckmäßige Verallgemeinerung der k l a s s i s c h e n K a u s a l i t ä t angesehen werden, die wir im vorigen Abschnitt definiert haben. Es handelt sich nunmehr bei ersterer im allgemeinen Fall um die K o i n z i d e n z v o n n u r u n g e n a u d e f i n i e r t e n I n d i v i d u e n — d. h. p h y s i k a l i s c h e n O b j e k t e n , d e r e n E i g e n s c h a f t e n n u r s t a t i s t i s c h v o r h e r s a g b a r s i n d — i n n e r h a l b e n d l i c h e r R a u m - Z e i t g e b i e t e.

Bevor wir weitergehen, mögen Komplementarität und Unsicherheitsrelation noch durch ein Beispiel erläutert werden. Dieses Beispiel knüpft an eine wohlbekannte Kontroverse an über die Frage, ob der Prozeß der spontanen Lichtemission durch ein angeregtes Atom gerichtet ist oder nicht. Während das Bild der allseitigen Ausstrahlung des Lichtes in Form einer klassischen Kugelwelle unentbehrlich ist für die Beschreibung der Interferenzerscheinungen, welche durch die Kohärenz der in verschiedenen Richtungen emittierten Strahlenbündel zustande kommen, führt nur das Bild der gerichteten Emission zu zutreffenden Voraussagen über den Rückstoß, den das Atom bei der Emission erfährt. Dieser ist nämlich vom Betrag $h\,\frac{1}{\lambda}$, wenn λ die Wellenlänge des Lichtes bedeutet, und erfolgt in einer zufälligen, der des emittierten Lichtquantes entgegengesetzten Richtung. Neuerdings ist es sogar gelungen, diesen Rückstoß im Molekularstrahlversuch experimentell nachzuweisen. Könnte man nun mit d e r s e l b e n Versuchsanordnung diesen Rückstoß und die Kohärenz der in verschiedene Richtungen emittierten Strahlung nachweisen, so wäre ein innerer Widerspruch der zur Beschreibung der Emissionsphänomene benützten Begriffe (Lichtquantenvorstellung einerseits, Kugelwellenvorstellung andrerseits) festgestellt.

Um diese Frage näher zu untersuchen, betrachten wir ein Atom A, welches spontan ein Lichtquant emittieren möge (vgl. Bild 1). Vor diesem sei ein Schirm S mit zwei Öffnungen L_1 und L_2 aufgestellt, endlich werde auf einem weiteren Schirm S' das Lichtquant beobachtet. Nach der Undulationstheorie kann das Lichtquant nicht an diejenigen Stellen P gelangen, für welche der optische Gangunterschied, d. h. die Differenz der Strecken $A\,L_1\,P$ und $A\,L_2\,P$ ein ungerades Vielfaches der halben Wellenlänge beträgt. Andrerseits könnte man durch Messung des Rückstoßes, den das

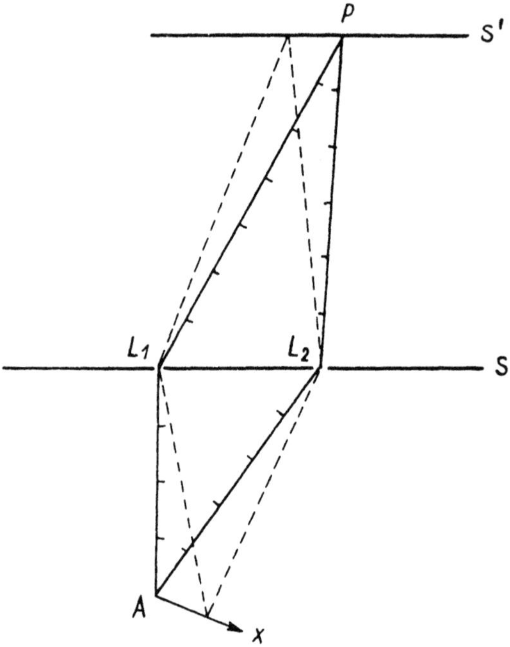

Bild 1

Atom erfährt, feststellen, ob das Lichtquant in die Richtung $A\,L_1$ oder $A\,L_2$ emittiert worden ist. Die vektorielle Differenz der Impulse von A in diesen beiden Fällen, fällt in diejenige mit x bezeichnete Richtung, die senkrecht ist zur Winkelhalbierenden von $A\,L_1$ und $A\,L_2$ und in der durch diese Strecken gelegten Ebene liegt. Ist ϑ der Winkel zwischen $A\,L_1$ und $A\,L_2$, so ist ferner der Betrag dieser vektoriellen Impulsdifferenz gleich

$$h\,\frac{1}{\lambda}\cdot 2\sin\vartheta/2.$$

Nun zeigt die Unsicherheitsrelation, daß hier ein typischer Fall von Komplementarität vorliegt. Um nämlich einerseits aus der Rückstoßmessung den Schluß ziehen zu können, daß das Lichtquant mit Sicherheit entweder den Weg $A\,L_1$, oder den Weg $A\,L_2$ eingeschlagen hat, muß der Impuls des Atoms in der x-Richtung v o r der Lichtemission mit einer Genauigkeit

$$\Delta p_x < h\,\frac{1}{\lambda}\cdot 2\sin\vartheta/2 \qquad \text{(a)}$$

bekannt sein. Andrerseits hat eine Ausdehnung des leuchtenden Objektes in der x-Richtung um $\frac{\lambda}{2}\,\frac{\lambda}{\sin\vartheta/2}$ eine völlige Verwischung aller wellenoptischen durch die beiden Strahlen $A\,L_1$ und $A\,L_2$ erzeugten Interferenzfiguren zur Folge, so daß die wellenoptische Bedingung für die Beobachtbarkeit der Interferenzfigur

$$\Delta x < \frac{\lambda}{2\sin\vartheta/2} \qquad \text{(b)}$$

beträgt, wenn Δx die Genauigkeit ist, mit welcher der Ort des Atoms in der x-Richtung vor der Lichtemission bekannt ist.

Gemäß der Unsicherheitsrelation (1) ist aber die gleichzeitige Erfüllbarkeit von (a) und (b) ausgeschlossen, so daß zur Messung des Rückstoßes und der Kohärenz in der Tat einander ausschließende Versuchsanordnungen benützt werden müssen. Man wird leicht sehen, daß auch eine eventuelle Messung der Rückstöße, welche die Schirme S erfahren, an diesem Resultat nichts ändern kann. Um nämlich durch eine solche Rückstoßmessung zu entscheiden, ob das Lichtquant die Öffnung L_1 passiert hat oder nicht, müßte der links von L_1 gelegene Teil S_1 von S gegen den übrigen S_2 als beweglich angenommen werden und die Unsicherheitsrelation würde wieder eine hinreichende Kenntnis seines Impulses und seiner Lage (und damit auch der der Öffnung L_1) vor dem Rückstoß gegenseitig ausschließen.*)

Man sieht aus diesem Beispiel einerseits, daß die universale Gültigkeit der Unsicherheitsrelation eine notwendige Bedingung für die Widerspruchslosigkeit der Quantenmechanik ist. Andrerseits sieht man, daß es bis zu einem gewissen Grade willkürlich ist, welche Gegenstände man noch zum gemessenen Objekt und welche man zum Meßmittel zählt. In der Tat ist die Abgrenzung des gemessenen Objektes gegen das Meßmittel, die sogenannte Vollführung des Schnittes, in der Quantenmechanik eine viel

*) Wegen anderer Beispiele sei auf *W. Heisenberg*, Die physikalischen Prinzipien der Quantentheorie, Leipzig 1930, verwiesen.

einschneidendere Operation als in der klassischen Theorie, da ja in ersterer ein Teil der Wechselwirkung zwischen Meßmittel und Objekt stets unbestimmt bleiben muß. Der mathematische Formalismus der Quantenmechanik zeigt, daß die statistischen Aussagen, zu denen die Theorie bei verschiedener Wahl der Lage des Schnittes führt, niemals einander widersprechen können.

Wir können hier nicht auf eine detaillierte Erörterung dieser Verhältnisse eingehen und wollen nur noch eine prinzipielle Frage berühren. Man hat die Quantenmechanik wegen des statistischen Charakters ihrer Aussagen oft mit der kinetischen Gastheorie verglichen und daran die Hoffnung geknüpft, die Quantenmechanik unbeschadet der Richtigkeit ihrer statistischen Aussagen durch weitere in ihr nicht enthaltene Aussagen ergänzen zu können und so zur Determiniertheit im Sinne der klassischen Physik zurückkehren zu können, wie dies bei der kinetischen Gastheorie möglich ist. Ein solcher Vergleich scheint uns aber gänzlich irreführend zu sein, da der fundamentale in der Quantenmechanik gültige Tatbestand, daß durch Ausführung einer Messung die Verwertbarkeit früherer Meßresultate für die Vorhersagbarkeit späterer Messungsergebnisse verloren gehen kann, in der kinetischen Gastheorie kein Analogon besitzt. Ferner läßt sich zeigen, daß keine Ergänzung der Aussagen der Quantenmechanik durch andere Aussagen im Sinne der Determiniertheit möglich ist, ohne daß auch die statistischen Aussagen der Theorie unter Umständen ihre Gültigkeit verlieren würden. Mit anderen Worten, die Quantenmechanik erfüllt das im ersten Abschnitt formulierte logische Kriterium der Vollständigkeit eines Systems von Naturgesetzen. Der Umstand, daß man sich in der Quantenmechanik mit statistischen Gesetzmäßigkeiten begnügen muß, braucht um so weniger Anlaß zu Klagen über ein verlorenes Paradies der Kausalität zu geben, als infolge der neuen erkenntnistheoretischen Situation, die durch die Notwendigkeit der Unterscheidung zwischen Meßmittel und gemessenem Objekt und der teilweisen Unbestimmtheit ihrer Wechselwirkung entsteht, der spezielle in der klassischen Physik gültige Begriff des Determinismus der Phänomene seinen eindeutigen Sinn verliert.

Müssen wir so auf der einen Seite daran festhalten, daß die Quantenmechanik ebenso als eine naturgemäße logische Verallgemeinerung der klassischen Mechanik anzusehen ist, wie die Relativitätstheorie eine Verallgemeinerung der *Galilei-Newton*schen Mechanik darstellt, so müssen wir auf der anderen Seite eine gewisse Einschränkung machen. Das hier in seinen Grundannahmen geschilderte System von Naturgesetzen entspricht nämlich in unserer Terminologie der Näherung $c = \infty$, $\varkappa = 0$; es gilt zunächst nur, wenn die Geschwindigkeiten aller Teilchen klein gegen die Lichtgeschwindigkeit sind und die Gravitationswirkungen vernachlässigt werden. Inwiefern nämlich die Aufstellung einer „relativistischen“ Quantentheorie als bisher ungelöstes Problem anzusehen ist, soll im folgenden Schlußabschnitt noch kurz besprochen werden.

*

Nach dem bisher Gesagten sieht sich – wenn wir der Einfachheit halber von den Gravitationserscheinungen zunächst absehen – jeder Versuch, die jetzt bekannte Theorie zu verallgemeinern, zwei in sich abgeschlossenen Bereichen gegenüber, die jede künftige Theorie als Grenzfälle in sich wird enthalten müssen: erstens dem klassischen Bereich „c endlich, $h = 0$“, zweitens dem quantenmechanischen Bereich „$c = \infty$, h endlich“. Obwohl es auch gelungen ist, dem allgemeineren Bereich „c endlich, h endlich“ angehörende Teilresultate zu gewinnen, haben wir es hier mit keinem in sich konsequenten und gesicherten Systemen von Naturgesetzen zu tun wie bei den bisher betrachteten Bereichen und bewegen wir uns daher hier auf hypothetischem Boden. Es sollen daher hier nur einige Bemerkungen provisorischer Art über diese noch ungelösten Probleme angefügt werden.

Die im vorigen Abschnitt erörterte Quantenmechanik läßt sich charakterisieren durch die Komplementarität zwischen den Erhaltungssätzen von Energie und Impuls einerseits und der Beschreibbarkeit der physikalischen Objekte in Raum und Zeit andrerseits. Bereits bei dem Versuch, die elektromagnetischen Feldgrößen in die Quantenmechanik einzuordnen, hat sich gezeigt, daß diese Art von Komplementarität noch nicht die allgemeinstmögliche ist. Ferner waren die bisher betrachteten Beispiele stets von solcher Art, daß die Anzahl der vorhandenen materiellen Teilchen eine feststehende und zeitlich konstante war. Eine der wichtigsten Entdeckungen der Experimentalphysiker in letzter Zeit war aber der Nachweis des Entstehens von Paaren entgegengesetzt geladener Teilchen aus Strahlung sowie der umgekehrten Prozesse. Die Wechselwirkung zwischen Meßinstrument und zu messendem Objekt wird daher in diesen Fällen von solcher Art sein, daß nicht nur ein Austausch von Energie und Impuls zwischen beiden unbestimmt bleibt, sondern es sogar auch unbestimmt bleiben muß, welche Anzahl von materiellen Teilchen zum Meßinstrument und zum gemessenen Objekt gehören.

Andrerseits tritt als fundamental und gleichberechtigt den Erhaltungssätzen von Energie und Impuls der Satz von der Erhaltung der elektrischen Ladung an die Seite. Es gibt interessante Ansätze zu klassischen Feldtheorien, welche durch eine formal einheitlichere Darstellung des Zusammenhanges der elektromagnetischen und der Gravitationsfelder auch den Satz der Erhaltung der Ladung mit den Sätzen der

Erhaltung von Energie-Impuls zu einem einzigen aus fünf Gleichungen bestehenden Gebilde zusammenfassen. Aber diese Theorien haben vorläufig keinen ungezwungenen Zusammenhang mit der Quantentheorie und vermögen nicht die weitere fundamentale Eigenschaft der Ladung, atomistisch zu sein, zu interpretieren. Unter der letzteren Eigenschaft verstehen wir die Tatsache, daß jede in der Natur vorhandene elektrische Ladung stets ein (positives oder negatives) ganzzahliges Vielfaches der elektrischen Elementarladung

$$e = 4{,}8 \cdot 10^{-10} \text{ el. st. Einh.}$$

beträgt. Diese Naturkonstante hat neben den Konstanten c, h und $\varkappa$ bisher noch nicht den ihr zukommenden Platz gefunden. Befriedigend wäre erst eine neue Formulierung der Quantentheorie, die ebenso wie sie den Erhaltungssätzen von Impuls und Energie die Beschreibung in Raum und Zeit als komplementär gegenüberstellt, dem klassischen Erhaltungssatz der Ladung ihre Atomistik als quantentheoretisches Korrelat gegenüberstellen würde durch eine Interpretation des numerischen Wertes der dimensionslosen Zahl [1])

$$\frac{hc}{2\,\pi\,e^2} = 136{,}8 \pm 0{,}2.$$

Wir wissen auch noch nicht, ob eine solche künftige Theorie die für die bisherigen Theorien so charakteristische Verbindung des Ladungsbegriffes mit dem Raum-Zeit-Begriff modifizieren wird oder nicht. In den bis jetzt vorliegenden quanten-theoretischen Ansätzen wird nämlich die elektrische Ladung im Raum als bis zu beliebig kleinen Bereichen lokalisierbar angesehen, so daß von einer durch Messungen wenigstens im Prinzip ermittelbaren Ladungsdichte gesprochen werden kann, die eine stetige Funktion der Raum- und Zeitkoordinaten ist. Damit hängt aber zusammen, daß die elektromagnetische Energie des Elektrons in der bisherigen Quantentheorie — ebenso wie die elektrische Energie einer Punktladung in der klassischen Theorie — sich als unendlich groß berechnet, im Widerspruch mit der Erfahrung. Es scheint, daß diese Schwierigkeiten nicht in anderer Weise sich werden überwinden lassen als — keineswegs durch eine Rückkehr zum Kausalitätsbegriff der klassischen Theorien, sondern — durch eine neue Verallgemeinerung des Komplementaritätsbegriffes der jetzigen Quantenmechanik, die noch weitergehende Verzichte auf „Anschaulichkeit" im engeren Sinne notwendig machen wird.

Wir können hier ferner nicht eingehen auf eine allgemeine Besprechung der noch ungelösten Probleme der Kernphysik, doch sei eine diesbezügliche Bemerkung noch angefügt. Manches deutet darauf hin, daß das Phä-

---

[1]) Anmerkung des Herausgebers. Heutiger Bestwert 137,043.

nomen der sogenannten β-Radioaktivität, d. h. das spontane Aussenden von Elektronen durch Atomkerne — sowie das mit ihm verwandte, erst jüngst entdeckte Phänomen der künstlich induzierten Positronen-Radioaktivität — sozusagen von einer tieferen Schicht der physikalischen Wirklichkeit Zeugnis ablegt, als die anderen empirisch bekannten Phänomene der Kernphysik. Es scheint nämlich nach neueren Theorien durch eine weitere Naturkonstante beherrscht zu werden, die sich nicht unmittelbar auf die in der Atomphysik sonst üblichen Konstanten zurückführen läßt. In dieser Verbindung ist es von Interesse darauf hinzuweisen, daß in den jetzigen klassischen Feldtheorien, einschließlich der relativistischen Gravitationstheorie, der wesentlich positive Charakter der Konstante $\varkappa$ — auf welchem die Tatsache beruht, daß die Gravitation sich in einer Anziehung, nicht in einer Abstoßung der gravitierenden Massen äußert — keine befriedigende Deutung erfährt. Eine solche Deutung könnte nur darin bestehen, die Konstante $\varkappa$ auf das Quadrat einer anderen Naturkonstante zurückzuführen. Hierdurch wird es nahegelegt, nach Phänomenen zu suchen, in welchen die Quadratwurzel aus der Konstante $\varkappa$ eine Rolle spielt. Während es bisher als fast sicher galt, daß die Gravitationserscheinungen in der Kernphysik praktisch keine Rolle spielen, scheint nunmehr die Möglichkeit nicht unbedingt abweisbar, daß die Erscheinungen der β-Radioaktivität mit der Quadratwurzel aus $\varkappa$ zusammenhängen könnten. Zu entscheiden, ob diese Hypothese zutreffend ist oder nicht, muß aber der Zukunft überlassen bleiben.

11

Relativitätstheorie und Wissenschaft

Wenn wir die Relativitätstheorie in einem allgemeineren Rahmen als der Physik einschließlich Astrophysik betrachten wollen, so handelt es sich wohl in erster Linie um ihre Beziehung zur Mathematik auf der einen Seite, zur Erkenntnistheorie oder Naturphilosophie auf der anderen Seite. Ja, man kann sagen, daß die Beziehung der Physik zu diesen beiden Gebieten, die der Naturwissenschaft seit dem 17. Jahrhundert ihre charakteristische Prägung gibt, durch die Relativitätstheorie erneut in den Mittelpunkt des allgemeinen Interesses gerückt wurde.

Die spezielle Relativitätstheorie knüpfte an den mathematischen Gruppenbegriff an, wie er bereits in der heute empirisch so wohlbegründeten *Galilei-Newton*schen Mechanik zu Tage trat. In dieser sind ja alle Bewegungszustände des Beobachters, mathematisch ausgedrückt alle Koordinatensysteme, gleichberechtigt, die auseinander durch eine gleichförmige, drehungsfreie Translationsbewegung hervorgehen. Da der Zustand der Ruhe einer Masse keiner besonderen Ursache zu seiner Aufrechterhaltung bedarf, mußte in der klassischen Mechanik dasselbe für den Zustand der gleichförmigen Bewegung angenommen werden, da dieser aus dem Ruhezustand durch eine in der Gruppe der Mechanik enthaltene Transformation hervorgeht. Diese Formulierung des Trägheitsgesetzes der klassischen Mechanik ist wohl nicht die ursprüngliche, sondern trägt bereits der Entwicklung des Gruppenbegriffs in der Mathematik des 19. Jahrhunderts Rechnung.

Die Entwicklung der Elektrodynamik in der gleichen Zeitperiode gipfelt in den partiellen Differentialgleichungen von *Maxwell* und *H. A. Lorentz*. Es war evident, daß diese die Gruppe der klassischen Mechanik nicht erlaubten, da insbesondere die Unabhängigkeit der Vakuumlichtgeschwindigkeit vom Bewegungszustand der Lichtquellen als Konsequenz in ihnen enthalten ist. Mußte man nun die Eigenschaft der Naturgesetze, eine Gruppe zu gestatten, als nur annähernd gültig aufgeben, oder gilt vielleicht die Gruppe der Mechanik nur annähernd und ist diese durch eine allgemeinere, sowohl für mechanische wie für elektromagnetische Vorgänge gültige Gruppe zu ersetzen? Die Entscheidung fiel zu Gunsten der zweiten Alternative. Man konnte dieses Postulat auf zwei Wegen erreichen. Erstens konnte man rein mathematisch untersuchen, welches die allgemeinste Transformationsgruppe ist, der gegenüber die damals wohlbekannten Gleichungen der *Maxwell-Lorentz*schen Elektrodynamik ihre Form behalten. Diesen Weg beschritt der Mathematiker *H. Poincaré.* Oder man konnte diejenigen physikalischen Annahmen kritisch ermitteln, welche zur besonderen Gruppe der *Galilei-Newton*schen Mechanik geführt haben. Diesen zweiten Weg beschritt *Einstein.* Er zeigte, daß vom allgemeinen Standpunkt der Gleichberechtigung aller mit konstanter Geschwindigkeit gegeneinander bewegten Koordinatensysteme die Invarianz der Gleichzeitigkeit räumlich-distanter Ereignisse, wie sie in der klassischen Mechanik angenommen wird, die besondere zusätzliche Voraussetzung der Möglichkeit unendlich großer Signalgeschwindigkeiten einschließt. Läßt man diese fallen und ersetzt sie durch die Annahme einer endlichen maximalen Signalgeschwindigkeit, dann wird auch die Zeit mittransformiert, und die Gruppe läßt, mathematisch gesprochen, eine indefinite quadratische Form von vier Dimensionen, drei Raum- und einer Zeitdimension, invariant. Die *Maxwell-Lorentz*sche Elektrodynamik erwies sich in der Tat als invariant gegenüber der von *Einstein* auf Grund dieser allgemeinen Überlegungen ermittelten Transformationsgruppe, wenn die maximale Signalgeschwindigkeit mit der Ausbreitungsgeschwindigkeit des Lichtes im Vakuum identifiziert wurde. Sowohl *Einstein* wie *Poincaré* fußten auf den vorbereitenden Arbeiten von *H. A. Lorentz,* der dem Ergebnis schon recht nahe gekommen war, ohne es jedoch ganz erreicht zu haben. Ich sehe in der Überenstimmung der Ergebnisse der unabhängig voneinander von *Einstein* und *Poincaré* beschrittenen Wege die tiefere Bedeutung einer Harmonie der mathematischen Methode und der Analyse durch Gedankenexperimente, die sich auf allgemeine Züge der physikalischen Erfahrung stützt.

Diese frühen Arbeiten von *Einstein* über die spezielle Relativitätstheorie zeigten bereits den Erfolg einer Methode in der Physik, die nicht von einem autoritativen Wissen darüber ausgeht, was die Dinge an und für sich sind. *Einstein* hat uns immer wieder gezeigt, wie der Physiker ohne solche Stützen und ohne feste Regeln in einem uferlosen Meer von Ideen schwimmen lernen muß, von Ideen, zu denen er durch ein ebenso uferloses Meer von empirischem Material zwar inspiriert sein kann, die sich aber aus diesem nicht rein logisch ableiten lassen.

Der Physiker soll nicht a priori wissen was Äther ist, und er befolgt sogar seit *Einstein* das Gebot „Du sollst dir kein Bildnis machen vom Bewegungszustand des Äthers". Dieser Grundsatz hat eine neue Beleuchtung erfahren in der relativistischen Gravitationstheorie oder allgemeinen Relativitätstheorie, welche *Einstein* in den Jahren 1908 bis 1916 allein aufgestellt hat. Die mathematischen Hilfsmittel, die er benützt hat, sind eine Kombination der *Riemann*schen Krümmungstheorie mit *Minkowskis* vierdimensional-geometrischer Formulierung der speziellen Relativitätstheorie. Diese wird als Grenzfall im Kleinen beibehalten, im Großen aber verallgemeinernd durch ein Feld ersetzt, bestehend aus zehn stetigen Raumzeitfunktionen, den Koeffizienten der indefiniten quadratischen Differentialform der vierdimensionalen Raum-Zeitwelt. Dies entspricht dem Ideenkreis der Differentialgeometrie gekrümmter Räume, in denen die euklidische Geometrie nur im Kleinen gilt. Die Gruppe ist erweitert zur allgemeinen Gruppe stetig differenzierbarer Koordinatentransformationen, welche jedoch diese quadratische Differentialform als Absolutum invariant zu lassen haben. Diese mathematische Struktur war jedoch das schließliche Resultat, nicht der Ausgangspunkt der Überlegungen *Einsteins* zur allgemeinen Relativitätstheorie. Dieser ist vielmehr sein Prinzip der Äquivalenz einer gleichförmig beschleunigten Bewegung eines Beobachters und seines Bezugssystems mit einem homogenen Gravitationsfeld. Es beruht auf der exakten Gleichheit von träger und schwerer Masse, die seit *Newton* bekannt war, aus der jedoch vor *Einstein* niemand diese Schlußfolgerung gezogen hatte. Das Äquivalenzprinzip garantiert die Harmonie zwischen der mathematischen Struktur des metrischen Feldes der Raum-Zeitwelt, von *Einstein* kurz als *G*-Feld bezeichnet, und der Physik der Gravitationseffekte. Diese folgen in der Tat von selbst aus den einfachsten Differentialgesetzen, welche mit der allgemeinen Transformationsgruppe im Einklang sind. An Stelle der einen statischen *Poisson*schen Differentialgleichung der *Newton*schen Theorie folgen die zehn *Einstein*schen relativistischen Feldgleichungen, wenn an Stelle des *Laplace-Poisson*schen Differentialausdruckes auf der linken Seite eine passend gewählte Kombination von zehnkomponentigen Tensoren, aus dem *Riemann*schen Krümmungstensor durch Kontraktion gebildet, gesetzt wird; auf der rechten Seite der Gleichung an Stelle der Massendichte, *Einsteins* berühmter Folgerung der Gleichheit von Masse und Energie aus der speziellen Relativitätstheorie Rechnung tragend, der Tensor von Energie und Bewegungsgröße. Dieser wie die Gravitationskonstante bleiben das phänomenologische Element der allgemeinen Relativitätstheorie.

Die Beziehungen dieser Theorie zur Naturphilosophie und ihrer historischen Entwicklung sind mannigfaltig. Während die Überwindung der aristotelischen Vorstellung der physikalischen Qualität der Raumpunkte und die Verselbständigung des Raumbegriffes in der Zeit von *Galilei*, *Descartes* und *Newton* eine so wesentliche Rolle spielten, ist *Einsteins* *G*-Feld eben eine mathematische Darstellung der physikalischen Qualitäten der Raumzeitpunkte. Diese Qualitäten stehen allerdings nicht unveränderlich fest, wie der Ort, den die materiellen Körper nach *Aristoteles* suchen, sondern sie sind selbst naturgesetzlich bestimmt und von der Materie abhängig. Das *G*-Feld, nach *Einstein* eben der Äther in einer neuen Form, bewahrt jedoch seine begriffliche Selbständigkeit gegenüber der Materie. Wohl hat *Einstein* wiederholt dargelegt, daß er es als befriedigender empfinden würde, wenn bei Verschwinden der Materie auch das *G*-Feld identisch verschwinden müßte. Er nannte diesen Grundsatz das „*Mach*sche Prinzip“ zu Ehren von *Ernst Mach*, der mit seiner Kritik des absoluten Raumes den späteren Gedankengängen der allgemeinen Relativitätstheorie die Wege geebnet hat. Man kann jedoch sagen, daß ohne besondere, schwer zu rechtfertigende Zusatzannahmen aus den Gleichungen der allgemeinen Relativitätstheorie allein das *Mach*sche Prinzip nicht folgt. Das Bestehen eines nicht verschwindenden *G*-Feldes in einer materiefreien Raum-Zeitwelt bleibt nach diesen Gleichungen logisch möglich. Und insofern das *G*-Feld existiert, sind Raum und Zeit nicht leer.

Die weitere Entwicklung der naturwissenschaftlichen Ideen von Raum und Zeit und deren Abhängigkeit von dem sie erfüllenden Materiellen liegt als offenes Problem in der Zukunft, sowohl hinsichtlich der großen wie der kleinen Dimensionen. Sie hängt eng zusammen mit der Tragweite des nunmehr „klassischen“ Feldbegriffes, einer Frage, die *Einstein* so sehr am Herzen lag. Ich selbst gehöre zu denjenigen Physikern, die in den Grundlagen der heutigen, primäre Wahrscheinlichkeiten postulierenden Quanten mechanik eine Weiterbildung der von *Einstein* geschaffenen Denkweise erblicken. Spezifizierte, unter Umständen komplementäre Versuchsbedingungen spielen hier die Rolle der spezifizierten Bewegungszustände der Beobachter in *Einsteins* Relativitätstheorie; die Endlichkeit des Wirkungsquantums, welche der Teilbarkeit der Phänomene im Atomaren eine Grenze setzt, spielt die Rolle der maximalen Signalgeschwindigkeit in *Einsteins* spezieller Relativitätstheorie; die alle möglichen Spezifizierungen der Versuchsbedingungen umfassende Gruppe der unitären Transformationen der Quantenmechanik spielt die Rolle der Gruppe der Koordinatentransformationen, welche in der allgemeinen Relativitätstheorie alle möglichen Bewegungszustände der Beobachter und ihre gesetzmäßigen Aussagen verbindet. Auch in der Quantenmechanik diskutiert man, gestützt auf eine angenommene mathematische Struktur der hier statistischen Naturgesetze, mit Hilfe von Gedankenexperimenten mögliche Messungen, eine Methode, die gerade *Einstein* in der Physik mit so großem Erfolg angewendet und dadurch wieder modern gemacht hat.

Trotzdem hielt *Einstein* an dem engeren Wirklichkeitsbegriff der klassischen Physik fest, von dem aus ihm eine Naturbeschreibung, die gesetzmäßig nicht determinierte Einzelereignisse zuläßt, als „unvollständig“ erscheinen mußte. Er verband damit eine regressive Sehnsucht nicht etwa nach der alten mechanistischen Idee des Massenpunktes, sondern nach seinem geometrisierten Feldbegriff der allgemeinen Relativitätstheorie. Als Motiv seiner Haltung legte er offen dar, daß ihm ein Abweichen von der engeren Wirklichkeitsidee der Physik vor der Quantenmechanik als eine bedenkliche Annäherung an einen Standpunkt erscheine, bei dem man

Traum oder Halluzination nicht deutlich genug vom „Wirklichen" unterscheiden könne. Dagegen erschien uns anderen der objektive Charakter der Naturbeschreibung der Quantenmechanik dadurch genügend gewahrt, daß deren statistische Gesetze reproduzierbare Vorgänge beschreiben und daß die Resultate der Beobachtung, allen zur Kontrolle zugänglich, vom Beobachter nach Wahl seiner Versuchsanordnung nicht beeinflußt werden können.

Die Diskussionen über diese Frage mögen noch lange fortdauern. *Einstein* gab zu, daß er die Möglichkeit einer reinen Feldtheorie, die auch die atomistische Struktur der Materie wiedergibt, nicht beweisen könne, hielt aber daran fest, daß auch das Gegenteil, die Unmöglichkeit einer solchen Theorie, nicht bewiesen sei.

Auch Physiker, die wie ich *Einsteins* allgemeiner Einstellung zur heutigen Quantenphysik nicht folgen, können jedoch seine Grundhaltung zu den verschiedenen auf „-ismus" endenden Richtungen der tradionellen Philosophie leicht annehmen. Er bewertete diese nicht absolut als richtig oder falsch, sondern als relativ zueinander. Nach seiner Meinung kann der Physiker von jeder dieser Richtungen etwas annehmen. In dem ihm gewidmeten Band der „Library of living philosophers" sagt er in seiner „reply to criticisms" (p. 684):

„(The scientist) appears as *realist* insofar as he seeks to describe a world independent of the acts of perception; as *idealist* insofar as he looks upon the concepts and theories as the free inventions of the human spirit (not logically derivable from what is empirically given); as *positivist* insofar as he considers his concepts and theories justfied *only* to the extent to which they furnish a logical representation of relations among sensory experiences. He may even appear as *Platonist* or *Pythagorean* insofar as he considers the viewpoint of logical simplicity as an indispensable and effective tool of his research."

Es fällt mir leicht, mich in diese Sätze einzufühlen, während mir das Denken in „-ismen" fremd, ja unmöglich ist.

Möge *Einsteins* große synthetische Kraft als Mensch und als Denker auch der Physik der Zukunft ein Vorbild sein, wenn sie das empirisch Gegebene und die mathematisch-logische Struktur der Theorie gegeneinander abzuwägen hat.

12

Impressionen über Albert Einstein

Vor 50 Jahren läßt ein jüngerer Angestellter des Patentamtes in Bern, sobald dessen Chef *Haller* durch die Bureauräume geht, regelmäßig eine Gruppe von Papieren in der Schublade verschwinden und holt aus dieser rasch andere heraus, auf denen seine Gutachten über die Patentschriften niedergeschrieben sind. Ich bezweifle, daß *Haller* es nicht bemerkt hat. Warum sollte er es beanstanden, da er doch mit der Arbeit des Angestellten zufrieden war. Wenn heftige Einwendungen von Gesuchstellern gegen die Gutachten des Amtes auf Grund seiner Arbeit erfolgreich abgewiesen waren, sitzt *Haller* des Abends mit einem Stumpen bei einem Dreier und spricht befriedigt vor sich hin: „Wir werden denen schon zeigen, wo der Herrgott hockt!"

Aus *Einsteins* Schilderungen des „alten *Haller*" als einer ihm sympathischen, originellen Persönlichkeit wurde mir dieser viel vertrauter als aus gelegentlichen kürzeren Bemerkungen seines Sohnes, des Bildhauers *Hermann Haller*. Gerne dachte *Einstein* an seine Zeit in Bern zurück, von der er öfter und auch positiver sprach als von Zürich. Das Jahr 1905 in Bern war ja ein besonders fruchtbares für *Einstein*. Seine Arbeit über die eingelaufenen Patentschriften, die für immer eine starke Beziehung zu technischen Anwendungen der Physik in ihm zurückließen, ließen ihm genügend Zeit, um im gleichen Zimmer drei fundamentale Arbeiten zu schreiben: „Über einen die Erzeugung und Verwandlung des Lichtes betreffenden heuristischen Gesichtspunkt", „Die von der molekularkinetischen Theorie der Wärme geforderte Bewegung von in ruhenden Flüssigkeiten suspendierten Teilchen" und „Zur Elektrodynamik bewegter Körper". Die erste führte ihn über den lichtelektrischen Effekt und verwandte Phänomene zum Problemkreis der auf *Max Plancks* neue Naturkonstante zurückgehenden Quantentheorie, die sich später als alle Vorstellungen vom Bau des Atoms beherrschend herausstellen sollte; die zweite erwies sich als bereits experimentell bestätigt durch die damals schon bekannte, wenn auch noch nicht genau untersuchte „*Brown*sche Molekularbewegung", in *Einsteins* Händen bald ein erfolgreiches Hilfsmittel zur theoretischen Untersuchung der damals so rätselhaften Quantenstruktur der Strahlung; die in der dritten Arbeit entwickelte Theorie wurde später „spezielle Relativitätstheorie" genannt, ein Name, den *Einstein* nicht selbst erfunden, von anderen Physikern jedoch schon früh übernommen hat. Unmittelbar auf diese an dritter Stelle genannte Arbeit folgte *Einsteins* kurze

Mitteilung „Ist die Trägheit eines Körpers von seinem Energieinhalt abhängig?", enthaltend die theoretisch und praktisch so folgenschwer gewordene Schlußfolgerung der Wesensgleichheit von Masse und Energie.

So ist aus den nur sehr vorübergehend in der Schublade des Eidgenössischen Patentamtes verschwundenen Papieren in rascher Folge eine neue Denkweise in der Physik hervorgegangen.

Einsteins Stil in seinen Arbeiten und mehr noch in mündlichen wissenschaftlichen Diskussionen hat dieselbe Eindringlichkeit und Einfachheit wie die seiner Schilderungen aus den alten Zeiten in Bern. Und doch ist er zugleich auch anders als seine Umgebung, anders als diese tradionsgebunden, anders als diese von Bindungen frei, von ihr abgeschlossen in seiner eigenen abstrakteren Welt, in sich selbst ruhend. Bei allen Neuerungen, die er uns in der Physik brachte, blieb er irgendwo auch treu dem Alten: in seinen Untersuchungen zur Quantentheorie hielt er fest an *Boltzmanns* Prinzip der statistischen Deutung der Entropie; in der speziellen Relativitätstheorie bewahrte er die Grundlagen der Elektrodynamik von *H. A. Lorentz;* in seiner 1916 vollendeten allgemeinen Relativitätstheorie, jener ganz neuen Auffassung der Gravitation als Raum-Zeit-Geometrie, hielt er fest an dem Feldbegriff der Kontinuumsphysik von *Faraday* und *Maxwell,* der ursprünglich als mechanischer Spannungszustand eines Äthermediums gedacht war, seit dem Ende des letzten Jahrhunderts aber abstrakter und allgemeiner gefaßt wurde.

Das Charakteristische an der von *Einstein* in die Physik eingeführten neuen Denkweise ist die vorurteilsfreie Analyse der traditionellen Grundbegriffe auf Grund allgemeiner, letzten Endes empirisch kontrollierter Prinzipien. Dabei erweisen sich gewisse Annahmen als entbehrlich und zu eng, gewisse Begriffe als eliminierbar. In der speziellen Relativitätstheorie war es der Zeitbegriff, dem *Einstein* neue Seiten abgewonnen hat. Er zeigte, wie die Unmöglichkeit beliebig schneller Signale, für deren Geschwindigkeit vielmehr die universelle Geschwindigkeit des Lichtes im Vakuum eine obere Grenze setzt, die Gleichzeitigkeit von Ereignissen an verschiedenen Orten vom Bewegungszustand des Beobachters abhängig macht. Dieser geht auch in die Beschreibung der zeitlichen Aufeinanderfolge wesentlich ein. Aber alle möglichen Bewegungszustände des Beobachters und deren Aussagen über physikalische Ereignisse sind verbunden durch mathematische Transformationen — die „Gruppe", wie der mathematische Fachausdruck lautet, — als übergeordnetes Gesetz, demgegenüber alle möglichen Bewegungen gleichberechtigt sind. Die volle Durchführung dieses Programms erfolgte in der allgemeinen Relativitätstheorie. Seit *Newton* war die Gleichheit von schwerer und träger Masse bekannt, aber es gehörte ein *Einstein* dazu, um auf Grund hiervon eine geometrische Deutung des Schwerefeldes zu fordern und durchzuführen. In dieser erhielt die Energie nicht nur Masse, sondern auch Schwere, Gewicht. Als ein eliminierbarer Begriff erwies sich der Bewegungszustand des Lichtmediums „Äther". Das neue Feld, gegenüber der Materie begrifflich selbständig bleibend, ist vielmehr selbst jener „Äther", stellt nämlich physikalische Qualitäten der Punkte in der Raum-Zeit-Welt dar. Deren vierte Dimension, die Zeit, wurde uns Physikern so geläufig wie die ersten drei Dimensionen des Raumes, und wenn wir etwas Ungewöhnliches ausdrücken wollten, müßten wir heute schon zu höheren Dimensionszahlen greifen als vier.

Inzwischen hat sich die von *Einstein* mitbegründete Quantentheorie des atomaren Bereichs der Materie in einer Richtung weiterentwickelt, welche die Prinzipien der heute „klassisch" genannten Naturerklärung weiter verallgemeinert. Nicht nur der Bewegungszustand des Beobachters geht hier in die physikalischen Gesetze ein, sondern allgemeiner die spezifischen Versuchsbedingungen. Die Unteilbarkeit des Wirkungsquantums und damit der atomaren Phänomene hat im quantentheoretischen Bereich eine Unbestimmbarkeit der Wechselwirkung der beobachteten Systeme mit den Instrumenten der Beobachtung zur Folge. Auch hier gibt es jedoch mathematische Transformationen, welche die prinzipiell statistischen Aussagen der Naturgesetze, die den verschiedenen möglichen Versuchsbedingungen entsprechen, umfassend verbinden. Diese Verallgemeinerung des „klassischen" physikalischen Wirklichkeitsbegriffs wollte *Einstein* nicht als endgültig und als zulässig anerkennen, obwohl sie in gewissem Sinne in der Linie der von ihm selbst geschaffenen kritischen Denkweise liegt. Viele Diskussionen darüber fanden statt, insbesondere zwischen *Einstein* und *Niels Bohrs*, die in dem Einstein-Band der „Library of Living Philosophers" (1949) ausführlich veröffentlicht sind *). Zu einer Einigung ist es nicht gekommen.

Es hängt dies eng zusammen mit dem Problem der Tragweite des Feldbegriffes, das *Einstein* aufgeworfen hat. Nach einer Vereinheitlichung des elektromagnetischen Feldes und seiner metrischen Form des Gravitationsfeldes suchend, wollte er in seinen späteren Jahren auch das Atomare im geometrisierten Feldbegriff der Kontinuumsphysik aufgehen lassen. Die mich völlig überzeugenden allgemeinen Gründe, die andere gegen diese extreme Möglichkeit anführten, schienen ihm nicht zwingend genug. Bei meiner letzten Begegnung mit *Einstein* vor einem Jahr in Princeton gab er aber wiederum mit seiner alten direkten Aufrichtigkeit zu, es sei ihm nicht gelungen, die Möglichkeit einer reinen Feldtheorie der Materie zu beweisen. Er hielt das Problem für noch unentschieden.

---

*) Anmerkung des Herausgebers. Deutsch in *Niels Bohr*, „Atomphysik und menschliche Erkenntnis"; Band 112 dieser Sammlung, Braunschweig 1958.

Die Geschichte einer Idee geht weiter, wird autonom; ihr Schöpfer hat sie schließlich nicht mehr unter Kontrolle. In den letzten Jahren wurde es geistig etwas einsam um *Einstein* in Princeton, wo er, von den neueren Ergebnissen der Experimentalphysik wenig Notiz nehmend, mit den Methoden, die sich einst als erfolgreich erwiesen hatten, hartnäckig und unnachgiebig die theoretischen Ziele verfolgte, die er sich selbst gestellt hatte.

Sein in die Zukunft weisendes Leben wird uns stets gemahnen an das in unserer Zeit bedrohte Ideal des geistigen, kontemplativen Menschen, dessen Gedanken ruhig und unbeirrbar den großen Problemen der Struktur des Kosmos nachhängen.

13

Albert Einstein in der Entwicklung der Physik

Angesichts der Ähnlichkeit der heute hier der Öffentlichkeit übergebenen Büste*) mit dem Menschen *Einstein* selbst erinnern wir uns daran, wie wir oft in Gesprächen mit ihm, sei es in Instituten, sei es in der freien Natur, die schwierigeren Probleme der Physik durchdiskutiert haben. Angesichts des Ausdruckes der Zeitlosigkeit, den uns das Kunstwerk ebenfalls vermittelt, müssen wir aber auch daran denken, wie *Einsteins* Ideen, von ihrem menschlichen Schöpfer abgelöst, nun ein selbständiges Leben weiterführen, das sich in uns unbekannte Fernen verliert.

Es schien mir deshalb angemessen, als Thema dieser Ansprache „Albert Einstein in der Entwicklung der Physik" zu wählen. Seine Arbeiten sind schon oft gewürdigt worden, insbesondere hatten wir am Kongreß „50 Jahre Relativitätstheorie" in Bern Gelegenheit, ausführlich auf die Bedeutung der Relativitätstheorie für andere Wissenschaften einzugehen. Auch sind im Einstein-Band der Library of Living Philosophers seine Arbeiten zur Quantentheorie von verschiedenen Autoren besprochen worden, insbesondere in einem längeren wichtigen Artikel von *Bohr* über seine Diskussionen mit *Einstein* **).

Doch ist bisher nicht das schicksalhafte Zusammenspiel dieser beiden Forschungsrichtungen im Leben *Einsteins* zusammenhängend geschildert worden.

Beginnen wir mit dem ersten entscheidenden Jahr seines Wirkens, dem Jahr 1905, als in Bern zugleich seine Deutung des lichtelektrischen Effektes, seine Theorie der *Brown*schen Bewegung und seine spezielle Relativitätstheorie (wie sie erst später genannt wurde) das Licht der Welt erblickt haben. Für *Einstein* waren *Boltzmanns* statistische Deutung der Entropie, *Plancks* Theorie der Wärmestrahlung und die Arbeiten von *H. A. Lorentz* zur Elektrodynamik, etwa nach deren Stand von 1895, die entscheidenden wissenschaftlichen Erlebnisse.

Wir sagen heute mit viel Recht „Lorentzgruppe", jedoch war es historisch so, daß *Lorentz* gerade den Gruppencharakter seiner Transformationen nicht erkannt hatte. Dies war unabhängig *Poincaré* und *Einstein*

---

*) Vortrag des Verfassers bei der Übergabefeier der von Dr. *Hermann Hubacher* geschaffenen Büste *Albert Einsteins* an das Physikalische Institut der ETH.

**) Siehe die Fußnote Seite 83.

vorbehalten. Es ist bedauerlich, daß hierüber ein gewisser Streit über Prioritäten entstanden ist. In Wahrheit ist es interessant, den Unterschied der Behandlungsweise desselben Problems durch den Mathematiker *Poincaré* und den Physiker *Einstein* zu studieren. *Poincaré* geht aus von den bekannten *Maxwell*schen Gleichungen und zeigt, daß sie gewisse Transformationen gestatten. Auf *Einsteins* Motive wirft ein Brief von ihm an Herrn *Dr. Seelig* ein interessantes Licht, der bereits von *Born* zitiert worden ist. *Einstein* wußte durch seine Arbeiten über den lichtelektrischen Effekt, daß die *Maxwell*sche Theorie nicht allgemein richtig sein konnte. Er formulierte deshalb die Invarianz der Naturgesetze gegenüber den Lorentztransformationen als ein allgemeines Postulat, das viel vertrauenswürdiger ist als die *Maxwell*schen Gleichungen. Unabhängig von diesen begründet er es durch kinematische Betrachtungen und Gedankenexperimente über die Vereinbarkeit des Relativitätsprinzips gegenüber Translationsbewegungen mit dem Prinzip der Konstanz der Lichtgeschwindigkeit bei Annahme der Relativität der Gleichzeitigkeit.

Die bereits in den Arbeiten von *Lorentz* begonnene Loslösung der *Maxwell*schen Elektrodynamik von mechanischen Äthermodellen wurde durch *Einstein* vollendet. „Die Emanzipation des Feldbegriffs von der Setzung eines materiellen Trägers gehört zu den psychologisch interessantesten Vorgängen in der Entwicklung des physikalischen Denkens", lauten *Einsteins* eigene Worte. Rasch zog er den Schluß, daß ein Bewegungszustand des Äthermediums aus den Begriffen der Physik zu eliminieren sei.

Wie sehr *Einsteins* Arbeiten über Relativitätstheorie und über Quantentheorie damals Hand in Hand gingen, ist aus seinem Vortrag auf der Naturforscherversammlung in Salzburg 1908 zu sehen [1]. Hinter seinem Namen als Autor steht „Zürich", und der Titel lautet: „Über die Entwicklung unserer Anschauungen über das Wesen und die Konstitution der Strahlung." Nachdem er seine berühmte Folgerung von der Äquivalenz von Energie und träger Masse nochmals dargelegt hatte, geht er zu der Quantenstruktur der Strahlung über, mit dem Hauptergebnis, daß der Elementarprozeß der Lichtemission gerichtet sein müsse. Er erwartet eine Theorie, „welche sich als Verschmelzung von Undulations- und Emissionstheorie auffassen läßt".

Anders als beim Bewegungszustand des Äthers bleibt er hier aber ein Anhänger des Gebrauchs anschaulicher Bilder, die auf dem klassischen Feldbegriff basieren. Ich darf hier anführen, was er als Antwort an *Planck* in der Diskussion sagte.

„Ich denke mir ein Quantum als eine Singularität, umgeben von einem großen Vektorfeld. Durch eine große Zahl von Quanten läßt sich ein Vektorfeld zusammensetzen, das sich wenig von einem solchen unterscheidet, wie wir es bei Strahlungen annehmen. Ich kann mir denken, daß bei Auftreffen von Strahlen an einer Grenzfläche durch Wirkung an der Grenzfläche Separierung der Quanten stattfindet, etwa je nach der Phase des resultierenden Feldes, bei welcher die Quanten die Trennungsfläche erreichen. Die Gleichungen für das resultierende Feld würden sich wenig von denjenigen der bisherigen Theorie unterscheiden. Es ist nicht gesagt, daß wir bezüglich der Interferenzerscheinungen viel zu ändern haben würden an den Auffassungen, wie sie jetzt vorhanden sind. Ich möchte das vergleichen mit dem Vorgang der Molekularisierung der Träger des elektrostatischen Feldes. Das Feld als hervorgebracht von atomisierten elektrischen Teilchen ist nicht sehr wesentlich von der früheren Auffassung unterschieden, und es ist nicht ausgeschlossen, daß in der Strahlungstheorie etwas Ähnliches statthaben wird. Ich sehe eine prinzipielle Schwierigkeit in den Interferenzerscheinungen nicht."

Nun, so einfach ging die Sache nicht. Die Interferenzerscheinungen sind unabhängig von der Intensität des Lichts, auch wenn nur wenige Lichtquanten an ihnen beteiligt sind. *Einstein* wußte das bald sehr wohl, aber irgendwie blieb bei ihm die damalige Ansicht doch das Modell für die Erklärungen des Quantenrätsels, die er später suchte.

Ein neuer wesentlicher Abschnitt in *Einsteins* Arbeit war 1917 erreicht.

Die damals vollendete allgemeine Relativitätstheorie, anders als die spezielle ohne gleichzeitige Beiträge anderer Forscher von *Einstein* allein aufgebaut, wird für immer das Musterbeispiel einer Theorie von vollendeter Schönheit der mathematischen Struktur bleiben. Ihre Anwendung auf Probleme der Struktur des Universums im großen ist einzigartig. Hier will ich nur kurz darauf hinweisen, daß die experimentelle Prüfung ihrer Grundlagen zu neuen Projekten Anlaß gegeben hat. Das eine von *Dickie* in Princeton betrifft die verfeinerte Wiederholung des alten Versuchs von *Eötvös* zur Feststellung der Gleichheit von schwerer und träger Masse, das heißt der Schwerebeschleunigung bei allen Körpern, mit einer um viele Zehnerpotenzen erhöhten Genauigkeit. Diese Gleichheit bildet ja einen Eckpfeiler von *Einsteins* Theorie. Das andere Projekt von *Zacharias* (Cambr., Mass.) betrifft den experimentellen Nachweis der von *Einstein* postulierten Abhängigkeit der Ganggeschwindigkeit einer Uhr vom Schwerefeld durch Vergleich der Zeit einer Atomuhr auf dem Jungfraujoch mit der einer anderen auf normaler Seehöhe. Die Durchführung würde eine beträchtliche Steigerung der heute erreichbaren Genauigkeit erforderlich machen. Ich wollte Ihnen damit zeigen, wie die allgemeine Relativitätstheorie, der man oft einen gewissen Mangel an Beziehung zum Experiment vorgeworfen hat, gerade neuerdings wieder befruchtend auf die experimentelle Forschung einwirkt.

Nicht nur durch die allgemeine Relativitätstheorie erreichte *Einsteins* Forschen in den Jahren 1916/17 einen Höhepunkt, sondern ebenso auch auf dem Gebiet der Quantentheorie. Um diese Zeit veröffentlichte ja *Einstein* auch seine grundlegende Arbeit über das Gleichgewicht der Energie und Bewegungsgröße der Strahlung und der Atome als Folge der allgemeinen Form der statistischen Gesetze der verschiedenen Typen der Quantenprozesse von Emission und Absorption des Lichts. Wiederum ergab die Theorie, daß auch der Emissionsprozeß des Lichts als gerichtet angenommen werden muß, was später auch experimentell bestätigt wurde.

Am Schluß der Arbeit schreibt *Einstein* einen berühmten Passus über die Bedeutung des Zufalls, den ich nochmals zitieren will:

„Die Schwäche der Theorie liegt einerseits darin, daß sie uns dem Anschluß an die Undulationstheorie nicht näher bringt, anderseits darin, daß sie Zeit und Richtung der Elementarprozesse dem „Zufall" überläßt; trotzdem hege ich das volle Vertrauen in die Zuverlässigkeit des eingeschlagenen Weges."

Primäre Wahrscheinlichkeiten wollte *Einstein* niemals annehmen. „Für den Rest meines Lebens will ich darüber nachdenken, was das Licht ist!" sagte er damals oft. Sein Erfolg mit der allgemeinen Relativitätstheorie mußte bei ihm den Glauben daran, daß der klassische Feldbegriff zur Erklärung der ganzen Physik im Prinzip ausreiche, so weit steigern, daß er sich eine andere Lösung kaum vorstellen konnte.

In der weiteren Entwicklung der allgemeinen Relativitätstheorie tauchte ein Problem auf, das sich nicht endgültig erledigen ließ. *Ernst Mach* hatte vorgeschlagen, die Trägheit ganz auf die Wirkung ferner Massen zurückzuführen. Wenn dieses *Mach*sche Prinzip richtig wäre, müßte *Einsteins* *G*-Feld verschwinden, wenn alle Materie entfernt würde. *Einstein* war bei Aufstellung seiner Theorie durch dieses Prinzip wohl geleitet und hielt es für richtig. Aus den Gleichungen der Theorie hat es sich aber nicht herleiten lassen. Es scheint im Wesen des Feldbegriffes zu liegen, daß das Feld zwar durch die Massenverteilung beeinflußt wird, daß es aber als selbständige Realität bestehen bleibt, auch wenn alle Massen entfernt werden. Wie die endgültige Lösung sein wird, ist uns nicht bekannt.

Während *Einstein* über eine auch den Elektromagnetismus umfassende Vereinheitlichung seiner Theorie des Gravitationsfeldes nachsann, stellte sich bald heraus, daß das Wirkungsquantum gar nicht nur die Struktur des Lichtes betraf, sondern sich ebenso auf die Materie erstreckte. Als *Einstein* von *de Broglies* Arbeit über Materiewellen hörte, war er als einer der ersten sogleich geneigt, diese Idee anzuerkennen. Im Anschluß an eine Arbeit von *Bose* behandelte er kurz darauf die Statistik eines aus gleichen Teilchen bestehenden Systems in einer neuen Weise, die heute als „*Einstein-Bose*-Statistik" bekannt ist.

Ein weiterer Abschnitt in *Einsteins* Schaffen begann 1927, als die neue Wellenmechanik fertig ausgebaut wurde. Bei den großen Diskussionen zwischen *Einstein, Bohr* und anderen über die Wellenmechanik auf dem Solvay-Kongreß in Brüssel konnte ich anwesend sein. Es wird mir immer unvergeßlich bleiben. *Einstein* gab die logische Widerspruchsfreiheit der neuen Wellenmechanik wohl zu, aber er hielt die statistischen Gesetze der neuen Theorie für unvollständig. „Mit lauter „vielleicht" kann man doch keine Theorie machen", sagte er oft, und „in der Tiefe ist es falsch, wenn auch empirisch und logisch richtig". Ein Denken in Gegensatzpaaren, anschauliche Bilder, die von der Wahl der Versuchsanordnung abhängen, primäre Wahrscheinlichkeiten, das konnte *Einstein* nicht akzeptieren.

Diese von ihm abgelehnten Anschauungen und Begriffe sind jedoch wesentliche Bestandteile der von *Bohr* begründeten sogenannten „Kopenhagener Interpretation" der Quantenmechanik, der auch ich, wie die meisten theoretischen Physiker, mich angeschlossen habe. Sein Gegensatz zu ihr spiegelt sich auch wider in den Arbeiten, die *Einstein* zuerst gemeinsam mit *Rosen* und *Podolsky*, später allein zur Kritik des Wirklichkeitsbegriffes der Quantenmechanik veröffentlicht hat. Wir haben diese Fragen oft miteinander diskutiert, und ich hatte stets den größten Gewinn davon, auch wenn ich *Einsteins* Ansichten nicht zustimmen konnte. „Physik ist doch die Beschreibung des Wirklichen", sagte er zu mir und fuhr mit einem sarkastischen Blick auf mich fort: „oder soll ich vielleicht sagen, Physik ist die Beschreibung dessen, was man sich bloß einbildet?" Diese Frage zeigt deutlich *Einsteins* Besorgnis, daß durch eine Theorie vom Typus der Quantenmechanik der objektive Charakter der Physik verloren gehen könnte, indem durch deren weitere Fassung der Objektivität einer Naturerklärung der Unterschied der physikalischen Wirklichkeit von Traum oder Halluzination verschwommen werden könnte.

Die Objektivität der Physik ist in der Quantenmechanik jedoch im folgenden Sinn voll gewahrt. Obwohl nach der Theorie im Prinzip im allgemeinen nur die Statistik von Versuchsreihen gesetzmäßig bestimmt ist, kann der Beobachter auch im nicht voraussagbaren Einzelfall das Resultat seiner Beobachtung – wie zum Beispiel das Ansprechen eines Zählers in einem bestimmten Zeitmoment – nicht beeinflussen. Auch gehen persönliche Eigenschaften des Beobachters in keiner Weise in die Theorie ein, vielmehr kann die Beobachtung durch objektive Registrierapparate erfolgen, deren Resultate allen zur Einsicht objektiv vorliegen. So wie in der Relativitätstheorie eine Gruppe mathematischer Transformationen alle möglichen Koordinatensysteme verbindet, so verbindet auch in der Quantenmechanik eine Gruppe mathematischer Transformationen die möglichen Versuchsanordnungen.

Einstein befürwortete jedoch eine engere Fassung des Wirklichkeitsbegriffs, der eine völlige Scheidung eines objektiv vorhandenen physikalischen Zustandes von irgend einer Art seiner Beobachtung annimmt. Eine Einigung wurde leider nicht mehr erzielt. Er hielt an der Hoffnung einer Erklärung der atomistischen Konstitution der Materie durch den klassischen Feldbegriff bis an das Ende seines Lebens fest.

Seit 1927 war *Einstein* von der Entwicklung der Physik enttäuscht. Unnachgiebig zog er sich in seine geistige Einsamkeit zurück. Seine weiteren Arbeiten über Feldtheorie sind zwar mit der gleichen mathematischen Meisterschaft geschrieben wie die früheren, doch scheint ihnen der enge Kontakt mit der Natur zu fehlen. Es ist zweifelhaft, ob diese letzten theoretischen Ansätze *Einsteins* in der Physik tatsächlich Anwendung finden.

Nachdem er sich von der nach der Quantentheorie gerichteten Seite seiner Forschung unbefriedigt zurückgezogen hatte, wurde auch die andere, nach der Feldtheorie gerichtete Seite in physikalischer Hinsicht problematisch.

Hätten wir *Einstein* eine Synthese seiner allgemeinen Relativitätstheorie mit der Quantentheorie vorlegen können, so wäre die Diskussion mit ihm wesentlich leichter gewesen. Aber die Dualität zwischen dem Feld und seinem Meßmittel ist in der heutigen Quantentheorie der Felder zwar latent vorhanden, nicht aber begrifflich klar ausgedrückt. Die Beziehung der Anwendbarkeit des gewöhnlichen Raum-Zeit-Begriffs im kleinen mit den Eigenschaften der kleinsten physikalischen Objekte, der sogenannten „Elementar"-Teilchen, ist nicht aufgedeckt.

Einsteins Leben endete mit einer Frage an die Wissenschaft der Physik und mit einer synthetischen Forderung an uns. Daran soll uns *Hubachers* Büste stets gemahnen, wenn wir an ihr vorbeigehen. In einer ferneren Zukunft, wenn unsere Probleme längst ihre Bedeutung verloren haben werden, soll diese Büste immer noch hier stehen, um den neuen Generationen ein Symbol der Dauer im Wechsel zu sein.

Literatur

[1] Phys. ZS. **10**, 817, 1909.

14

Theorie und Experiment

Die folgenden Gesichtspunkte sollen eine Ergänzung bilden zu den Bemerkungen und Thesen von *F. Gonseth* und *P. Bernays*, mit denen ich im Prinzip übereinstimme, die sich aber noch von anderen Seiten her illustrieren lassen.

1. *F. Gonseths* dualistischer Standpunkt zum „Dialog zwischen Experiment und Theorie" scheint mir ein Sonderfall der allgemeineren Beziehung von Innen (psychisch) und Außen (physisch) zu sein. Im Falle der Situation der E r k e n n t n i s handelt es sich hierbei um das Verhältnis von Erkennendem zu Erkanntem. Der rein empiristische Standpunkt, der jede „Erklärung" auf eine (wenn auch allgemeine und begriffliche) „Beschreibung" zurückführen will, läßt außer Acht, daß jede Aufstellung eines Begriffes oder eines Begriffssystems (und damit auch die eines Naturgesetzes) eine p s y c h i s c h e R e a l i t ä t von entscheidender Wichtigkeit ist. (In der deutschen Sprache ist das in dem Wort „Erklärung" insofern zum Ausdruck gebracht, als einem hierbei etwas „klar wird", eine Note, die in dem Wort „Beschreibung" fehlt).

Ich möchte deshalb in Anlehnung an die Philosophie *Platos* vorschlagen, den Vorgang des Verstehens der Natur sowie auch die Beglückung, die der Mensch beim Verstehen, das heißt beim Bewußtwerden einer neuen Erkenntnis empfindet, als eine Entsprechung, das heißt als ein zur Dekkung kommen von präexistenten inneren Bildern der menschlichen Psyche mit äußeren Objekten und ihrem Verhalten zu interpretieren. Die Brücke zwischen den Sinneswahrnehmungen auf der einen Seite und den Begriffen auf der andern Seite, die von der reinen Logik nicht konstruiert werden kann, beruht nach dieser Auffassung auf einer unserer Willkür entzogenen kosmischen Ordnung, die von der Welt der Erscheinungen verschieden ist und sowohl Psyche als auch Physis, sowohl Subjekt als auch Objekt umfaßt.

Die moderne Psychologie hat betreffend die Erkenntnissituation den Nachweis erbracht, daß jedes Verstehen ein langwieriger Prozeß ist, der lange vor der rationalen Formulierbarkeit des Bewußtseinsinhaltes durch Prozesse im Unbewußten eingeleitet wird: auf der vorbewußten Stufe der Erkenntnis sind an Stelle von klaren Begriffen Bilder mit starkem emotionalem Gehalt vorhanden, die nicht gedacht, sondern gleichsam malend geschaut werden. Die gesuchte Brücke zwischen Sinnesempfindungen und

Ideen oder Begriffen scheint durch anordnende Operatoren oder Faktoren (die ich aber im Gegensatz zu *Bernays* nicht als „rational" bezeichnen möchte) bedingt zu sein, von denen auch diese vorbegriffliche Schicht der symbolischen Bilder beherrscht wird. Es ist interessant, daß das Wort „Archetypus", das zum Beispiel *Kepler* für die (platonischen) präexistenten Bilder verwendet [1], nunmehr von *C. G. Jung* auch für unanschauliche, anordnende Faktoren, die sich sowohl psychisch als auch physisch manifestieren sollen, gebraucht wird [2].

2. Nach der hier vorgeschlagenen Auffassung ist demnach das a p r i o r i von *Kants* rational formulierten, ein für alle mal festgelegten Ideen auf die außerhalb des Bewußtseins („im Unbewußten") vorhandenen und wirksamen präexistenten Bilder (Archetypen) verlegt. Die speziellen, von *Kant*, als synthetische Urteile a p r i o r i bezeichneten Ideen sehen wir (in Übereinstimmung mit *P. Bernays*) nicht mehr als die Voraussetzungen der menschlichen Vernunft schlechthin an, sondern nur als die besonderen Voraussetzungen der Naturwissenschaft (und Mathematik) seiner Zeit. Zum Unterschied von *Plato* und in Übereinstimmung mit *Gonseths* „philosophie ouverte" sehen wir aber auch die präexistenten Urbilder nicht als unveränderlich, sondern als relativ zur Entwicklung des bewußten Standpunktes an. Die Rückwirkung des Bewußtseins auf die Bilder des Unbewußten [3], welche von der umgekehrten Wirkung der Bilder auf das Bewußtsein im Sinne einer „Komplementarität" nicht zu trennen sein dürfte, scheint mir gerade das Wesen des von *F. Gonseth* als „dialektisch" bezeichneten Prozesses der Entwicklung der menschlichen Erkenntnis auszumachen.

Literatur

[1] In einer inzwischen erschienenen historischen Studie: „Der Einfluß archetypischer Vorstellungen auf die Bildung naturwissenschaftlicher Theorien bei *Kepler*", versuche ich die hier kurz skizzierte Sachlage näher zu erläutern. („Naturerklärung und Psyche", Rascher Verlag Zürich, 1952).

[2] *C. G. Jung*, Eranos Jahrbuch 1946: „Der Geist der Psychologie".

[3] *C. G. Jung* spricht gelegentlich von einer „säkularen Standpunktverschiebung des Unbewußten" (vgl. z. B. „Psychologie und Alchemie", Zürich 1944, S. 181).

15

Phänomen und physikalische Realität

Im folgenden will ich einige Hinweise geben, welche Probleme in Verbindung mit den Stichworten Phänomen und Realität in der heutigen Physik eine wichtige Rolle spielen, ohne Anspruch, dieses unerschöpfliche Thema auch nur annähernd bemeistern zu können. Dabei will ich aber auch kontroverse Fragen berühren, denn diese sind es ja, denen sich das allgemeine Interesse am meisten zuwendet. Zur Orientierung der Philosophen möchte ich gleich bemerken, daß ich selbst keiner bestimmten philosophischen Richtung angehöre, die einen mit den Silben „-ismus" endenden Namen trägt. Darüber hinaus bin ich auch dagegen, spezielle physikalische Theorien wie zum Beispiel die Relativitätstheorie oder die Quanten- oder Wellenmechanik speziellen -ismen zuzuordnen, obwohl dies zuweilen von physikalischer Seite her geschieht. Meine allgemeine Tendenz ist vielmehr, zwischen extremen Richtungen eine gewisse Mitte einzuhalten. In diesem Sinne ist es wohl am besten, sich zunächst darüber zu besinnen, wie Phänomen und Realität im beruflichen Alltagsleben des Physikers vorkommen.

1. Phänomen und Realität im Alltagsleben des Physikers

Das Phänomen, die Erscheinung, kann elementar oder auch recht komplex sein. Zu den unmittelbaren Phänomenen gehören die Bewußtseinsinhalte. Die Beschreibung derselben als Wahrnehmungen ist insofern einseitig, als auch Gedanken und Ideen spontan entstehen. Man spricht ja von „Einfällen", was bedeutet, daß etwas in das Bewußtsein fällt. Ich möchte deshalb vorschlagen, auch das Auftreten von Ideen und Gedanken Phänomene zu nennen, ebenso wie Töne, Farben, Tasteindrücke.

Unsere Vorstellungen verlaufen nicht willkürlich, sondern erscheinen in einer gewissen Ordnung. Es ist der Zusammenhang der Bewußtseinsinhalte, der uns erlaubt, Träumen von Wachen zu unterscheiden und unwillkürlich äußere Objekte, sowie auch das Bewußtsein der Mitmenschen als existierend zu erleben. Das, was wir antreffen, was sich unserer Willkür entzieht, womit wir rechnen müssen, ist das, was man als wirklich bezeichnet. Die europäischen Sprachen haben zwei verschieden abgeleitete Worte hierfür, das eine, lateinische: Realität von res = Sache, das andere, deutsche: Wirklichkeit, von Wirken. Im Englischen ist beides vertreten als reality und actuality. Der abstraktere, von Wirken abgeleitete Begriff ist derjenige, der dem in der Wissenschaft gebrauchten nähersteht.

Wenn wir nun zu formulieren versuchen, was das physikalische Phänomen und was die physikalische Wirklichkeit ist, so gehen die Meinungen bereits auseinander. Ich persönlich sehe nicht, wie in der Physik eine Definition des Phänomens möglich ist, die Perzeptionsdaten von rationellen und ordnenden Prinzipien zu isolieren trachtet. Vielmehr erscheint mir eine solche Trennung selbst bereits das Resultat einer besonderen kritischen Gedankenarbeit, welche die stets vorhandenen unbewußt-instinktiven Denkzutaten entfernt. Eine Beschränkung auf festgestellte oder feststellbare Bewußtseinsinhalte würde sowohl das Leben wie die Wissenschaft unmöglich machen. Erst unwillkürlich und später bewußt, setzt der Mensch an und für sich nicht Feststellbares, man kann auch sagen relativ Transzendentes – wie zum Beispiel das Bewußtsein der anderen, die Rückseite des Mondes, eine Geschichte der Erde, die zum Teil kein Lebewesen gesehen hat –, um daraus wieder Feststellbares abzuleiten.

Von dieser Mitte aus ist es ein gleich weiter Weg bis zur Elimination des Wirklichkeitsbegriffes einerseits und der Annahme von metaphysischen, unbedingt und für immer geltenden Seinsurteilen andererseits. Ich glaube, daß für die Naturwissenschaften keines von beiden nötig ist. Der Mensch wird immer wieder die spontane Erfahrung einer Wirklichkeit erleben und diese in Worten beschreiben, die ihm angemessen scheinen. Er kann aber Seinsurteile *als bedingt* erkennen durch die Bestrebungen, Hoffnungen, Wünsche, kurz durch die allgemeine seelische Einstellung des Einzelnen oder der Gruppe, welche diese Aussagen machen. Hierzu gehört, insbesondere auch beim Forscher, der Grad seiner Kenntnisse, das Maß des Wissens seiner Zeit. Auf diese Weise entsteht eine Spannung zwischen Phänomen und Wirklichkeit, die den Reiz des Lebens wie der Forschung ausmacht.

Der Naturwissenschaftler hat es mit besonderen Phänomenen und einer besonderen Wirklichkeit zu tun. Er hat sich auf das zu beschränken, *was reproduzierbar ist.* Hierzu rechne ich auch das, für dessen Reproduktion die Natur von selbst gesorgt hat. Ich behaupte nicht, daß das Reproduzierbare an und für sich wichtiger sei als das Einmalige, aber ich behaupte, daß das wesentlich Einmalige sich der Behandlung durch naturwissenschaftliche Methoden entzieht. Zweck und Ziel dieser Methoden ist ja, Naturgesetze zu finden und zu prüfen, worauf die Aufmerksamkeit des Forschers allein gerichtet ist und gerichtet bleiben muß.

Die zusammenhängende Formulierung von Gedankensystemen, bestehend aus mathematischen Gleichungen und aus Regeln, wie diese mit Erfahrungsdaten zu verknüpfen sind, nennen wir eine physikalische Theorie, die man dann innerhalb der Begrenzung ihres Anwendungsbereiches als „Modell der Wirklichkeit" bezeichnen kann. Wie ich an anderer Stelle ausgeführt habe [1], halte ich es für müßig, darüber zu spekulieren, was zuerst da war, die Idee oder das Experiment. Ich hoffe, daß niemand mehr der Meinung ist, daß Theorien durch zwingende logische Schlüsse aus Protokollbüchern abgeleitet werden, eine Ansicht, die in meinen Studententagen noch sehr in Mode war. Theorien kommen zustande durch ein vom empirischen Material inspiriertes Verstehen, welches am besten im Anschluß an *Plato* als zur Deckung kommen von inneren Bildern mit äußeren Objekten und ihrem Verhalten zu deuten ist. Die Möglichkeit des Verstehens zeigt aufs Neue das Vorhandensein regulierender typischer Anordnungen, denen sowohl das Innen wie das Außen des Menschen unterworfen sind.

Mit *Bohr* bin ich der Meinung, daß die Objektivität einer wissenschaftlichen Naturerklärung möglichst weitherzig definiert werden soll: jede Betrachtungsweise, die man andere lehren kann, die andere mit den nötigen Vorkenntnissen verstehen und wieder anwenden können, über die man sich mit anderen besprechen kann, soll objektiv genannt werden. In diesem Sinne sind alle physikalischen Theorien und Gesetze objektiv. So verschieden deren Struktur auch sein mag, das physikalische Phänomen ist nicht einfach, sondern komplex. Gewöhnlich ist in seine Beschreibung schon eine Menge von früher gewonnenen theoretischen Kenntnissen und apparativen Erfahrungen verarbeitet. Das ist im Alltagsleben des Physikers gerade das Zweckmäßige, keineswegs das Isolieren von Perzeptionsdaten. *Bohr* definiert Phänomen als „sich beziehend auf Beobachtungen, die unter spezifizierten Umständen, einschließlich einer Angabe des ganzen Experimentes, erhalten sind".

Diese Definition ermöglicht es, von einem neuen Phänomen zu sprechen, wenn ein Teil der Versuchsanordnung verändert wird, und die Begrenzung der Teilbarkeit von Phänomenen in der Naturerklärung mit in Rechnung zu stellen.

2. Logische Struktur physikalischer Theorien

Dieser Definition des Phänomens dürfte eine weitgehende, sogar über die Physik hinausreichende Bedeutung zukommen. Da sie aber mit besonderer Berücksichtigung der Quantenmechanik aufgestellt wurde, ist es naturgemäß, nunmehr zur Diskussion der logischen Struktur verschiedener physikalischer Theorien überzugehen. Es handelt sich hier hauptsächlich um die *Galilei-Newton*sche Mechanik, die wir heute klassisch nennen, die Relativitätstheorie und die Quantenmechanik. Über diese Theorien existiert eine umfangreiche Literatur [2], auch was ihren erkenntnistheoretischen Inhalt betrifft. Ich muß mich hier damit begnügen, nicht ohne Willkür, einige Punkte herauszugreifen. Der eine betrifft den Ursachenbegriff in der klassischen Mechanik. Einer der wichtigsten Fortschritte, welchen diese gebracht hat, besteht in der Erkenntnis, daß für die gleichförmige Bewegung ebensowenig eine Ursache gefunden werden kann, wie für die Ruhe. Diese Erkenntnis war eng verbunden mit der Anwendung des mathematischen Gruppenbegriffes in der Physik: Die klassische Mechanik gestattet die Gruppe aller gleichförmigen Translationsbewegungen, die man heute die Galileigruppe nennt. Zwei durch ein Element der Gruppe verknüpfte Zustände heißen ä q u i v a l e n t (relativ zur betrachteten Gruppe). Die Naturbeschreibung darf dann nicht einen dieser Zustände vor dem anderen auszeichnen. Diese gruppentheoretische Betrachtungsweise hat in den Händen von *Einstein* in der speziellen und in der allgemeinen Relativitätstheorie die schönsten Früchte getragen. In der ersteren wird die Galileigruppe modifiziert zur Lorentzgruppe, welche, die Zeit mittransformierend, eine indefinite quadratische Form der vierdimensionalen Mannigfaltigkeit von Raum-Zeit invariant läßt. In der allgemeinen Relativitätstheorie wird die Gruppe erweitert zur Gruppe aller Koordinatentransformationen. Dies ist jedoch erst dadurch möglich, daß eine neue physikalische Wirklichkeit, nämlich das Gravitationsfeld in die Theorie aufgenommen wird. Dieses erscheint als 10 Funktionen von Raum und Zeit, die als Koeffizienten der invarianten quadratischen Form der Metrik sich bei den allgemeinen Koordinatentransformationen in geeigneter Weise mittransformieren. Es ist mir wahrscheinlich, daß die Tragweite des mathematischen Gruppenbegriffes in der Physik heute noch nicht ausgeschöpft ist.

Wir haben gesehen, daß das Auftauchen dieses Begriffes in der Physik von Anfang an mit einer freieren Handhabung des Ursachebegriffes verbunden war, und es wird noch erörtert werden, daß die bereits von *D. Hume* vom empirischen Standpunkt aus kritisierte Idee der Kausalität in der Quantenmechanik eine weitere wesentliche Verallgemeinerung erfahren hat.

Gegenüber Vorschlägen, den Ursachenbegriff zu s p a l t e n in einen „physikalischen" und einen „ontologischen", möchte ich mich allgemein kritisch äußern zu der oft angewandten Methode, einen Begriff, der anfängt verbesserungsbedürftig zu werden, dadurch zu retten, daß man zwei methodisch getrennte Reiche einführt: eines, in dem er gilt und ein anderes, in dem er nicht mehr gilt. Deshalb erscheint es mir als ein Mißbrauch des Wortes „ontologisch", wenn man es vor das Wort „Ursache" setzt, gleichsam um die Schwankende zu stützen.

Statt „kausal" sagt der Physiker lieber d e t e r m i n i s t i s c h. Er versteht darunter eine Theorie, bei der aus dem Zustand eines Systems zu einer gegebenen Zeit der Zustand zu allen anderen Zeiten, früheren oder späteren, mathematisch folgt. Um dies zu erreichen, müssen in der Mechanik Anfangslage und Anfangsgeschwindigkeit aller Massen als zwei unabhängige, den Zustand charakterisierende Größen eingeführt werden. Hieraus entwickelte sich später in der Quantenmechanik ein komplementäres Gegensatzpaar.

Ebenso fundamental wie die klassische Punkt-Mechanik ist die klassische Feldphysik, durch *Faraday* und *Maxwell* als Elektrodynamik geschaffen und von *Einstein* in der bereits erwähnten relativistischen Gravitationstheorie fortgeführt. Ich will hier nur erwähnen, daß der klassische Feldbegriff durch Abstraktion von den Bedingungen, unter denen das Feld gemessen werden kann, entsteht. Dadurch wird eine Dualität zwischen dem Feld und seinen Quellen eingeführt, die unseres Erachtens noch ungelöste Probleme in sich enthält. *Einstein* hofft zwar immer noch *), eine einheitliche, die ganze Physik umfassende klassische Feldtheorie aufstellen zu können, er gibt aber zu, daß er die Möglichkeit einer solchen Theorie nicht beweisen kann. Am klassischen Feldbegriff scheint es mir unbefriedigend, daß ein einziges Feld ohne Wechselwirkung mit anderen Objekten, das also außerhalb der Komplementarität Beobachtungsmittel und beobachtetes System steht und nie gemessen werden kann, obwohl physikalisch irreal, in dieser Theorie dennoch logisch möglich ist. Eine befriedigende Theorie müßte unseres Erachtens das Feld und den zu seiner Messung dienenden Probekörper als komplementäre Gegensätze aufzufassen erlauben.

Nur kurz will ich erwähnen, daß die klassische Feldphysik ebenso wie die klassische Mechanik zu den deterministischen Theorien gehört. Interessanterweise hält *Einstein* diesen deterministischen Zug der klassischen Theorien für weniger wesentlich als einen andern, allgemeineren, den man als „realistisch" in einem engeren Sinne bezeichnen kann. Er charakterisiert ihn so [3]: „Es gibt so etwas wie den realen Zustand eines physikalischen Systems, was unabhängig von jeder Beobachtung oder Messung objektiv existiert und mit den Ausdrucksmitteln der Physik im Prinzip beschrieben werden kann. Diese Forderung umschreibt jedoch nur ein spezielles Ideal, das sowohl in der klassischen Punktmechanik und Elektrodynamik als auch in der Relativitätstheorie, aber nicht in der ebenfalls objektiven Naturbeschreibung der Quantenmechanik erfüllt ist".

Einstein hat immer aufs neue betont, daß er deshalb die Quantenmechanik für u n v o l l s t ä n d i g hält und die Hoffnung auf eine Vervollständigung der Quantenmechanik, welche seine engere Realitätsforderung wieder herstellt, nicht aufgeben wolle. Klar gibt er sein Motiv für seine Haltung an [3 c]: Er ist der Ansicht, daß nur eine solche im engeren Sinne realistische Theorie die Unterscheidung von Traum und Wachen, von Einbildung oder Halluzination und einer für alle gültigen objektiven Wirklichkeit im Prinzip garantieren könne.

*) Geschrieben 1954.

Andere Forscher, vor allem *Bohr, Heisenberg* und *Born,* denen auch ich mich voll angeschlossen habe, teilen diese Bedenken nicht und halten gerade diesen Schritt der wesentlicheren Einbeziehung des Beobachters und der Versuchsbedingungen in die physikalische Naturerklärung, der in der Quantenmechanik vollzogen wurde, für endgültig. Ich selbst vermute sogar, daß der Beobachter in der heutigen Physik noch immer zu stark losgelöst ist und diese sich noch weiter von jenem klassischen Vorbild entfernen wird.

Da die Grundlagen der Quantenmechanik und ihre allgemeine erkenntnistheoretische Bedeutung schon oft dargestellt wurden [4], kann ich mich hier kurz fassen und wieder nur einige besondere Umstände hervorheben.

1. Die Unteilbarkeit elementarer Quantenprozesse (Endlichkeit des Wirkungsquantums) äußert sich in einer Unbestimmtheit der Wechselwirkung von Beobachtungsmittel (Subjekt) mit dem beobachteten System (Objekt), die nicht durch determinierbare Korrekturen eliminierbar ist. Deshalb definiert erst die Versuchsanordnung den physikalischen Zustand eines Systems, in dessen Charakterisierung eine Kenntnis über das System also wesentlich eingeht. Denn jede Beobachtung ist ein Eingriff von unbestimmbarem Umfang in das Beobachtungsmittel wie in das beobachtete System und unterbricht den kausalen Zusammenhang der ihr vorausgehenden mit den ihr nachfolgenden Erscheinungen. Der Gewinn an Kenntnissen durch eine Beobachtung hat naturnotwendig den Verlust anderer Kenntnisse zur Folge. Der Beobachter hat jedoch die freie Wahl, zwei einander ausschließenden Versuchsanordnungen entsprechend, zu bestimmen, w e l c h e einen Kenntnisse gewonnen und w e l c h e anderen verloren werden (komplementäre Gegensatzpaare). Deshalb ändert jeder unwiderrufliche Eingriff in die Informationsquellen über ein System durch eine Beobachtung dessen Zustand und schafft im Sinne *Bohrs* ein neues Phänomen. Ein Versuch, das Phänomen zu unterteilen, zum Beispiel ein bestimmtes Teilchen durch Raum und Zeit zu verfolgen, schafft wegen der unbestimmbaren Wechselwirkung mit hierbei neu eingeführten Apparaten, wieder ein neues Phänomen, ohne das Ziel der Unterteilung des ursprünglichen Phänomens zu erreichen. Dieses weist somit neue, der klassischen Naturbeschreibung fremde Züge von Unteilbarkeit oder Ganzheit auf.

2. Bei gegebenem Zustand eines Systems (Objektes) lassen sich über die Resultate künftiger Beobachtungen im Allgemeinen nur statistische Voraussagen machen (primäre Wahrscheinlichkeit), während das Resultat der Einzelbeobachtung nicht durch Gesetze bestimmt, also letzte Tatsache ohne Ursache ist. Dies ist notwendig dafür, daß die Quantenmechanik als rationale Verallgemeinerung der klassischen Physik, die Komplementarität als Verallgemeinerung der Kausalität im engern Sinne aufgefaßt werden kann.

Die widerspruchsfreie Durchführbarkeit dieser Verallgemeinerung ist durch den mathematischen Formalismus der Quanten- oder Wellenmechanik garantiert. Dieser kennzeichnet jedes System (Objekt) durch die abstrakte Struktur der Vertauschungsregeln von Operatoren sowie durch den Hamiltonoperator, der den zeitlichen Ablauf der Zustände bestimmt, solange keine von außen eingreifende Beobachtung am System vorgenommen wird.

3. Wie *Heisenberg* betont hat, beruht die Quantenmechanik auf dem Vorhandensein eines scharfen Schnittes zwischen Beobachter oder Beobachtungsmittel auf der einen Seite und dem beobachteten System auf der andern Seite. In der unrelativistischen Quantenmechanik ist die Lage dieses Schnittes, im Gegensatz zu seiner Existenz, bis zu einem gewissen Grade willkürlich.

Es scheint mir jedoch, daß hier noch wesentliche Probleme verborgen sind. Schon bei der Messung von Feldern mit Berücksichtigung ihrer quantenhaften Eigenschaften erscheint die Beziehung von Messapparat und gemessenem Feld weniger symmetrisch. *Bohr* hat nämlich gezeigt, wie wesentlich es hier ist, daß die Meßapparate als quasi klassisch angesehen werden können, ja daß sogar verlangt wird, von ihrer atomistischen Konstitution als unwesentlich absehen zu können. Man hat deshalb den Eindruck, daß das Beobachtungsmittel (Subjekt) einen höhern Grad von Stabilität haben muß als das beobachtete System (Objekt). Dieser Umstand scheint mir mit dem früher erwähnten Problem der Komplementarität von Probekörper und Feld eng zusammenzuhängen. Wir kennen aber noch nicht seine Konsequenzen für die noch ausstehende Theorie der Elementarteilchen.

4. Auch die gesetzlich nicht vorher bestimmten Resultate von Einzelbeobachtungen sind in der Quantenphysik als Phänomene, die schließlich an klassischen Meßapparaten auftreten, von vielen kontrollierbar und von den beobachtenden Subjekten nicht beeinflußbar. Sie treten in diesem Sinne den Beobachtern als objektive Wirklichkeit entgegen, die durch Wahrscheinlichkeitsgesetze geregelt ist. Subjektive oder psychische Eigenschaften des Beobachters gehen in die physikalische Naturbeschreibung der Quantenmechanik nicht ein. Die Wandlung des Zustandes, die gemäß dieser jede Messung bedeutet, erscheint insofern nicht als Ganzheit von Subjekt und Objekt, als der Beobachter nach Gewinn und Verlust von Kenntnissen durch die Messung sich vom gemessenen System, dem Objekt, wieder trennt.

Insoferne auch die Wahrnehmung eines Bewußtseinsinhaltes eine Beobachtung ist, führt die allgemeinere Frage der Trennbarkeit von Subjekt und Objekt über den engeren Bereich der Physik hinaus in den größeren Bereich der Lebenserscheinungen.

3. Die Physik als in Entwicklung begriffen (offen)

Die Frage für den Physiker ist niemals: Sind Schwierigkeiten vorhanden oder nicht. Die Frage ist immer: Wo sind Schwierigkeiten, und wo sind keine. Die Frage ist nie: Wird die jetzige Theorie bleiben wie sie ist oder nicht. Die Frage ist immer: In welcher Richtung wird sie sich ändern. Die Antwort auf diese stets kontroversen Fragen kann immer nur Vermutung sein, selbst nach Abwägen aller Umstände, unter denen die mathematische und logische Struktur der bekannten Gesetze eine mindestens ebenso große Rolle spielt wie empirische Ergebnisse. Als das wichtigste Resultat der bis jetzt erreichten Entwicklung der Atomphysik erscheint mir dieses, daß Gegensatzpaare (wie z. B. Welle und Teilchen) als komplementär angesehen werden müssen und sich nicht unter Verletzung der Symmetrie der gesamten empirischen und gedanklichen Situation in einseitiger Weise eliminieren lassen. Auch die Philosophie kennt solche zunächst anscheinend ausweglose gegensätzliche Situationen (wie z. B. den alten Universalienstreit). Innerhalb der Physik hat die Entstehung der Wellen- oder Quantenmechanik im Jahre 1927 gezeigt, daß sich die anscheinend ausweglosen Widersprüche in der Anwendung verschiedener anschaulicher Bilder doch eliminieren ließen, allerdings mit dem Opfer traditioneller Ideen und Ideale über Kausalität und Realität in der Natur. Da aber diese alten Ideen als Grenzfall in den neuen enthalten sind, welche die ersteren rational verallgemeinern, scheint mir ein solches Opfer keineswegs zu groß.

Ich will Sie nicht mit luftigen Spekulationen über die Zukunft der Physik ermüden, sondern will Sie lieber in den beruflichen Alltag des Physikers zurückführen, von dem wir ausgegangen waren. In diesem erscheint nur in Ausnahmefällen die fertige Theorie und ihre Veri- oder Falsifizierung, die in erkenntnistheoretischen Untersuchungen so gerne betrachtet wird. Es erscheinen im Allgemeinen mit Hilfe bekannter Theorien bereits bearbeitete empirische Ergebnisse, die aber über den Bereich des mit Hilfe dieser Theorien Erklärbaren hinausführen. Da sind Kataloge von Phasenkonstanten, die theoretisch aus Streumessungen von Mesonen und Nukleonen deduziert sind. Wir haben aber keine Theorie, aus der a priori die Werte dieser Konstanten und ihre funktionale Abhängigkeit von der Energie der gestreuten Teilchen folgen. Wo findet sich etwas Einfaches, Verstehbares, hat jemand eine gute Idee zur Erklärung der Ergebnisse mit Hilfe eines Kraftgesetzes der Wechselwirkung zwischen Nukleonen und Mesonen?

In einem anderen Fall ist das Kraftgesetz zwar bekannt: es handelt sich um die Wechselwirkung von Elektronen sehr hoher Energie mit Atomkernen. Die bekannte Theorie ist gut genug, um daraus Schlüsse zu ziehen über die von den Protonen gebildete Verteilung der elektrischen Ladung in den Kernen. Aber die so erhaltene Ladungsverteilung folgt nicht aus einer vorhandenen Theorie. Kann man sie verstehen?

Ein drittes mehr fundamentales Beispiel: Eines der am besten gesicherten empirischen Ergebnisse der Physik ist die atomistische Struktur der elektrischen Ladung. Die Ladungswerte sind ganzzahlige Multipla einer Grundzahl, des elektrischen Elementarquantums, aus dem man mit Hilfe des Wirkungsquantums und der Lichtgeschwindigkeit eine dimensionslose Zahl $137{,}04_3$ [5] bilden kann. Um zu diesem Ergebnis zu kommen, braucht man einen beträchtlichen Teil der klassischen Elektrizitätslehre. Im 17. Jahrhundert zum Beispiel, wo man nicht wußte, wie man elektrische Ladungen messen kann und wie sie quantitativ definiert sind, hätte man dieses empirische Ergebnis niemals erhalten und formulieren können. Aber verstehen, erklären können wir die genannte Zahl nicht.

So rückt der Alltag des Physikers ganz von selbst den Aspekt der Physik als ein Offenes, Werdendes in den Vordergrund. Er zeigt Ihnen die Wirklichkeiten, mit denen wir rechnen müssen, die wir als gegeben vorfinden und mit denen wir uns täglich plagen. Ich habe Sie zum Schluß nicht zu isolierten Perzeptionsdaten als Elementarphänomen links und zu komplizierten mathematischen Symbolen rechts geführt, aber auch nicht zu absoluten letzten metaphysischen Seinsurteilen, die den Anspruch erheben, für immer festzustehen. Ich habe Sie vielmehr zurückgeführt, zu den Physikern, den wirklichen Menschen, die über die Phänomene und über die Wirklichkeit alle diese merkwürdigen Aussagen machen, die man in ihrer Gesamtheit Physik nennt.

Literatur

[1] *Theorie und Experiment* in *Dialectica* 6, 141, 1952

[2] Vgl. hierzu auch *Dialectica,* Vol. 2, Nr. 3/4, S. 305—424, 1948. Einstein-Band, der Reihe „Living Philosophers", 1948.

[3] Vgl. hierzu: a) *A. Einstein, Jubiläumsband für Louis de Brogli,* Paris, 1951, S. 6; b) *The meaning of relativity,* 4th edition, Princeton, 1953, und besonders c) seinen Aufsatz in *Scientific papers,* presented to Max Born, Edinburgh, 1943, S. 33—40.

[4] Vgl. hierzu auch *W. Pauli, Experienta,* VI/2, S. 72, 1950.

[5] *J. M. Du Mond* und *E. R. Cohen,* Phys. Rev. **82,** 555, 1951, geben an 137,0429 ± 0,0009, *R. Arnowitt,* Phys. Rev. **92,** 1001, 1953, speziell: S. 1008: 137,0377* ± 0,0016. (*Letzte Stelle 4 oder 8, je nach Korr.).

16

Die Wissenschaft und das abendländische Denken

Es ist sicher ein großes Wagnis, in einer so kurzen Zeit über ein Thema wie „Die Wissenschaft und das abendländische Denken" zu sprechen, das ein ganzes Kolleg leicht füllen könnte.

Das abendländische Denken als Ganzes war stets vom Nahen und Fernen Osten in Asien beeinflußt. Doch scheint Einigkeit darüber zu bestehen, daß Wissenschaft mehr als anderes für die abendländische Kultur geradezu charakteristisch ist. Von anderen geistigen Aktivitäten des Menschen ist speziell Mathematik und Naturwissenschaft unterschieden durch Lehrbarkeit und Prüfbarkeit. Beide Eigenschaften erfordern eigentlich eine längere, teilweise kritische Erläuterung. Unter Lehrbarkeit verstehe ich die Mitteilbarkeit von Gedankengängen und Ergebnissen an andere, die eine fortschreitende Tradition ermöglicht, in dem das Erlernen des schon Bekannten eine geistige Anstrengung von ganz verschiedener Art erfordert als das Auffinden von etwas Neuem. In diesem kommt das schöpferisch irrationale Element wesentlicher zum Ausdruck als in jenem. In der Naturwissenschaft gibt es keine allgemeine Regel, wie man vom empirischen Material zu neuen mathematisch formulierbaren Begriffen und Theorien kommen kann. Einerseits geben die empirischen Ergebnisse Anregungen zu Gedankengängen, andererseits sind Gedanken, Ideen selbst Phänomene, die oft spontan entstehen, um nachher bei Konfrontation mit den Beobachtungsdaten wieder Modifikationen zu erfahren. Nicht jede Einzelaussage einer naturwissenschaftlichen Theorie kann immer direkt empirisch kontrolliert werden, doch das Gedankensystem als Ganzes muß Möglichkeiten einer Kontrolle durch empirische Methoden enthalten, wenn es den Namen einer naturwissenschaftlichen Theorie verdient. Darin besteht seine Prüfbarkeit.

Die Lehrbarkeit hat die Naturwissenschaft mit der auf logischem Weg prüfbaren Mathematik gemeinsam. Die Möglichkeit des mathematischen Beweises und die Möglichkeit, Mathematik auf die Natur anzuwenden, sind fundamentale Erfahrungen der Menschheit, die zuerst in der Antike entstanden sind. Diese Erfahrungen sind sogleich als rätselhaft übermenschlich, göttlich empfunden worden, und die religiöse Atmosphäre war berührt.

Hier stößt man auf das wesentliche Problem der Beziehung von Heilserkenntnis und wissenschaftlicher Erkenntnis. Auf Perioden nüchterner kritischer Forschung folgen oft andere, wo eine Einordnung der Wissenschaft in eine umfassendere, mystische Elemente enthaltene Geistigkeit erstrebt und versucht wird. Im Gegensatz zur Wissenschaft ist die mystische Einstellung nicht für das Abendland charakteristisch, sondern trotz Unterschieden im Einzelnen dem Okzident und dem Orient gemeinsam. Ich kann hier z. B. auf das ausgezeichnete Buch von *R. Otto* „West-östliche Mystik" (Gotha 1926) verweisen, das die Mystik *Meister Eckharts* (1250—1327) mit der des Inders *Shankara* (um 800), des Begründers der Vedanta-Philosophie, vergleicht. Die Mystik sucht die Einheit aller äußeren Dinge und die Einheit vom Innern des Menschen mit ihnen, indem sie die Vielheit der Dinge als Illusion, als unwirklich zu durchschauen sucht. So entsteht von Stufe zu Stufe die Einheit des Menschen mit der Gottheit, in China das Tao, in Indien Samadhi oder buddhistisch Nirwana. Die letztgenannten Zustände kommen, abendländisch betrachtet, wohl der Auslöschung des Ichbewußtseins gleich. Die konsequente Mystik fragt nicht: „warum?" Sie fragt: „Wie kann der Mensch dem Übel, dem Leid dieser schrecklichen, bedrohenden Welt entgehen, wie kann sie als Schein erkannt, wie kann die letzte Wirklichkeit, das Brahman, das Eine, die (bei Eckhart nicht mehr persönliche) Gottheit geschaut werden?" Es ist dagegen wissenschaftlich-abendländisch, in gewissem Sinne kann man sagen griechisch, zum Beispiel zu fragen: „Warum spiegelt sich das Eine im Vielen? Was ist das Spiegelnde und was das Gespiegelte? Warum ist das Eine nicht allein geblieben? Was verursacht die sogenannte Illusion?" Treffend spricht *Otto* in seinem zitierten Buch (p. 126) vom „Heilsinteresse, das von bestimmten Unheilslagen ausgehend, die man gegeben vorfindet, diese beheben, nicht aber ihr Woher theoretisch lösen will, und das unlösbare Probleme ruhig liegen läßt oder sie mit notdürftigen Hilfstheorien zunagelt, so gut es geht." Ich glaube, daß es das Schicksal des Abendlandes ist, diese beiden Grundhaltungen, die kritisch rationale, verstehen wollende auf der einen Seite und die mystisch irrationale, das erlösende Einheitserlebnis suchende auf der anderen Seite immer wieder in Verbindung miteinander zu bringen. In der Seele des Menschen werden immer beide Haltungen wohnen, und die eine wird stets die andere als Keim ihres Gegenteils schon in sich tragen. Dadurch entsteht eine Art dialektischer Prozeß, von dem wir nicht wissen, wohin er uns führt. Ich glaube, als Abendländer müssen wir uns diesem Prozeß anvertrauen und das Gegensatzpaar als komplementär anerkennen; wir können und wollen das die Welt beobachtende Ichbewußtsein nicht gänzlich opfern, wir können aber das Einheitserlebnis als eine Art Grenzfall oder idealen Grenzbegriff auch intellektuell akzeptieren. Indem wir die Spannung der Gegensätze bestehen lassen, müssen wir auch anerkennen, daß wir auf jedem Erkenntnis- oder Erlösungsweg von Faktoren abhängen, die außerhalb unserer Kontrolle sind und die die religiöse Sprache stets als Gnade bezeichnet hat.

Von den im Laufe der Geschichte auftretenden Versuchen, eine Synthese der wissenschaftlichen und der mystischen Grundhaltung zu erzielen, will ich zwei besonders hervorheben. Der eine beginnt mit *Pythagoras* im 6. Jahrh. v. Chr., setzt sich dann in seinen Schülern fort, wird durch *Plato* weiterentwickelt und erscheint in der Spätantike als Neuplatonismus und Neupythagoräismus. Da vieles von dieser Philosophie in die frühchristliche Theologie übernommen wurde, begleitet sie sodann beständig das Christentum, um in der Renaissance eine neue Blüte zu erleben. Durch Verwerfung der anima mundi, der Weltseele, und Zurückgehen auf die Erkenntnislehre *Platos* bei *Galilei*, durch teilweise Wiederbelebung pythagoräischer Elemente bei *Kepler* entsteht im 17. Jahrh. die Naturwissenschaft der Neuzeit, die wir heute die klassische nennen. Rasch spaltet sie sich nach *Newton* kritisch rational von ihren ursprünglichen mystischen Elementen ab. Der zweite Versuch ist derjenige der Alchemie und hermetischen Philosophie, die seit dem 17. Jahrhundert verfallen ist.

Aus dem langen Prozeß der geistesgeschichtlichen Entwicklung, in der sich dieses Beziehungsproblem immer wieder in neuer Form äußert, kann ich hier nur Weniges als Beispiel herausgreifen, das auch für unsere Zeit von Bedeutung ist. Neuere Forschungen haben die starken Einwirkungen der babylonischen Mathematik und Astronomie auf die Anfänge der Wissenschaft in Griechenland klargestellt. Seinen ersten Höhepunkt erreichte jedoch der kritisch wissenschaftliche Geist im klassischen Hellas. Dort entstanden ja die Formulierungen jener Gegensätze und Paradoxien, die auch uns, wenn auch in verwandelter Gestalt als Probleme bewegen: der Schein und die Wirklichkeit, das Sein und das Werden, die Einheit und die Vielheit, die Sinneserfahrung und das reine Denken, das Kontinuum und die ganze Zahl, das rationale Zahlverhältnis und die Irrationalzahl, die Notwendigkeit und die Zweckhaftigkeit, die Ursächlichkeit und der Zufall. Dort entstand als Triumph der rationalen Denkweise aus der Spekulation über einen Ausweg aus den Schwierigkeiten der Beziehung von Einheit und Vielheit die Idee des Atoms von *Leukipp* (um 440 v. Chr.) und *Demokrit* (um 420 v. Chr.). Es ist wohl nicht richtig, diese Denker im modernen Sinne als Materialisten zu bezeichnen. Seelisches und Stoffliches waren damals nicht so getrennt wie in späterer Zeit, so daß *Demokrit* ebenso Atome der Seele wie der materiellen Körper annahm, zwischen denen das Feuer ein Bindeglied darstellt. In dem jahrhundertelangen Streit über die Frage, ob ein von Materie leerer Raum existieren könne, gehören die Atomisten zu derjenigen Partei, welche diese Möglichkeit zuläßt, indem der Raum zwischen den Atomen leer sein soll. *Demokrit* leugnet den Zufall und die Zweckursachen, die Atome fallen im leeren Raum nach den Gesetzen der Notwendigkeit. Wenn ich richtig verstanden habe, soll aber manchmal eine anfängliche Abweichung von der geradlinigen Bewegung der Atome im Sinne einer beginnenden Kreisbewegung eintreten, und nur diese soll zum kosmogonischen (welterzeugenden) Wirbel führen. Diese antike Form der Atomistik enthält nicht das Element der empirischen Prüfbarkeit, ist daher noch keine naturwissenschaftliche Theorie im neuzeitlichen Sinne, sondern als ihr Vorläufer erst noch eine philosophische Spekulation.

Vor dem rational eingestellten *Demokrit* wirkte bereits der schon erwähnte *Pythagoras* (um 530 v. Chr.). Er und seine Schüler gründeten eine ausgesprochen mystische Heilslehre, die aufs innigste mit mathematischem Denken verbunden war und auf der älteren babylonischen Zahlenmystik fußte. Für ihn und die Pythagoräer ist überall, wo die Zahl ist, auch die Seele, Ausdruck der Einheit, die Gott ist. Ganzzahlige Verhältnisse, wie sie in den Proportionen der Schwingungszahlen der einfachen musikalischen Intervalle auftreten, sind Harmonie, d. h. das was Einheit in die Gegensätze bringt; als Teil der Mathematik gehört die Zahl auch einer abstrakten, übersinnlichen ewigen Welt an, die nicht mit den Sinnen, sondern nur kontemplativ mit dem Intellekt erfaßt werden kann. So ist bei den Pythagoräern Mathematik und kontemplative Meditation (die ursprüngliche Bedeutung von „theoria") aufs engste verbunden, mathematisches Wissen und Weisheit (sophia) sind für sie nicht zu trennen. Eine spezielle Bedeutung hatte die Tetraktys, die Vierzahl, und ein Schwur der Pythagoräer ist überliefert: „Bei dem, der unserer Seele die Tetraktys überliefert hat, den Urquell und die Wurzel der ewigen Natur".

Als Reaktion gegen den Rationalismus der Atomisten hat *Plato* (428 bis 348 v. Chr.) viele mystische Elemente der Pythagoräer in seiner Ideenlehre übernommen. Mit ihnen teilt er seine höhere Wertschätzung der Kontemplation, verglichen mit der gewöhnlichen Sinneserfahrung, und seine leidenschaftliche Anteilnahme an Mathematik, besonders an Geometrie mit ihren idealen Objekten. Die Entdeckungen seines Freundes *Theaitetos* über inkommensurable Strecken (nicht durch rationale Brüche darstellbare Verhältnisse) haben ihn tief beeindruckt. Handelt es sich hier doch um eine wesentliche Frage, die nicht durch sinnliches Wahrnehmen, sondern nur durch Denken entschieden werden kann.

Für *Platos* Auffassung dessen, was wir heute Materie nennen, ist eben der Unterschied der idealen geometrischen Objekte von den mit den Sinnen wahrgenommenen Körpern maßgebend. Dieser Unterschied liegt für ihn in einem durch das Denken schwer erfaßbaren, gänzlich passiven Etwas, das er mit verschiedenen weiblichen Wörtern, wie z. B. Aufnehmerin oder Amme für die Ideen bezeichnet. Auch das Wort χώρα für den mit

Materie erfüllten Raum ist hier zu erwähnen. *Aristoteles* hat versucht, dieses unbestimmte weibliche X mehr positiv zu fassen. Er nannte es Hyle und betonte gegenüber den Eleaten, es sei nicht eine bloße privatio, d. h. nicht ein bloßes Fehlen von etwas, sondern wenigstens „der Möglichkeit nach seiend". Dabei war „seiend" seit *Parmenides* zu verstehen als durch „begriffliches Denken erfaßbar" im Gegensatz zu „nicht seiend", das nicht bedeutete schlechthin nicht vorhanden, sondern „dem denkenden Verstand unzugänglich". Das spätere aristotelische Wort Hyle hat *Cicero* mit „materia" ins Lateinische übersetzt, was dann die uns geläufige Begriffsbezeichnung wurde.

Über *Platos* Ideenlehre und seine Theorie der Erkenntnis als Erinnerung (Anamnesis) der Seele an einen früheren Zustand ist soviel geschrieben worden, daß ich mich hier sehr kurz fassen will. Sie haben wie kaum je etwas anderes einen bleibenden Einfluß auf das abendländische Denken gehabt. Auch der Moderne, der in der Bewertung der Sinnesempfindung und des Denkens eine mittlere Stellung sucht, kann in Anlehnung an *Plato* den Vorgang des Verstehens der Natur deuten als eine Entsprechung, das heißt als ein zur Deckung kommen von präexistenten inneren Bildern der menschlichen Psyche mit äußeren Objekten und ihrem Verhalten. Der Moderne sieht allerdings, anders als *Plato*, auch die präexistenten Urbilder nicht als unveränderlich, sondern als relativ zur Entwicklung des bewußten Standpunktes an, so daß das von *Plato* vorzugsweise benützte Wort „dialektisch" sich auch auf den Entwicklungsprozeß der menschlichen Erkenntnis anwenden läßt.

In Weiterbildung pythagoräischer Lehren ist *Platos* Mystik eine lichte Mystik, in der das Verstehen in seinen verschiedenen Graden vom Meinen (δόξα) über das geometrische Wissen (διάνοια) bis zur höchsten Erkenntnis der allgemeinen und notwendigen Wahrheiten (επιστημη) seinen Platz gefunden hat. Die Mystik ist so licht, daß sie über viele Dunkelheiten hinwegsieht, was wir Heutigen weder dürfen noch können. Dies äußert sich z. B. in der Auffassung des Guten bei *Plato* als identisch mit der in der Meditation erkennbaren höchsten „Wirklichkeit". Des *Sokrates* These von der Lehrbarkeit der Tugend und von der Unwissenheit als alleiniger Ursache böser Taten wird zu *Platos* Lehre von der Identität der Idee des Guten mit der Ursache des Wissens vom Wahren und der Wissenschaft.

Während sich diese rational zum axiomatischen System der Geometrie in *Euklids* Elementen (um 300 v. Chr.) entwickelt, das so lange jeder Kritik gegenüber standhielt und erst im 19. Jahrhundert wesentlich erweitert wurde, geht aus der mystischen Seite *Platos* allmählich der Neuplatonismus hervor, der bei *Plotin* (204 bis 270 n. Chr.) seine einigermaßen systematische Formulierung findet. Hier findet man die Identität des Guten mit dem Verstehbaren gegenüber *Plato* selbst ins Extreme gezogen und vergröbert durch die Doktrin, daß die Materie (Hyle) ein bloßes Fehlen (privatio) der Ideen, daß sie überdies das Böse sei und dieses daher eine bloße privatio boni, ein Fehlen des Guten, das nicht Gegenstand des begrifflichen Denkens sein könne. So entstand eine recht bizarr erscheinende Vermischung des ethischen Gegensatzpaares „gut — böse" mit dem naturalistischen oder logischen „seiend — nicht seiend", das wir am ehesten durch „rational — irrational" wiedergeben können.

Mehr als andere philosophische Strömungen der Spätantike erwies sich die neuplatonische als geeignet zur Aufnahme in die frühchristliche Theologie. In der Tat war *Augustin* vor seiner Bekehrung zum Christentum Neuplatoniker, und seither gab es stets mehr oder weniger platonisierende Theologen und Philosophen unter den christlichen Denkern.

Indem ich darauf hinweise, daß das Mittelalter in diesem Referat vertreten ist sowohl durch *Eckhart*, den Meister des gotischen Zeitalters, als auch durch die Alchemie, die sich durch das ganze Mittelalter hinzieht, möchte ich nun hier historisch einen Sprung machen und zur Renaissance übergehen.

Es war eine Epoche außerordentlicher Leidenschaft, des furor, die im 15. und 16. Jahrhundert in Italien die früheren Schranken zwischen den verschiedenen menschlichen Tätigkeiten durchbrach und früher Getrenntes, wie empirische Beobachtung und Mathematik, manuelle Technik und Denken, Kunst und Wissenschaft, in innigsten Zusammenhang brachte. Die maßgebende Philosophie dieser Epoche ist eben ein wiedererstandener, allerdings auch veränderter Neuplatonismus mystischer Prägung, vertreten durch *Marsilio Ficino* (1443—1499). Unter dem Protektorat *Lorenzos di Medici* gründete er die Platonische Akademie in Florenz, deren bedeutendes Mitglied außer ihm selbst *Pico della Mirandola* gewesen ist. Diese Akademie ist zugleich eine Art mystische Sekte, welche ein kontemplatives Leben und die göttliche, metaphysische Inspiration als höchste Werte pflegte. Zum Unterschied von *Plato* selbst, dessen Werke *Ficino*, für lange Zeit maßgebend, ins Lateinische übersetzte, hatte dieser Kreis keine Beziehung zur Mathematik. Seine Prinzipien standen in einem gewissen Gegensatz zur naturwissenschaftlichen, positiv zur Mathematik eingestellten Richtung, wie sie z. B. *Leonardo da Vinci* (1452—1519) vertrat. Das Hauptwerk *Ficinos*, die Theologia platonica, ist ein großangelegter Versuch einer Synthese zwischen der christlichen Theologie und der antiken, heidnischen Philosophie. Zu ihr gehört auch die Idee der Aphrodite Uranie (Venus coelestis), der Vergeistigung des Eros oder Amor, der auch in den ekstatischen Zuständen religiöser Propheten wie Moses und Paulus in Erscheinung tritt und als amor intellectualis Dei etwa unserem Erkenntnistrieb entspricht. Diskussionen über Astrologie und Magie, basiert auf der alten plotinischen Idee der Sympatheia, standen den Mitgliedern der platonischen Akademie näher als naturwissenschaftliche Erörterungen. *Agrippa v. Nettesheim* sowie *Paracelsus* waren durch diese Denkweise stark beeinflußt.

Alles, was einst feststand, scheint aufgerührt in dieser einzigartigen Zeit: Man war für oder gegen *Aristoteles*, für oder gegen das Vakuum, für oder gegen das von *Kopernikus* (1473—1543) wiederentdeckte heliozentrische System. Dies alles war zunächst nicht nüchterne Wissenschaft, sondern religiöse Mystik, die einem neuen kosmischen Gefühl entsprungen ist und sich insbesondere auch in einer Vergöttlichung des Raumes ausdrückte. So vertrat *Francesco Patrizzi* (1529—1597) die Gleichwertigkeit aller Punkte des selbständigen Raumes. Daß dieser seit *Nikolaus von Cues* seine Begrenzung verlor und unendlich gedacht wurde, ermöglichte in Weiterbildung der Philosophie der früheren Rennaissanceplatoniker den der Erkenntnis der Welt zugeneigten Pantheismus *Giordano Brunos* (1548—1600). Von hier führte die spätere, nüchternere Betrachtungsweise des 17. Jahrhunderts weiter zu *Descartes* analytischer Geometrie und zum absoluten Raum in *Newtons* Mechanik.

Damit auch die Schattenseite der außerordentlichen Erweiterung des menschlichen Bewußtseins durch Erschließung ganz neuer Bereiche des Verstehbaren in der Natur nicht vergessen wird, möchte ich nun einen etwas oberflächlichen Vorläufer der neuzeitlichen Naturwissenschaft erwähnen: *Francis Bacon* (1561—1626). Ohne Mathematik sonderlich zu beherrschen, trat er für die Empirie und die induktive Methode ein, was damals neu war. Sein praktisches Ziel war ausdrücklich die Beherrschung der Naturkräfte durch wissenschaftliche Entdeckungen und Erfindungen. Propagandistisch verwendete er hierbei das Schlagwort: „Knowledge is power" (Wissen ist Macht). Ich glaube, daß dieser stolze Wille, die Natur zu beherrschen, tatsächlich hinter der neuzeitlichen Naturwissenschaft steht und daß auch der Anhänger reiner Erkenntnis dieses Motiv nicht ganz leugnen kann. Uns Heutigen wird wieder „vor unserer Gottähnlichkeit bange". In Anwendung eines bekannten Wortes des Historikers *Schlosser* stellt sich uns die bange Frage, ob auch diese Macht, unsere abendländische Macht über die Natur, böse sei.

Zunächst sollte diese die Natur verstehen und damit beherrschen wollende Haltung des Menschen, der sich im Konflikt mit der Einheit der Natur beobachtend und denkend außerhalb stellt, in der Entstehung der neuzeitlichen Naturwissenschaft im „grand siècle", nämlich im 17. Jahrhundert, ihre großen Triumphe feiern. An die Stelle der Weltseele setzte sie das abstrakte mathematische Naturgesetz. Das kopernikanische System führte einerseits zu der noch religiös fundierten, wenn auch bereits empirisch gewordenen Astronomie *Keplers*, andererseits zu sehr nüchternen Fragen, die *Kopernikus* nicht beantworten konnte wie diese: „Warum weht nicht fortwährend ein starker Wind, wenn sich die Erde dreht, warum nimmt auch die Atmosphäre an dieser Drehung teil, warum schießt eine Kanone gleich weit nach Westen wie nach Osten?" Erst *Galileis* Trägheitsgesetz konnte diese Fragen sinnvoll beantworten. Auf die mit *Newtons* „Prinzipien" (1687) abgeschlossene Entwicklung der Mechanik kann ich hier nicht eingehen. In der zur modernen Physik gehörenden Relativitätstheorie *Einsteins* hat sie eine wesentliche Weiterbildung erfahren.

Zu den allgemeinen charakteristischen Erscheinungen des 17. Jahrhunderts gehört die Wiederherstellung neuer Schranken zwischen den einzelnen Disziplinen und Fakultäten und die Spaltung des Weltbildes in die rationale und die religiöse Seite. Diese Dissoziation war unvermeidlich und spiegelt sich sowohl in der Philosophie *Descartes* als auch in *Newtons* theologischen Schriften besonders deutlich wieder.

Ein ähnliches Schicksal hatte um diese Zeit auch der zweite Versuch einer Synthese zwischen einem Heilsweg mit gnostisch-mystischen Elementen und wissenschaftlicher Erkenntnis, derjenige der Alchemie und hermetischen Philosophie. In alter Zeit beginnend, wird sie in der Spätantike seit dem Erscheinen des *Hermes Trismegistos* sehr verbreitet, zieht sich dann, anfangs von arabischen Quellen und ihren lateinischen Übersetzungen gespeist, durch das ganze Mittelalter, um schließlich nach einer Blütezeit im 16. Jahrhundert gegen Ende des 17. Jahrhunderts mit dem Beginn der neuzeitlichen Naturwissenschaft zu verfallen. Auch diesmal erwies sich die Basis der Synthese als zu eng, und das Gegensatzpaar fiel wieder auseinander: in die wissenschaftliche Chemie auf der einen Seite und die von materiellen Vorgängen wieder abgelöste religiöse Mystik, z. B. durch *Jacob Böhme* vertreten, auf der anderen Seite.

Die uns zunächst recht fremdartig anmutenden Voraussetzungen der alchemistischen Philosophie stellen eine gewisse Symmetrie her zwischen Materie und Geist. Dadurch entsteht ein Gegengewicht gegen die einseitig spiritualisierende Tendenz, die der Neuplatonismus gegenüber *Plato* selbst beträchtlich verstärkt hat und die vom Christentum übernommen wurde. Im Gegensatz zur neuplatonischen Identifikation der Materie mit dem Bösen wohnt nach der alchemistischen Auffassung in der Materie ein Geist, der auf Erlösung harrt. Der alchimistische Laborant ist stets mit einbezogen in den Naturlauf in solcher Weise, daß die wirklichen oder vermeintlichen chemischen Prozesse in der Retorte mit den psychischen Vorgängen in ihm selbst mystisch identifiziert sind und mit denselben Worten bezeichnet werden. Fremd ist uns heute die Identifizierung jedes der sieben Planeten mit einem der sieben Metalle, darunter die Identität des Hermes sowohl mit dem Planeten Merkur wie mit dem argentum vivum, dem Quecksilber, das auch seinen Namen mercury behalten hat. Geblieben ist ferner von den Identifizierungen leicht verdampfender, flüchtiger Substanzen mit Geist der Name Spiritus für Alkohol, die Essenz (Wesen) auch für das materielle Resultat der Destillation. Der Erlösungsweg, auch selbst wieder durch den Hermes symbolisiert, ist ein opus (Werk), beginnend mit der Schwärze (nigredo oder melancholia) und endend mit der Herstellung des lapis sapientium, des Steines der Weisen, der als filius philosophorum und filius macrocosmi zu Christus, dem filius microcosmi parallelisiert wird. Die Erlösung des Stoffes durch den ihn verwandelnden Menschen, die in der Herstellung des Steines gipfelt, ist nach alchemistischer Auffassung, zufolge der mystischen Entsprechung von Macrocosmos und Microcosmos, identisch mit der den Menschen erlösenden Wandlung durch das opus, das nur „Deo concedente" gelingt.

Es handelt sich bei der Alchemie um einen psychophysischen Monismus, in einer uns sonderbar anmutenden Einheitssprache ausgedrückt, die im konkret Sichtbaren hängen bleibt. Man darf aber die allgemeine, auf das Einheitserlebnis gerichtete Einstellung des Menschen zur Natur, welche die Alchemie ausdrückt, nicht mit deren Auswüchsen einfach identifizieren, zu denen bekanntlich eine stets vergebliche und oft betrügerische Goldmacherei gehörte.

Goethes naturwissenschaftliche Auffassungen, die der offiziellen Wissenschaft so oft entgegengesetzt waren, werden verständlicher durch deren alchemistische Vorlagen, deren Terminologie insbesondere im Faust ganz offen zu Tage tritt. Als einem Gefühlstyp war *Goethe* das Einheitserlebnis — „nichts ist drinnen, nichts ist draußen, denn was innen, das ist außen" — zugänglicher als die kritische Naturwissenschaft, und nur die Alchemie kam hierbei seiner Gefühlshaltung entgegen. Dies ist der Hintergrund von *Goethes* Auseinandersetzung mit *Newton*, über die schon viel geschrieben worden ist. Weniger bekannt ist die ältere Polemik zwischen *Kepler* als Vertreter der neuentstehenden Naturwissenschaft und dem englischen Arzt *Robert Fludd*, der dem Rosenkranzorden angehörte und die hermetische Tradition vertrat. Ich glaube, man kann auf *Kepler — Fludd* und *Newton — Goethe* mit gutem Recht das alte Sprichwort anwenden: „Was die Alten sungen, das zwitschern die Jungen".

Von der Psychologie des Unbewußten her ist neuerdings *C. G. Jung* daran gegangen, den psychologischen Gehalt der alten alchemistischen Texte auszugraben und unserer Zeit zu erschließen. Ich hoffe, daß dabei noch einiges wertvolle Material zu Tage gefördert werden wird, namentlich über die Rolle der Gegensatzpaare im alchemistischen Opus. Auch für die Psychologie des Unbewußten bedeutet die Alchemie ein Gegengewicht gegen zu starke Spiritualisierung, sie bedeutet ihre Begegnung mit der Materie und mit der übrigen Naturwissenschaft.

Hier stellt sich für die Naturwissenschaft unserer Zeit die wesentliche Frage: „Werden wir auf höherer Ebene den alten psychophysischen Einheitstraum der Alchemie realisieren können, durch Schaffung einer einheitlichen begrifflichen Grundlage für die naturwissenschaftliche Erfassung des Physischen wie des Psychischen?" Wir wissen die Antwort noch nicht. Viele Grundfragen der Biologie, insbesondere die Beziehung des Kausalen und des Zweckmäßigen, und damit auch die psychophysischen Zusammenhänge, haben meiner Ansicht nach noch nicht eine wirklich befriedigende Beantwortung und Aufklärung erfahren.

Die heutige Quantenphysik ist jedoch gemäß der Formulierung *Niels Bohrs* ebenfalls auf komplementäre Gegensatzpaare bei ihren atomaren Objekten gestoßen, wie Teilchen — Welle, Ort — Bewegungsgröße, und muß der Freiheit des Beobachters Rechnung tragen, zwischen einander ausschließenden Versuchsanordnungen zu wählen, die in einer im voraus unberechenbaren Weise in den Naturlauf eingreifen. Hat er einmal seine Versuchsanordnung gewählt, so ist aber auch für den Beobachter der heutigen Physik das objektive Resultat der Beobachtung seiner Beeinflussung entzogen. Verschiedene Physiker haben diese für den Laien nicht leicht verständlichen Sachverhalte an anderer Stelle mehrmals ausgeführt und ich kann hier nur kurz darauf hinweisen:

Die alte Frage, ob unter Umständen der psychische Zustand des Beobachters den äußeren materiellen Naturverlauf beeinflussen kann, findet in der heutigen Physik keinen Platz. Für die alten Alchemisten war die Antwort ganz selbstverständlich bejahend. Im letzten Jahrhundert hat ein so kritischer Geist wie der Philosoph *Arthur Schopenhauer*, ein ausgezeichneter Kenner und Bewunderer *Kants,* in seinem Aufsatz „Animalischer Magnetismus und Magie" sogenannte magische Wirkungen sehr weitgehend für möglich gehalten und in seiner besonderen Terminologie als „direkte, die Schranken von Raum und Zeit durchbrechende Einwirkungen des Willens" gedeutet. Daraufhin kann man wohl nicht sagen, daß apriorische philosophische Gründe ausreichend seien, um solche Möglichkeiten von vornherein abzuweisen. In neuerer Zeit gibt es eine empirische Parapsychologie, die den Anspruch exakter Wissenschaftlichkeit erhebt und mit modernen experimentellen Methoden einerseits, mit moderner mathematischer Statistik andrerseits arbeitet. Sollten sich die positiven Ergebnisse auf dem noch kontroversen Gebiet der „extra sensory perception" (ESP) endgültig bewahrheiten, so könnte dies zu heute noch gar nicht übersehbaren Entwicklungen führen.

Im Lichte unserer schon aus äußeren Gründen übermäßig knapp zusammengedrängten historischen Übersicht können wir sagen, daß die heutige Zeit wieder einen Punkt erreicht hat, wo die rationalistische Einstellung ihren Höhepunkt überschritten und als zu eng empfunden wird.

Außen scheinen alle Gegensätze außerordentlich verschärft. Das Rationale führt einerseits wohl zur Annahme einer nicht direkt sinnlich wahrnehmbaren, durch mathematische oder andere Symbole aber erfaßbaren Wirklichkeit, wie z. B. das Atom oder das Unbewußte. Die sichtbaren Wirkungen dieser abstrakten Wirklichkeit sind aber andererseits so konkret wie atomare Explosionen und keineswegs notwendig gut, sondern zuweilen das extreme Gegenteil. Eine Flucht aus dem bloß Rationalen, bei dem der Wille zur Macht als Hintergrund niemals ganz fehlt, in dessen Gegenteil, z. B. in eine christliche oder buddhistische Mystik, ist naheliegend und gefühlsmäßig verständlich. Ich glaube jedoch, daß demjenigen, für welchen der enge Rationalismus seine Überzeugungskraft verloren hat und dem auch der Zauber einer mystischen Einstellung, welche die äußere Welt in ihrer bedrängenden Vielheit als illusorisch erlebt, nicht wirksam genug ist, nichts übrig bleibt, als sich diesen verschärften Gegensätzen und ihren Konflikten in der einen oder anderen Weise auszusetzen. Eben dadurch kann auch der Forscher, mehr oder weniger bewußt, einen inneren Heilsweg gehen. Langsam entstehen dann zur äußeren Lage kompensatorisch innere Bilder, Phantasien oder Ideen, welche eine Annäherung der Pole der Gegensatzpaare als möglich aufzeigen. Gewarnt durch den Mißerfolg aller verfrühten Einheitsbestrebungen in der Geistesgeschichte, will ich es nicht wagen, über die Zukunft Voraussagen zu machen. Entgegen der strengen Einteilung der Aktivitäten des menschlichen Geistes in getrennte Departemente seit dem 17. Jahrhundert, halte ich aber die Zielvorstellung einer Überwindung der Gegensätze, zu der auch eine sowohl das rationale Verstehen wie das mystische Einheitserlebnis umfassende Synthese gehört, für den ausgesprochenen oder unausgesprochenen Mythos unserer eigenen, heutigen Zeit.

17

Naturwissenschaftliche und erkenntnistheoretische Aspekte der Ideen vom Unbewußten

Der 80. Geburtstag von *C. G. Jung*, dem Vertreter der neuesten Richtung der Psychologie des Unbewußten, am 26. Juli dieses Jahres veranlaßt mich zu dem sicherlich gewagten Versuch, als Außenstehender durch vergleichende Betrachtung der Ideen über das Unbewußte mit denen anderer Wissensgebiete Gesichtspunkte über die hier vorliegenden Probleme und Möglichkeiten künftiger Entwicklungen zu gewinnen. Da mir nur der Standpunkt des Naturwissenschaftlers direkt zugänglich ist, müssen alle praktischen Anwendungen, die in das medizinische Gebiet der Therapie fallen, hier außer Betracht bleiben.

1. Das Beobachtungsproblem

Während sich im letzten Jahrhundert aus Andeutungen *Kants* über *Schelling* bei *C. G. Carus* und *E. von Hartmann* eine Philosophie des Unbewußten entwickelte, entstand in etwa derselben Zeit die Idee des physikalischen Feldes aus *Faradays* anschaulichen Bildern bis zu *Maxwells* Gesetzen des elektromagnetischen Feldes. So wie diesem gedanklich eine Realität zugeordnet wurde, unabhängig davon ob es durch geeignete Mittel (geladene Körper, Eisenfeilspäne, Magnetnadel usw.) sichtbar gemacht wird oder nicht, so wurde dem Unbewußten eine Realität zugesprochen als Randschicht unterschwelliger „Inhalte", die jedoch die im Bewußtsein wahrgenommenen Vorgänge unter Umständen beträchtlich beeinflussen können. Dieser Vergleich einer das Bewußtsein umgebenden psychischen Schicht, die nicht direkt wahrnehmbar ist, mit einem physikalischen Feld, speziell einem Magnetfeld, wurde tatsächlich bereits 1902 von *William James* ausgeführt [1]:

The important fact which this „field" formula commemorates is the indetermination of the margin. Inattentively realized as is the matter which the margin contains, it is nevertheless there, and helps both to guide our behavior and to determine the next movement of our attention. It lies around us like a „magnetic field", inside of which our centre of energy turns like a compass-needle, as the present phase of consciousness alters into its successor. Our whole past store of memories floats beyond its margin, ready at a touch to come in; and the entire mass of residual powers, impulses, and knowledges that constitute our empirical self streches continuously beyond it. So vaguely drawn are the outlines between what is actual and what is only potential at any moment of our conscious life, that it is always hard to say of certain mental elements whether we are conscious of them or not.

Dieses unterschwellige Etwas, das gleichsam von hinter der Szene das Bewußtsein lenkt, wurde das „Unterbewußte" genannt. *Freud,* sein erster Entdecker und Erforscher, wollte es ursprünglich zurückführen auf aus dem Bewußtsein Verdrängtes, so daß dieses Unterbewußte durch Aufheben der Verdrängung wieder beseitigt werden kann.

Das „Unterbewußte" erwies sich bald als von verwickelterer Struktur als ursprünglich angenommen wurde. Insbesondere führte *Jung* den Nachweis, daß es nur zum kleinen Teil aus Verdrängtem, zu einem wesentlichen Teil jedoch aus archaischen, kollektiven Inhalten besteht, die vorher niemals im Bewußtsein waren und eben die Autonomie und Eigengesetzlichkeit des „Unbewußten" bedingen, wie es, zur älteren Terminologie der Philosophen zurückkehrend, nun wieder genannt wurde.

Inzwischen hatte auch der physikalische Feldbegriff neue Probleme gezeigt. Solange die als Beobachtungsmittel verwendeten Probekörper (wie z. B. Eisenfeilspäne) das bereits vor ihrer Anwendung vorhandene Feld getreu anzeigen ohne es merklich zu stören, ist die Sachlage verhältnismäßig einfach. Wenn man aber im Atomaren in einen Bereich kommt, wo die Rückwirkung der felderzeugenden Körper (wie z. B. der Elektronen) auf das ursprüngliche Feld nicht mehr vernachlässigbar, ja nicht mit Sicherheit kompensierbar ist, gerät man in eine Problematik, die als Dualismus von Feld und Quellen des Feldes heute noch fortbesteht.

Diese Problematik ist ein Teil der in der Quantenmechanik wesentlichen Tatsache, daß die Wechselwirkungen der Meßinstrumente mit dem beobachteten System teilweise unbestimmbar bleiben, sobald die Endlichkeit des Wirkungsquantums ins Spiel kommt. Zur Festlegung der Eigenschaften der atomaren Objekte hat der Beobachter gemäß dieser Theorie die freie Wahl zwischen Versuchsanordnungen, die einander im allgemeinen ausschließen. Insbesondere betrifft dies Bewegungsgröße und Energie einerseits, den raumzeitlichen Ablauf der Prozesse andrerseits (*Heisenbergs* Unsicherheitsrelation, *N. Bohrs* Komplementarität). Die Stellung des Beobachters ändert sich dementsprechend in der Quantenphysik von der eines verborgenen Zuschauers zu der eines Handelnden, dessen Wirkungen auf das von ihm mit geeigneten Instrumenten beobachtete System nicht mehr kompensiert werden können.

Diese Sachlage der „Komplementarität" macht es notwendig, als logische Verallgemeinerung der deterministischen Form der Naturgesetze der „klassischen" Physik, primäre Wahrscheinlichkeiten in die Physik einzuführen [2]. Diese sind durch Felder in mehrdimensionalen

Räumen bestimmt, welche die Statistik von unter gleichartigen Anfangsbedingungen ausgeführten Meßreihen beschreiben und für den Einzelfall einer Messung nur Möglichkeiten ausdrücken. Zum Unterschied von den Feldern der klassischen Physik kann man diese „Wahrscheinlichkeitsfelder", die auch als „Erwartungskataloge" bezeichnet worden sind, nicht zugleich an verschiedenen Orten ausmessen. Macht man an einem Ort eine Messung, so bedeutet das den Übergang zu einem neuen Phänomen mit veränderten Anfangsbedingungen, zu denen eine neue Gesamtheit zu erwartender Möglichkeiten, demnach ein überall neu anzusetzendes Feld gehört. Die Phänomene haben somit in der Atomphysik eine neue Eigenschaft der Ganzheit, indem sie sich nicht in Teilphänomene zerlegen lassen, ohne das ganze Phänomen dabei jedes Mal wesentlich zu ändern.

Hat der physikalische Beobachter einmal seine Versuchsanordnungen gewählt, so hat er keinen Einfluß mehr auf das Resultat der Messung, das objektiv registriert allgemein zugänglich vorliegt. Subjektive Eigenschaften des Beobachters oder sein psychischer Zustand gehen in die Naturgesetze der Quantenmechanik ebensowenig ein wie in die der klassischen Physik.

Mit feinem Einfühlungsvermögen in psychologische und physikalische Parallelen hat *Ch. de Montet* [3] die hier geschilderte Situation in der Quantenphysik charakterisiert als „das Opfer und die Wahl". Gegenüber der allgemeineren psychologischen Situation des Opfers besteht in der Physik, neben der Übereinstimmung des Aufgebens gewisser Werte (Verlust an Kenntnissen) zu Gunsten anderer, der wesentliche Unterschied, daß bei der physikalischen Messung die „Gabe des Opfernden" nicht ein Teil seiner selbst, sondern ein Stück Außenwelt ist, wonach auch keine Wandlung des Beobachters erfolgt. Nach der Messung bleibt das beobachtete System, wieder getrennt vom Beobachter, sich selbst überlassen.

Es liegt nahe, den inneren Vorgang der Sinneswahrnehmung, allgemeiner jedes Erscheinens eines neuen Bewußtseinsinhaltes, mit der Beobachtung in der Physik zu vergleichen [4], insofern die physikalischen Meßinstrumente als technische Erweiterung der Sinnesorgane des Beobachters aufgefaßt werden können. Im ersteren Fall bleibt jedoch der neue Bewußtseinsinhalt dem wahrnehmenden Subjekt als Bestandteil einverleibt. Da das Unbewußte nicht quantitativ meßbar und demnach nicht mathematisch beschreibbar ist und da jede Erweiterung des Bewußtseins („Bewußtmachung") das Unbewußte rückwirkend verändern muß, ist in bezug auf das Unbewußte ein „Beobachtungsproblem" zu erwarten, das wohl Analogien zu demjenigen in der Atomphysik aufweist, aber noch beträchtlich größere Schwierigkeiten enthält. Diese müssen sich in logischen Paradoxien äußern, wenn man versucht, das Unbewußte begrifflich zu erfassen. Zum Beispiel ist auch der Traum, nach *Freud* ein „Königsweg" zum Unbewußten, erkenntnistheoretisch betrachtet, bereits ein Bewußtseinsinhalt, nachdem man sich an ihn beim Erwachen erinnert hat; überdies ist er ein psychophysischer Vorgang, insofern ihn physiologische Vorgänge im Gehirn notwendig begleiten. Die bloße Wahrnehmung des Traumes hat den Zustand des Unbewußten, wenn man so sagen darf, bereits verändert und hierdurch, analog zur messenden Beobachtung in der Quantenphysik, ein neues Phänomen geschaffen. Das bewußte Nachdenken über einen Traum muß dann eine noch weitergehende Veränderung des Unbewußten zur Folge haben, für die in der Physik kein direktes Analogon mehr vorliegt.

Die folgenden Zitate sollen nun zeigen, wie die durch das Beobachtungsproblem veranlaßten logischen Paradoxien in Formulierungen *C. G. Jungs* [5] über das Unbewußte zu Tage treten.

Er nennt die Inhalte des Bewußtseins „zugleich bewußt und unbewußt, das heißt unter einem gewissen Aspekt bewußt, unter einem anderen unbewußt" und fügt hinzu:

> Wie jedes Paradoxon, so erscheint auch diese Feststellung nicht leicht verständlich. Wir müssen uns aber wohl an den Gedanken gewöhnen, daß das Bewußtsein kein Hier und das Unbewußte kein Dort ist. Die Psyche stellt vielmehr eine bewußt-unbewußte Ganzheit dar [6].

Über den hier neben dem Gegensatzpaar bewußt-unbewußt auftretenden Begriff „die Psyche" habe ich bisher noch nicht gesprochen. Im Einklang mit dem angeführten Zitat wurde sie von *Jung* früher definiert als „die Gesamtheit aller psychischen Vorgänge, der bewußten wie der unbewußten" [7].

Einige Seiten später als das zuerst angeführte Zitat [8] heißt es jedoch:

> Stoff sowohl wie Geist erscheinen in der seelischen Sphäre als kennzeichnende Eigenschaften von Bewußtseinsinhalten. Beide sind ihrer letzten Natur nach transzendental, das heißt unanschaulich, indem die Psyche und ihre Inhalte die einzige Wirklichkeit darstellen, die uns unmittelbar gegeben ist.

Es ist nicht die Unanschaulichkeit von Stoff und Geist, die hierbei logische Schwierigkeiten macht, sondern das „unmittelbare Gegebensein" der Psyche, das im letzten Nachsatz behauptet wird. Denn wie kann „die Gesamtheit der bewußten wie der unbewußten Vorgänge", wie kann eine „bewußt-unbewußte Ganzheit" „unmittelbar gegeben sein"?

Dem Physiker wie dem naiven Verstande will es scheinen, daß nur die Bewußtseinsinhalte „unmittelbar gegeben" sind. Darüber hinaus aber ist es dem Physiker fraglich, ob eine „bewußt-unbewußte Ganzheit" nicht vielleicht weit über das hinausgeht, was noch als „Psyche" bezeichnet werden kann. Ja, er ist nicht davon überzeugt, daß neben dem „Psychischen" als Adjektivum *), zu dem sicherlich Triebe, Affekte und Sinnestätigkeiten gehören, der Umfang der „Psyche" als Substantivum sich notwendig als sinnvolle Frage einer naturwissenschaftlichen Betrachtung stellt. Denn der Gebrauch des Substantivums „Psyche", das ja an die platonische Philosophie und ihre Weltseele erinnert, schließt die Gefahr in sich, daß hierdurch das Psychische unwillkürlich zu stark isoliert vorgestellt wird vom materiellen Naturgeschehen, dessen atomarer Bereich ebenso wie das Unbewußte nur indirekt, nicht an und für sich feststellbar ist.

Der Gebrauch des Hauptwortes Psyche in der Psychologie sollte den Gegensatz zum mechanistischen Weltbild betonen, das alles Geschehen auf die damals bekannte deterministische Physik zurückführen wollte. Inzwischen brachte *Plancks* Wirkungsquantum, seit 1900 ein fremder Eindringling in dieses begrenzte Weltbild, eine Revolution der Physik, die unter Benützung von „Korrespondenzargumenten" mit der Aufstellung der Quanten- oder Wellenmechanik 1927 einen vorläufigen Abschluß fand. Die Physiker, die diese Entwicklung miterlebt haben, zeigen entweder eine regressive Sehnsucht nach dem früheren Zustand, oder sie erwarten eine Entwicklung, die vom alten „klassischen" Ideal der Naturerklärung noch weiter wegführen wird. Diese zweite Kategorie von Physikern, zu der ich mich selbst zähle, ist demnach geneigt, auch den Anwendungsbereich der heutigen Atomphysik für begrenzt zu halten, und ist durchaus gewillt, auch einen Vorgang an einem materiellen Substrat als etwas noch Unverstandenes anzusehen, wenn dabei diejenige Zielgerichtetheit, Zweckmäßigkeit und Ganzheit ins Spiel kommt, die wir als charakteristisch für das Leben und das Lebendige ansehen. So betont zum Beispiel *Bohr* eine neue Seite des Beobachtungsproblems, indem er vermutet, daß die zusätzliche Bedingung für ein Experiment, daß ein Organismus bei diesem am Leben bleiben soll, der Nachprüfbarkeit und Anwendungsmöglichkeit der quantenphysikalischen Gesetze des Anorganischen auf ein lebendes Objekt eine prinzipielle Grenze setzt [9]. Auf diese Weise scheinen die p s y -

---

*) Bei dieser Gelegenheit möchte ich auf eine logische Merkwürdigkeit aufmerksam machen, die in dem Gebrauch der Wortverbindung „psychische Aussage" bei *C. G. Jung* enthalten ist. Es handelt sich hierbei keineswegs um eine Einteilung der Aussagen in psychische und nichtpsychische, sondern um die a l l e n Aussagen u n a b h ä n g i g v o n i h r e m I n h a l t zukommende Eigenschaft, ein Bewußtseinsinhalt des Aussagenden, „also psychisch" (somit auch hinsichtlich psychologischer Bedingungen untersuchbar) zu sein. Vom Standpunkt der formalen Logik aus erscheint demnach die so gebrauchte Wortverbindung „psychische Aussage" p l e o n a s t i s c h , analog wie „weiße Schimmel".

chophysischen Zusammenhänge, denen wir ja häufig und alltäglich begegnen, aufs neue in den Mittelpunkt der wissenschaftlichen Entwicklung gerückt [10]. Diese bildeten seit dem 17. Jahrhundert eine beträchtliche Verlegenheit für das Weltbild der „klassischen" Physik, indem eben hier außer dem gewöhnlichen, kausalen Zusammenhang ein andersartiger Zusammenhang, der „parallelistische" postuliert werden mußte. Besteht ein parallelistischer Zusammenhang nur bei den Zuordnungen von physischen und psychischen Vorgängen, nicht auch noch bei anderen Gelegenheiten? Und bedeutet ein parallelistischer Zusammenhang nicht die Berechtigung der Forderung, das einander Zugeordnete, „Entsprechende" (Korrespondierende) auch begrifflich als eine Wesenseinheit zu erfassen?

Es erscheint mir nun überaus bemerkenswert, daß auch die neueste Richtung in der Psychologie des Unbewußten, nämlich die von *C. G. Jung* vertretene, eine Entwicklung in Richtung der Anerkennung des Nichtpsychischen in Verbindung mit dem Problem der psychophysischen Einheit genommen hat. Der erste Schritt hierzu war ihre Begegnung mit der Alchemie [11], die ich hier als ein echtes „Symbol" [12] auffassen möchte. Die Alchemie war eine Doktrin mit mystisch-gnostischen Elementen, deren Sprache durch uns heute fremd gewordene Identifikationen *) die psychophysische Einheit sowie auch die Einheit des Geschehens im Experimentator (im „Artisten", wie die Alchemie sagte) mit dem Geschehen im Stoff (Entsprechung von Mikro- und Makrokosmos) immer aufs neue in extremer Form zum Ausdruck brachte. Die *Jung*sche Psychologie traf hier also auf die Materie und, insofern die Alchemie die Vorläuferin der späteren wissenschaftlichen Chemie war, auch auf die übrige Naturwissenschaft. Es überrascht uns nicht, daß bald nach dem ersten Stattfinden dieser Begegnung mit der Alchemie das psychophysische Problem und auch das Problem der Einbeziehung des Beobachters in den Naturlauf in dieser Psychologie aktuell wird. In der Tat hat *Jung* 1946 [13] einschneidende Änderungen in den von ihm verwendeten Begriffen vorgenommen, um diesen Grundproblemen Rechnung zu tragen. Er tut es insbesondere auch im Hinblick auf die Phänomene der „Extra sensory perception" (ESP), auf die ich am Ende des nächsten Paragraphen noch kurz zurückkomme.

Dem Nichtpsychischen versucht *Jung* durch einen besonderen Begriff „psychoid" [14] Rechnung zu tragen, ferner durch eine Veränderung sei-

*) Ich erinnere an die Entsprechungen: sieben Planeten = sieben Metalle, darunter Planet Merkur = Hermes = Quecksilber; Spiritus (Geist) = Alkohol usw. Ist es ein Zufall, daß *Freud* auf den alchemistischen Ausdruck „Sublimieren" gestoßen ist?

nes älteren Begriffes „Archetypen" *), der ursprünglich synonym mit „urtümliches Bild" gebraucht wurde. Dieser Begriff der Psychologie *Jungs*, den ich hier nicht als bekannt voraussetze, möge durch die folgenden chronologisch geordneten Zitate, auch hinsichtlich seiner allmählichen Veränderung und Entwicklung kurz erläutert werden. Er ist nicht zu trennen von *Jungs* bereits erwähnter Idee einer kollektiv-archaischen Schicht des Unbewußten, die imstande ist, mythologische Motive spontan zu reproduzieren.

Psychologische Typen (1921), *Definitionen* (siehe „Bild"):

Das urtümliche Bild, das ich andernorts auch als „Archetypus" bezeichnet habe, ist immer kollektiv, das heißt es ist mindestens ganzen Völkern, oder Zeiten gemeinsam ...

Das urtümliche Bild ist ein mnemischer Niederschlag, ein Engramm (Semon) das durch Verdichtung unzähliger, einander ähnlicher Vorgänge entstanden ist. Das urtümliche Bild ist Vorstufe der Idee, es ist ihr Mutterboden.

Über die Energetik der Seele (Psychol. Abhandlungen, Bd. II, Zürich 1928), S. 198:

Archetypen sind typische Formen des Auffassens, und überall, wo es sich um gleichmäßige und regelmäßig wiederkehrende Auffassungen handelt, handelt es sich um einen Archetypus, gleichviel ob dessen mythologischer Charakter erkannt wird oder nicht.

Psychologie und Religion, Zürich 1940, S. 93:

... Sogar Träume sind zu einem sehr hohen Grade aus kollektivem Material gemacht, ebenso wie in der Mythologie und im Folklore verschiedener Völker gewisse Motive sich in fast identischer Form wiederholen. Ich habe diese Motive Archetypen genannt und verstehe darunter Formen oder Bilder kollektiver Natur, welche ungefähr auf der ganzen Erde als Konstituenten der Mythen und gleichzeitig als autochthone, individuelle Produkte unbewußten Ursprungs vorkommen. Die archetypischen Motive stammen wahrscheinlich aus jenen Prägungen des menschlichen Geistes, die nicht nur durch Tradition und Migration, sondern auch durch Vererbung überliefert werden. Die letztere Hypothese ist unerläßlich, da sogar komplizierte archetypische Bilder ohne jede Möglichkeit direkter Tradition spontan reproduziert werden können.

Ebenda, S. 186 (Wir nehmen an)

daß eine bestimmte unbewußte Bedingung als ein vererbtes Apriori vorhanden ist. Mit einer solchen Annahme meine ich natürlich nicht eine Vererbung von

---

*) Prof. *E. Panofsky* (Princeton) teilte mir freundlichst mit, daß die älteste bekannte Literaturstelle, wo das griechische Wort *ἀρχέτυπος* erwähnt ist, sich bei Cicero, Briefe an Atticus 12,5 und 16,3, findet, der das Wort ins Lateinische übersetzte. Ciceros griechische Quellen sind uns nicht bekannt. Durch dessen Autorität wurde das Wort in der Spätantike sehr gebräuchlich.

Vorstellungen, welche schwer, wenn nicht unmöglich zu beweisen wäre. Ich vermute eher, daß die vererbte Eigenschaft so etwas sei wie die formale Möglichkeit, dieselben oder wenigstens ähnliche Ideen wieder hervorzubringen. Ich habe die Möglichkeit „Archetypus" genannt. Ich verstehe unter Archetypus demnach eine strukturelle Eigenschaft oder Bedingung, welche der mit dem Gehirn irgendwie verbundenen Psyche eigentümlich ist.

Eranos Jahrbuch 1946, hier zitiert Neudruck in *W. d. B.* (1954), S. 577:

Man muß sich stets bewußt bleiben, daß das, was wir mit „Archetypus" meinen, an sich unanschaulich ist, aber Wirkungen hat, welche Veranschaulichungen, nämlich die archetypischen Vorstellungen, ermöglichen.

S. 573 (Archetypus ist)

nicht nur Bild, sondern zugleich auch Dynamis, welch letztere in der Numinosität, der faszinierenden Kraft des archetypischen Bildes sich kundgibt.

S. 579:

Wie das „Psychisch-Infrarote", das heißt die biologische Triebseele allmählich in die physiologischen Lebensvorgänge und damit in das System chemischer und physikalischer Bedingungen übergeht, so bedeutet das „Psychisch-Ultraviolette", das heißt der Archetypus, ein Gebiet, das einerseits keine Eigentümlichkeiten des Physiologischen aufweist, andrerseits und in letzter Linie auch nicht mehr als psychisch angesprochen werden kann, obschon es sich psychisch manifestiert. Obgleich es keine Existenzform gibt, die uns nicht ausschließlich psychisch vermittelt wäre, so kann man doch nicht alles als bloß psychisch erklären. Dieses Argument müssen wir folgerichtiger Weise auf die Archetypen anwenden.

S. 601:

Die nicht quantitativ, sondern nur qualitativ zu bestimmenden Wirkungseinheiten des Unbewußten, nämlich die sogenannten Archetypen, haben daher eine Natur, die man nicht mit Sicherheit als psychisch bezeichnen kann.

S. 602 (Archetypen sind)

. . . aus der Empirie abgeleitete Postulate, . . ., deren Inhalte, wenn überhaupt solche vorhanden sind, nicht vorgestellt werden können. Archetypen erscheinen erst in der Beobachtung und Erfahrung, nämlich dadurch, daß sie Vorstellungen anordnen, was jeweils unbewußt geschieht und darum immer erst nachträglich erkannt wird.

Aion (1951), S. 260 (Es handelt sich um)

gewisse komplexe Vorstellungsformen, um die sogenannten Archetypen, welche als die unbewußten Anordner der Vorstellungen zu vermuten sind. Die Triebkraft, welche zu diesen Gestaltungen Anlaß gibt, läßt sich von dem bewußtseinstranszendenten Tatbestand, den man als Instinkt bezeichnet, nicht unterscheiden. Es ist daher keinerlei Anlaß vorhanden, unter dem Archetypus irgend etwas anderes zu verstehen, als die Gestalt des menschlichen Instinktes.

W. d. B. (1954), S. 5:

„Archetypus" ist eine erklärende Umschreibung des platonischen $\varepsilon\iota\delta o\varsigma$.

S. 6:

Der Archetypus stellt wesentlich einen unbewußten Inhalt dar, welcher durch seine Bewußtwerdung und das Wahrgenommensein verändert wird, und zwar im Sinne des jeweiligen individuellen Bewußtseins, in welchem er auftaucht.

Dazu Note 4:

Man muß, um genau zu sein, zwischen „Archetypus" und „archetypischen Vorstellungen" unterscheiden. Der Archetypus stellt an sich eine hypothetische unanschauliche Vorlage dar, wie das in der Biologie bekannte „pattern of behaviour".

Die angeführten Zitate mögen dem Leser ein Bild geben von der Funktion des Begriffes „Archetypus" in der *Jungs*chen Psychologie und seiner Wandlung von der ursprünglichen Bedeutung des „urtümlichen Bildes" zum unanschaulichen Strukturelement des Unbewußten, einem Regulator, der Vorstellungen anordnet. Persönlich erblicke ich hierin erste Anzeichen des Erkennens von Ordnungsprinzipien, die in bezug auf die Unterscheidung psychisch-physisch neutral [15], aber im Gegensatz zur konkretistischen psychophysischen Einheitssprache der alten Alchemie idealabstrakt, das heißt an und für sich unanschaulich sind. Deutlich erscheinen die großen Schwierigkeiten und Paradoxien des Beobachtungsproblems. Diese Wandlungen der Ideen vom Unbewußten zeigen, daß sie, in logischer Hinsicht noch entfernt von einer abschließenden Durcharbeitung, der Ausdruck einer in Entwicklung begriffenen Forschung sind. Der Physiker weiß wohl, wie beides oft Hand in Hand geht und wie vergeblich es ist, was im Fluß ist, sei es durch bloße Wiederholung, sei es mit einer logisch durchgearbeiteten Axiomatisierung festzuhalten. In einem solchen Fall halte ich es für wichtig, die Forschung von einem allgemeineren Standpunkt als dem des Spezialgebietes zu betrachten.

2. Anwendungen der Ideen vom Unbewußten in quantitativen Wissenschaften

Ohne mich in sehr allgemeine Erörterungen einzulassen über alte philosophische Probleme, die mit dem Angeordnetsein unserer Vorstellungen zusammenhängen, wie zum Beispiel die Übereinstimmung der Denkformen mit den Seinsformen, will ich hier einige Anwendungen der Ideen vom Unbewußten auf quantitative Wissenschaften diskutieren. Hierfür erweisen sich Mathematik, Biologie sowie Grenzgebiete zwischen Psychologie und Physik als geeignet.

Auf der Suche nach Anwendungen des Begriffes Archetypus außerhalb der modernen Psychologie des Unbewußten stieß ich zunächst auf die historische Tatsache, daß *Kepler* die Worte „Archetypus“ und „archetypalis“ ausgedehnt und regelmäßig verwendet, und zwar in einem ähnlichen Sinne wie *Jung*, nämlich als „Urbild“ [16]. Allerdings ist *Keplers* Anwendungsbereich dieses Begriffes ein speziellerer: er erstreckt sich ausschließlich auf m a t h e m a t i s c h e Ideen. So nennt *Kepler* die Geometrie den „Archetypus der Schönheit der Welt“ und nennt die mathematischen Proportionen, die er als von Ewigkeit her der Seele des Menschen als dem Ebenbild des Schöpfers eingepflanzt auffaßt, auch archetypische Harmonien. Durch meinen Lehrer *A. Sommerfeld* wußte ich wohl, wie diese bei *Kepler* erscheinenden pythagoräischen Elemente noch heute lebendig sind [17]. Es ist jene alte seelische „Dynamis“ der Zahl, die immer noch wirksam ist, einst ausgedrückt in der alten Doktrin der Pythagoräer, daß die Zahlen der Ursprung aller Dinge seien und als Harmonien die Einheit in der Vielheit darstellen.

Wenn also heute ein allgemeiner Begriff „Archetypus“ verwendet wird, so sollte er so gefaßt werden, daß die „mathematische Urintuition“ mit darunter fällt, die sich unter anderem in der Arithmetik in der Idee der unendlichen Reihe der ganzen Zahlen, in der Geometrie in der Idee des Kontinuums äußert. Sicherlich handelt es sich hier um „gleichmäßige und regelmäßig wiederkehrende Auffassungen“. Es schiene mir von Interesse, das Spezifische derjenigen „archetypischen Vorstellungen“, welche die Grundlage der Mathematik bilden, im Vergleich mit allgemeineren archetypischen Vorstellungen genauer herauszuarbeiten.

Bekanntlich hat es sich ja als unmöglich erwiesen, die Widerspruchsfreiheit der Analysis, wie sie in der Physik stets gebraucht wird, auf formalem Wege aus sich selbst zu beweisen. Dann muß aber der Grund für diese Widerspruchslosigkeit außerhalb der Mathematik selbst gesucht werden, so daß sie als Naturtatsache erscheint, die mit der Funktionsweise des menschlichen Geistes zusammenhängt. Auch hier stößt man also auf die Tatsache des Angeordnetseins unserer Vorstellungen.

Auch angesichts der höchsten Errungenschaften des menschlichen Geistes wie der Mathematik sollte nicht die Kontinuität des Lebens vergessen werden, welche das Entstehen von Begriffen nach rückwärts mit den Phänomenen der Anpassung bei allen lebenden Organismen verbindet — eingedenk der alchemistischen Auffassung, daß der Geist „der uralte Sohn der Mutter“ ist. Allzu lange schon ist *Jungs* Auffassung liegen geblieben, daß die Archetypen ein hereditärer Niederschlag der Ahnenreihe seien.

Wie sind sie im Laufe der biologischen Evolution entstanden, wie haben sie sich dabei verändert?

Es führt dies auf die Frage, wie spezifische Verhaltungsweisen (patterns of behaviour), wie Instinkte erworben und vererbt werden, ein Gebiet, das mir trotz des großen Erfolges der modernen Genetik noch recht dunkel zu sein scheint [18]. Bekanntlich scheitert die ältere lamarckistische Auffassung, wonach „die Funktion das Organ hervorbringt" [19] an der empirischen Feststellung, daß „individuell erworbene Eigenschaften nicht vererbt werden". Andrerseits sind vererbte Instinkthandlungen (wie z. B. Richtung des Fluges von Zugvögeln) bekannt, die doch irgendeinmal erworben wurden.

Heute scheint unter den Biologen ein theoretisches Modell der biologischen Evolution weitgehende Anerkennung gefunden zu haben, das auf einer Verbindung von „richtungslosen (random) Mutationen" mit „Selektion" beruht. Letztere, von *Darwin* übernommen, bringt den Einfluß des Milieus zum Ausdruck [20]. Dieses Modell der Evolution ist ein Versuch, entsprechend den Ideen der zweiten Hälfte des 19. Jahrhunderts, an der völligen Elimination aller Finalität theoretisch festzuhalten. Diese muß dann in irgend einer Weise durch Einführung des „Zufalls" (chance) ersetzt werden.

Als Physiker möchte ich hier das kritische Bedenken geltend machen*), daß dieses Modell bisher durch keine positive Wahrscheinlichkeitsbetrachtung gestützt ist. Eine solche müßte in einem Vergleich der aus dem Modell folgenden theoretischen Zeitskala der Evolution mit ihrer empirischen Zeitskala bestehen: es müßte gezeigt werden, daß auf Grund des angenommenen Modelles de facto vorhandenes Zweckmäßiges eine genügende Chance hatte, innerhalb der empirisch bekannten Zeit zu entstehen. Eine solche Betrachtung wird jedoch nirgends versucht**) [21]. Statt dessen wird die Aufmerksamkeit von dieser Hauptfrage abgelenkt durch Hinweise, daß Unzweckmäßiges sicher zu Grunde geht oder daß gewisse ältere „vitalistische" Begriffe (die gewöhnlich auf „-kraft" enden) versagen.

---

*) Ich weiß, daß diese Kritik von einigen Physikern und Mathematikern geteilt wird. Jedoch glaube ich, daß es die Probleme selbst sind, die hier Schwierigkeiten machen, nicht die Physiker.

**) Die Kritik trifft auch das Buch von *Rensch* [10], in welchem dieses Modell akzeptiert wird. Insbesondere hinsichtlich der Zeitskala der in diesem Buch definierten und festgestellten „Anagenese" (Höherentwicklung) müßte das Modell durch eine solche positive Betrachtung gestützt werden.

Während es sich bei den gesicherten Ergebnissen der Genetik [22] (ebenso wie in der Atomphysik) um statistische Gesetze handelt, die durch Versuchsreihen an häufig vorkommenden reproduzierbaren Ereignissen aufgefunden und verifiziert wurden, sind für die biologische Evolution seltene oder sogar einmalige Ereignisse besonders wichtig [23]. Als Außenstehender muß ich mich damit begnügen, auf diesen grundsätzlichen Unterschied hinzuweisen und festzustellen, daß die hier vorliegenden, sicherlich sehr komplexen Phänomene mir noch unanalysiert und unverstanden erscheinen.

Zum Schluß will ich noch auf das kontroverse Thema der „extra sensory perception" (ESP) kurz eingehen, das ein Grenzgebiet von Physik und Psychologie darstellt und ebenso gut als „Parapsychologie" wie als „Biophysik" bezeichnet werden kann. Es liegen hierüber bereits quantitative Experimente vor, die mit wissenschaftlicher Methodik ausgeführt sind und die moderne mathematische Statistik anwenden [24]. Meistens handelt es sich um das Erraten von Figuren oder von Bildern auf Karten. Dieses Grenzgebiet hat bereits vielfach Interesse bei Physikern gefunden, vielfach aber auch Ablehnung. Einige sprechen von experimentellen oder mathematischen Fehlern, andere sagen vorsichtiger, daß sie sich „dabei nicht wohl fühlen". Zum ersten ist zu sagen, daß sich bei den mit Vorsicht ausgeführten Experimenten meines Wissens Fehler nicht wirklich haben nachweisen lassen. Allerdings handelt es sich immer um relativ seltene, teilweise an eine besondere Begabung der Versuchspersonen geknüpfte Phänomene. Zum Zweiten möchte ich darauf hinweisen, daß erkenntnistheoretische a-priori-Gründe nicht ausreichen dürften, um die Existenz von ESP von vornherein abzulehnen. Hat doch ein so überaus kritischer Philosoph wie *Schopenhauer* parapsychologische Effekte, sogar weit über das durch die wissenschaftliche Empirie Gesicherte hinausgehend, nicht nur für möglich gehalten, sondern als Stütze seiner Philosophie betrachtet [25]. Die Frage der Existenz von ESP muß also durch die kritische Empirie entschieden werden.

Die neueren Untersuchungen solcher Phänomene machen die alte Frage, wie der psychische Zustand der Versuchspersonen in das äußere Geschehen eingeordnet ist, aufs neue aktuell. Lassen sich die ESP-Phänomene künstlich positiv oder negativ beeinflussen? Die bisherigen Ergebnisse zeigen übereinstimmend den sogenannten „Ermüdungs- (decline) effekt", der auf die Wichtigkeit des emotionalen Faktors bei der Versuchsperson hinweist.

Schopenhauer spricht metaphysich vom „Willen", der Raum und Zeit, das „principium individuationis", wie er diese nennt, durchbricht, und stellt den „nexus metaphysicus" dem gewöhnlichen „nexus physicus" gegenüber. *Jung* [26] verwendet statt der philosophisch-metaphysischen eine psychologisch-naturwissenschaftliche Terminologie. Er versucht die parallelistischen Zusammenhänge auf solche relativ seltenen „Randphänomene" *) zu verallgemeinern und spricht in diesem Fall von einem „Zusammenhang (nexus) durch Gleichartigkeit oder ‚Sinn' ". Seiner psychologischen Intuition folgend stellt er eine Verbindung mit dem Zeitbegriff her, indem er hierfür den Terminus „Synchronizität" einführt. Hier handelt es sich um einen ersten Versuch des Vordringens in ein sehr neues Gebiet; die Idee von *Jung* ist bisher noch wenig mit empirischen Ergebnissen über ESP im Einzelnen konfrontiert worden.

*

Zusammenfassend möchte ich darauf hinweisen, daß es eben die Übereinstimmung des Sinnes der etwa gleichzeitig in verschiedenen Wissenszweigen auftretenden Ideen, ihre sinngemäße Koinzidenz, ist, von der ich mich in diesem Artikel außerhalb meines engeren Spezialgebietes habe leiten lassen: „Korrespondenz (Entsprechung)" „komplementäre Gegensatzpaare" und „Ganzheit" treten sowohl in der Physik als auch in den Ideen vom Unbewußten unabhängig auf. Das „Unbewußte" selbst hat eine gewisse Analogie zu „Feld" in der Physik und beide werden durch ein Beobachtungsproblem wesentlich ins Unanschauliche und Paradoxe gerückt. In der Physik ist zwar nicht die Rede von sich reproduzierenden „Archetypen", sondern von „statistischen Naturgesetzen mit primären Wahrscheinlichkeiten", aber beide Formulierungen treffen sich in der Tendenz, die alte engere Idee von „Kausalität (Determinismus)" zu einer allgemeineren Form von „Zusammenhängen" in der Natur zu erweitern, worauf auch das psychophysische Problem hinweist. Diese Betrachtungsweise läßt mich erwarten, daß sich die Ideen vom Unbewußten nicht im engen Rahmen ihrer therapeutischen Anwendungen weiterentwickeln werden, sondern daß ihr Anschluß an den allgemeinen Strom der Naturwissenschaft der Lebenserscheinungen für sie entscheidend ist.

Literatur

[1] *William James*, The Varieties of Religious Experience, New York 1902. Lecture X, p. 226, 227 der Ausgabe der „Modern Library", New York.

[2] Vgl. meinen Artikel „Wahrscheinlichkeit und Physik" in Dialectica, Vol. 8, Nr. 2, 112, 1954. (Dieser Band, S. 18.)

---

*) Ich möchte hier die Frage aufwerfen, ob die von *Rensch* [10] angenommenen, auch dem anorganischen zugesprochenen, primitivsten „psychischen" Komponenten sich nicht gerade in solchen Randphänomenen äußern.

[3] *Ch. de Montet*, L'évolution vers l'essentiel, Lausanne 1950. Leider starb der Autor bald nach Erscheinen des Buches, so daß ich ihn nie gesehen habe.

[4] Vgl. hierzu auch: *P. Jordan*, Verdrängung und Komplementarität, Hamburg-Bergedorf 1947.

[5] *C. G. Jung*, Von den Wurzeln des Bewußtseins, Zürich 1954 (im folgenden zitiert als „W. d. B."). Das hier zitierte Kap. VIII, „Theoretische Überlegungen zum Wesen des Psychischen", ist ein Wiederabdruck seines zuerst im Eranos Jahrbuch, Bd. XIV, 1946 erschienenen Artikels „Der Geist des Psychologie".

[6] W. d. B., p. 557.

[7] *C. G. Jung*, Psychologische Typen, Zürich 1921; Definitionen, S. 661 unter „Seele", wovon „Psyche" ausdrücklich unterschieden wird.

[8] W. d. B., s. 580.

[9] *Bohrs* sowohl von „mechanistischen" als auch von „vitalistischen" Ideen verschiedener Standpunkt betreffend die Lebensphänomene findet sich zum Beispiel dargelegt in der Zeitschrift „Erkenntnis", 14, 293, 1936, in einem Artikel „Kausalität und Komplementarität", der auch Hinweise auf ältere Literatur enthält.

[10] Der Zoologe *B. Rensch* erörtert in seinem Buch „Neuere Probleme der Abstammungslehre", 2. Aufl. 1954, im Zusammenhang mit der Frage der Entstehung des Lebenden eine von ihm „hylopsychistisch" genannte Auffassung. Gemäß dieser sollen „psychische Prozesse allen Lebewesen in irgend einer Form zukommen" (S. 361). Gestützt auf das Argument der prinzipiellen Unwahrscheinlichkeit, daß die parallelgesetzliche Verknüpfung „irgendwann im Laufe einer allmählichen und stets kontinuierlichen Phylogenese plötzlich aufgesprungen ist", weist er auf die prinzipielle Möglichkeit hin, auch „dem Unbelebten und damit dem Anorganischen primitivste, psychische Komponenten exakter Parallelprozesse zuzusprechen" (S. 381).

[11] Die wichtigsten Schriften von *C. G. Jung* über Alchemie sind „Das Geheimnis der goldenen Blüte", gemeinsam mit *R. Wilhelm*, 1. Aufl. München 1929; „Psychologie und Alchemie", 1. Aufl. Zürich 1944, 2. Aufl. 1952; in „Symbolik des Geistes", Zürich 1948, Beitrag V: „Der Geist Mercurius".

[12] In „Psychologische Typen" unter Definitionen, siehe „Symbol", definiert *Jung* den symbolischen Ausdruck als „bestmögliche ... Formulierung einer relativ unbekannten Sache".

[13] Siehe [5].

[14] W. d. B., S. 523 f.

[15] Vgl. hierzu auch *C. G. Jung*, Aion (1951), S. 372 u. 373.

[16] Siehe meine Arbeit „Der Einfluß archetypischer Vorstellungen auf die Bildung naturwissenschaftlicher Theorien bei Kepler", in „Naturerklärung und Psyche", Zürich 1952.

[17] Vgl. meinen Aufsatz: „Sommerfelds Beiträge zur Quantentheorie", in „Naturwissenschaften", 35, 129, 1948, und in diesem Band S. 32.

[18] Vgl. hierzu den Aufsatz von *B. Peyer* (Vierteljahrsschrift der Naturforschenden Gesellschaft in Zürich, 97, 65, 1952), „Das Problem der Vererbung von Reizwirkungen".

[19] In Verbindung mit Ideen vom Unbewußten möchte ich hier den „Psycholamarckisten" *A. Pauly* (Darwinismus und Lamarckismus, Entwurf einer psychophysischen Teleologie, München, 1905) erwähnen. Er macht die Psyche der Organismen, einschließlich der Pflanzen, für die Anpassungsphänomene verantwortlich, die er als „unbewußte Urteile" bezeichnet (l. c. S. 169 u. S. 251), wobei er sich für den Ausdruck „unbewußt" auf *E. von Hartmann* beruft. Freilich sind solche Terminologien zunächst nur eine Umschreibung des zu Erklärenden. Über die oben erwähnten empirischen Ergebnisse, die gegen den Lamarckismus sprechen, geht dieser Autor oft mit dogmatischen Äußerungen hinweg. Auch dürfte seine Ansicht, „die Psyche" könne k a u s a l physische Phänomene hervorrufen, erkenntnistheoretisch unhaltbar sein. Ich erwähne diesen Autor mehr des historischen Interesses halber, das sein Standpunkt wohl verdient.

Neuerdings hat *C. G. Jung* (Synchronizität als ein Prinzip akausaler Zusammenhänge in „Naturerklärung und Psyche", Zürich 1952: siehe insbesondere S. 78 f.), ohne in irgend einer Weise lamarckistische Ideen anzuwenden, die zielgerichteten Vorgänge in der Biologie mit einem „an sich bestehenden oder vorhandenen ‚unbewußten' Wissen" in Verbindung gebracht, das er auch als „absolutes Wissen" bezeichnet. Er fügt hinzu: „Es ist darunter keine Erkenntnis zu verstehen, sondern wie *Leibniz* treffend formuliert, ein Vorstellen, das aus subjektlosen ‚simulacra', aus Bildern besteht, oder — vorsichtig ausgedrückt — zu bestehen scheint. Diese postulierten Bilder sind vermutlich dasselbe wie die von mir angenommenen A r c h e t y p e n, die sich als formale Faktoren bei spontanen Phantasiebildungen nachweisen lassen".

Ich möchte hier gerne auf die Verwandtschaft des von *Jung* postulierten „absoluten Wissens" mit den „unbewußten Urteilen" *A. Paulys* hinweisen.

[20] Über das empirische Material wie über seine theoretische Diskussion, vgl. zum Beispiel *G. G. Simpson*, The Meaning of Evolution, Yale University Press 1949, gekürzte Ausgabe New York 1951.

Ferner: *O. H. Schindewolf*, Der Zeitfaktor in Geologie und Paläontologie, Stuttgart 1950, wo insbesondere auf „Stoßzeiten" der Evolution hingewiesen wird.

[21] Auch in den Überlegungen von *G. Wald*, Scientific American, 191, 45, 1954, über die Entstehung des Lebens, die in ein noch viel größeres Dunkel gehüllt ist, spielen Äußerungen wie „One has only to wait: time itself performs the miracles" eine wesentliche Rolle, ohne daß jemals abgeschätzt wird, w i e v i e l Zeit erforderlich wäre.

[22] Die alten Pythagoräer hätten, die Vierzahl verehrend, eine besondere Freude an der q u a t e r n ä r e n, auf zwei Gegensatzpaaren aufgebauten chemischen Struktur einer Nukleinsäure (abgekürzt als „DNA" bezeichnet), die für die Vorgänge der Vererbung und Fortpflanzung wesentlich ist. (*J. D. Watson* und *F. H. C. Crick*, Nature 171, 964, 1953.)

[23] Vgl. hierzu auch *P. Jordan*, Der Begriff der Wahrscheinlichkeit in der Phylogenie, in „Scientific Papers presented to Max Born", Edinburgh 1953.

[24] Vgl. insbesondere *S. G. Soal* und *F. Bateman*, Modern Experiments in Telepathy, Faber & Faber, London 1954. Daselbst auch Angaben über die älteren Experimente von *Rhine* und anderen.

[25] Vgl. *A. Schopenhauer*, „Animalischer Magnetismus und Magie" in Bd 4, „Naturphilosophie und Ethik", seiner Werke.

[26] *C. G. Jung*, „Synchronizität als ein Prinzip akausaler Zusammenhänge", in „Naturerklärung und Psyche", Zürich 1952.

18

Das Ausschließungsprinzip und die Quantenmechanik

Die Geschichte der Entdeckung des Ausschließungsprinzips, für die mir im Jahre 1945 die Ehre der Verleihung des Nobelpreises zuteil geworden ist, reicht bis in meine Studentenjahre in München zurück. Nachdem ich mir schon als Schüler in Wien einiges Wissen in der klassischen Physik und von *Einsteins* damals neuer Relativitätstheorie erworben hatte, geschah es an der Universität München, daß ich durch *Sommerfeld* in den — vom Standpunkt der klassischen Physik aus etwas sonderbaren — Bau des Atoms eingeführt wurde. Mir wurde der Schock nicht erspart, den jeder Physiker, an die klassische Denkweise gewohnt, erhielt, als er zuerst *Bohrs* „Grundpostulat der Quantentheorie" kennen lernte. Es gab damals zwei Wege, auf denen man sich den schwierigen mit dem Wirkungsquantum verknüpften Problemen nähern konnte. Der eine bestand in dem Bemühen, eine abstrakte Ordnung in die neuen Gedanken zu bringen, indem man nach einem Schlüssel zur Übersetzung der klassischen Mechanik und Elektrodynamik in die Quantensprache suchte, die eine logische Verallgemeinerung jener wäre. In diese Richtung zielte *Bohrs* Korrespondenzprinzip. *Sommerfeld* dagegen zog angesichts der Schwierigkeiten, die sich dem Gebrauch der auf kinematische Modelle bezüglichen Begriffe entgegenstellten, eine Deutung der Spektralgesetze mit Hilfe ganzer Zahlen vor, indem er, wie einst *Kepler* bei seiner Untersuchung des Planetensystems, einem inneren Gefühl für Harmonie folgte. Beide Methoden, die mir nicht unversöhnlich zu sein schienen, beeinflußten mich. Die Folge der ganzen Zahlen 2, 8, 18, 32, ..., die die Längen der Perioden im Periodischen System der Elemente angeben, wurde in München eifrig diskutiert, einschließlich der Bemerkung des schwedischen Physikers *Rydberg*, daß diese Zahlen die einfache Gestalt $2n^2$ haben, wenn n die Reihe der ganzen Zahlen durchläuft. *Sommerfeld* versuchte insbesondere, die Zahl 8 mit der Zahl der Ecken eines Würfels zu verknüpfen.

Eine neue Phase meines wissenschaftlichen Lebens begann, als ich *Niels Bohr* zum ersten Mal persönlich begegnete. Das war 1922, als er in Göttingen eine Reihe von Gastvorlesungen gab, in denen er über seine theoretischen Untersuchungen über das Periodische System der Elemente berichtete. Ich will nur kurz daran erinnern, daß der wesentliche Fortschritt, den *Bohrs* Überlegungen damals herbeiführten, darin bestand, daß er mittels des kugelsymmetrischen Atommodells die Bildung der Zwischenschalen des Atoms und die allgemeinen Eigenschaften der Seltenen Erden erklären konnte. Die Frage, warum denn nicht bei einem Atom im Grundzustand alle Elektronen in der innersten Schale gebunden sind, hatte *Bohr* bereits in früheren Arbeiten als ein Kardinalproblem unterstrichen. In seinen Göttinger Vorlesungen behandelte er eingehend den Abschluß der innersten K-Schale beim Heliumatom und seine wesentliche Verknüpfung mit den zwei nicht kombinierenden Spektren des Heliums, dem Ortho- und dem Parheliumspektrum. Indessen konnte auf der Grundlage der klassischen Mechanik keine überzeugende Erklärung für diese Erscheinung gegeben werden. Es machte auf mich einen starken Eindruck, daß *Bohr* damals und in späteren Diskussionen nach einer a l l g e m e i n e n Erklärung Ausschau hielt, die für den Abschluß j e d e r Elektronenschale gelten sollte und in der, im Gegensatz zu *Sommerfelds* Versuch, die Zahl 2 ebenso wesentlich sein sollte wie die 8.

Auf *Bohrs* Einladung ging ich im Herbst 1922 nach Kopenhagen, wo ich mich ernstlich bemühte, den „anomalen Zeeman-Effekt" zu erklären, wie die Spektroskopiker einen vom normalen Triplett verschiedenen Typus der Aufspaltung der Spektrallinien im magnetischen Feld nannten. Einerseits lieferte der anomale Aufspaltungstyp schöne und einfache Gesetze, und *Landé* [1] war es bereits gelungen, aus der beobachteten Aufspaltung der Spektrallinien die einfachere Aufspaltung der Spektralterme abzuleiten. Das fundamentalste seiner Ergebnisse hierbei war die Benutzung von halbzahligen magnetischen Quantenzahlen bei den Dublettspektren der Alkalimetalle. Andrerseits war die anomale Aufspaltung vom Standpunkt des mechanischen Atommodells schwerlich zu verstehen, da sehr allgemeine das Elektron betreffende Annahmen immer zum gleichen Triplett führten, ganz gleich, ob man die klassische oder die Quantentheorie anwandte. Eine genauere Untersuchung dieses Problems hinterließ in mir das Gefühl, daß es nur noch unzugänglicher geworden war. Wir wissen heute, daß man damals vor zwei logisch verschiedenen Schwierigkeiten gleichzeitig stand. Die eine war das Fehlen eines allgemeinen Schlüssels zur Übersetzung eines gegebenen mechanischen Modells in die Quantentheorie, die man vergebens versuchte, indem man die klassische Mechanik benutzte, um die stationären Quantenzustände selbst zu beschreiben. Die zweite Schwierigkeit lag an unserm Nichtwissen bezüglich des angemessenen klassischen Modells selbst, das geeignet sein könnte, die anomale Aufspaltung von Spektrallinien eines Atoms in einem äußeren magnetischen Feld abzuleiten. So ist es nicht überraschend, daß ich damals keine befriedigende Lösung des Problems finden konnte. Doch gelang es mir, *Landés* Termanalyse für sehr starke magnetische Felder zu verallgemeinern [2], ein Fall, der als Ergebnis der magnetooptischen Umwandlung

(*Paschen-Back*-Effekt) in vielen Hinsichten einfacher ist. Diese frühe Arbeit war entscheidend wichtig für die Entdeckung des Ausschließungsprinzips.

Sehr bald nach meiner Rückkehr an die Universität Hamburg im Jahre 1923 hielt ich dort meine Antrittsvorlesung als Privatdozent über das Periodische System der Elemente. Der Inhalt dieser Vorlesung schien mir sehr unbefriedigend, da das Problem des Abschlusses der Elektronenschalen noch nicht weiter geklärt war. Das einzige, was klar war, war, daß eine engere Beziehung zwischen diesem Problem und der Theorie der Multiplettstruktur bestehen muß. Deshalb versuchte ich, noch einmal den einfachsten Fall, die Dublettstruktur der Alkalimetalle, zu prüfen. Gemäß dem damals orthodoxen Standpunkt, den auch *Bohr* in seinen schon erwähnten Vorlesungen in Göttingen eingenommen hatte, betrachtete man einen nicht verschwindenden Drehimpuls des Atomkerns als die Ursache dieser Dublettstruktur.

Im Herbst 1924 veröffentlichte ich einige Einwände gegen diesen Standpunkt, den ich endgültig als nicht korrekt verwarf, und schlug stattdessen die Annahme einer neuen quantentheoretischen Eigenschaft des Elektrons vor, die ich „eine klassisch nicht beschreibbare Zweideutigkeit" nannte [3]. Zu dieser Zeit erschien eine Arbeit des englischen Physikers *Stoner* [4], die neben einer Verbesserung der Klassifikation der Elektronen in Untergruppen die folgende wesentliche Bemerkung enthielt: Bei gegebenem Betrag der Hauptquantenzahl ist die Anzahl der Energieniveaus eines einzelnen Elektrons in den Alkalimetallspektren in einem äußeren magnetischen Feld ebenso groß wie die Anzahl der Elektronen in der abgeschlossenen Schale der Edelgase, die dieser Hauptquantenzahl entspricht. Auf der Grundlage meiner früheren Ergebnisse über die Klassifikation der Spektralterme in einem starken magnetischen Feld wurde mir nun die allgemeine Formulierung des Ausschließungsprinzips klar. Der Grundgedanke kann so ausgesprochen werden: Die komplizierten Anzahlen der Elektronen in abgeschlossenen Untergruppen werden auf die einfache Zahl E i n s reduziert, wenn die Unterteilung der Gruppe durch Angabe der Werte der 4 Quantenzahlen so weit getrieben ist, daß jede Entartung beseitigt ist. Ein überhaupt nicht entartetes Energieniveau ist bereits „abgeschlossen", wenn es von einem einzigen Elektron eingenommen wird; Zustände, die diesem Postulat widersprechen, sind auszuschließen.

Die Bekanntgabe dieser allgemeinen Formulierung des Ausschließungsprinzips geschah in Hamburg im Frühjahr 1925 [5], nachdem es mir gelungen war, bei einem Besuch in Tübingen mit Hilfe des dort vorhandenen spektroskopischen Materials einige zusätzliche Schlüsse, den anomalen Zeeman-Effekt komplizierterer Atome betreffend, zu bestätigen.

Mit Ausnahme der Sachverständigen in der Klassifikation von Spektraltermen fanden die Physiker das Ausschließungsprinzip schwer verständlich, da dem vierten Freiheitsgrad des Elektrons keine modellmäßige Bedeutung beigelegt war. Diese Lücke schloß *Uhlenbecks* und *Goudsmits* Gedanke des Elektronenspins [6], der es möglich machte, den anomalen Zeeman-Effekt einfach auf Grund der Annahme zu verstehen, daß die Spinquantenzahl des Elektrons $^1/_2$ ist und daß das Verhältnis des magnetischen Moments zum mechanischen Drehimpuls doppelt so groß ist wie für die gewöhnliche Bahn des Elektrons. Seitdem ist das Ausschließungsprinzip eng mit der Spinvorstellung verknüpft worden. Obgleich ich anfänglich die Korrektheit dieser Idee wegen ihres klassischen Charakters stark bezweifelte, wurde ich schließlich durch *Thomas'* Berechnung [7] der Größe der Dublettaufspaltung zu ihr bekehrt. Andrerseits erfuhren meine früheren Zweifel und auch die vorsichtige Ausdrucksweise „klassisch nicht beschreibbare Zweiwertigkeit" während der späteren Entwicklung eine gewisse Bestätigung, da *Bohr* auf der Grundlage der Wellenmechanik zeigen konnte, daß der Elektronenspin nicht durch klassisch beschreibbare Versuche gemessen werden kann (etwa durch die Ablenkung von Molekularstrahlen in äußeren magnetischen Feldern) und deshalb als eine wesentlich quantenmechanische Eigenschaft des Elektrons anzusprechen ist [8], [9].

Die folgenden Entwicklungen wurden durch das Erscheinen der neuen Quantenmechanik bestimmt. Im gleichen Jahre 1925, in dem ich meine Arbeit über das Ausschließungsprinzip veröffentlichte, formulierten *de Broglie* seine Konzeption der Materiewellen und *Heisenberg* die neue Matrizenmechanik, der im nächsten Jahre *Schrödingers* Wellenmechanik schnell folgte. Es erübrigt sich, jetzt die Wichtigkeit und den fundamentalen Charakter dieser Entdeckungen besonders zu unterstreichen, zumal diese Physiker hier in Stockholm den Sinn ihrer Leitgedanken selbst erläutert haben [10]. Auch erlaubt die Zeit mir nicht, die allgemeine erkenntnistheoretische Bedeutung des neuen Gebietes der Quantenmechanik im einzelnen zu schildern, was unter anderem in einer Reihe von Aufsätzen von *Bohr* geschehen ist, wobei er den Gedanken der „Komplementarität" als neuen Grundbegriff benutzte [11]. Ich will nur daran erinnern, daß es sich bei den Aussagen der Quantenmechanik nur um Möglichkeiten, nicht um tatsächlich Geschehendes handelt. Sie lauten etwa: „Dies ist unmöglich" oder „Entweder dieses oder jenes ist möglich", aber sie können nie sagen: „Dies wird tatsächlich dann und dort geschehen". Die tatsächliche Beobachtung erscheint als ein Ereignis außerhalb der Reichweite einer Beschreibung durch physikalische Gesetze und liefert im allgemeinen eine diskontinuierliche Auswahl aus den verschiedenen Möglichkeiten, die die statistischen Gesetze der neuen Theorie zur Verfügung stellen. Nur dieser

Verzicht auf die alten Forderungen nach einer objektiven und von der Art und Weise der Beobachtung unabhängigen Beschreibung der physikalischen Erscheinungen machte es möglich, wieder die Geschlossenheit der Quantentheorie zu gewinnen, die sie im Grunde schon mit *Plancks* Entdeckung des Wirkungsquantums verloren hatte. Ohne nun noch den Wandel in der Einstellung der heutigen Physik gegenüber Begriffen wie „Kausalität" und „physikalische Wirklichkeit" im Vergleich mit der älteren, klassischen Physik zu erörtern, will ich im Folgenden die Stellung des Ausschließungsprinzips im Rahmen der neuen Quantenmechanik diskutieren.

Wie zuerst *Heisenberg* gezeigt hat [12], führt die Quantenmechanik zu qualitativ verschiedenen Ergebnissen für gleichartige Teilchen (z. B. Elektronen) und für verschiedenartige Teilchen. Auf Grund der Unmöglichkeit, eines von mehreren gleichartigen Teilchen von dem anderen zu unterscheiden, spalten die Wellenfunktionen, die eine Gesamtheit einer gegebenen Anzahl gleicher Teilchen im Konfigurationsraum beschreiben, scharf in verschiedene Symmetrieklassen auf, die nicht durch äußere Störungen in einander übergeführt werden können. In den Ausdruck „Konfigurationsraum" begreifen wir hier auch den Spinfreiheitsgrad mit ein, der in der Wellenfunktion eines Einzelteilchens durch einen Index beschrieben wird, der nur eine endliche Anzahl von Werten annehmen kann. Für Elektronen ist diese Anzahl gleich zwei, so daß der Konfigurationsraum von N Elektronen $3N$ räumliche Dimensionen und N „Zweiwertigkeits"-Indizes hat. Unter den verschiedenen Symmetrieklassen sind die wichtigsten (bei zwei Teilchen überdies die einzigen) die symmetrische Klasse, in der die Wellenfunktion ihr Vorzeichen nicht ändert, wenn die Raum- und Spinkoordinaten zweier Teilchen vertauscht werden, und die antisymmetrische Klasse, in der sie bei einer solchen Vertauschung ihr Vorzeichen ändert. Auf dieser Stufe der Theorie schälten sich drei verschiedene Hypothesen bezüglich der wirklichen Gesamtheit mehrerer gleicher Teilchen in der Natur als logisch möglich heraus:

1. Die Gesamtheit ist eine Mischung aller Symmetrieklassen.
2. Nur die symmetrische Klasse kommt vor.
3. Nur die antisymmetrische Klasse kommt vor.

Wie wir sehen werden, ist die erste Annahme in der Natur nie verwirklicht. Ferner ist einzig die dritte Annahme in Übereinstimmung mit dem Ausschließungsprinzip, da eine antisymmetrische Funktion für zwei Teilchen im gleichen Zustand identisch gleich Null ist. Daher kann die Annahme 3 als die richtige und allgemeine wellenmechanische Formulierung des Ausschließungsprinzips betrachtet werden. Diese Möglichkeit gilt auch tatsächlich für Elektronen.

Diese Situation erschien mir in einer wichtigen Beziehung als unbefriedigend. Schon in meiner ursprünglichen Arbeit hatte ich den Umstand stark betont, daß es mir unmöglich war, für das Ausschließungsprinzip einen logischen Grund anzugeben oder es aus allgemeineren Annahmen abzuleiten. Ich hatte immer das Gefühl, und ich habe es noch heute, daß das ein Mangel ist. Anfangs hoffte ich natürlich, daß die neue Quantenmechanik, mit deren Hilfe man so viele damals gebräuchliche halbempirische Regeln ableiten konnte, auch eine strenge Ableitung des Ausschließungsprinzips liefern werde. Statt dessen aber gab es für Elektronen sogar noch eine weitere Ausschließung: nicht mehr nur eine solche bestimmter Zustände, sondern eine solche ganzer Klassen von Zuständen, nämlich aller von der antisymmetrischen Klasse verschiedenen Klassen. Der Eindruck, daß hier der Schatten einer gewissen Unvollständigkeit auf das helle Licht des Erfolges der neuen Quantenmechanik fiel, scheint mir unvermeidlich. Wir werden das Problem später bei der Behandlung der relativistischen Quantenmechanik wieder aufgreifen, möchten aber zunächst einen Bericht über weitere Ergebnisse der Anwendung der Wellenmechanik auf Systeme aus mehreren gleichen Teilchen geben.

In der Arbeit von *Heisenberg*, von der wir hier sprechen, gelang ihm eine einfache Erklärung für die beiden nichtkombinierenden Spektren des Heliums, die ich am Anfang meines Vortrages erwähnt habe. Tatsächlich gibt es neben der ganz scharfen Trennung der Wellenfunktionen in Symmetrieklassen zugleich bezüglich der Raumkoordinaten und der Spinindizes eine näherungsweise Trennung in Symmetrieklassen bezüglich der Raumkoordinaten allein. Diese gilt nur, solange eine Wechselwirkung zwischen dem Spin und der Bahnbewegung des Elektrons vernachlässigt werden kann. Auf diese Weise konnten das Para- und das Orthoheliumspektrum dahin gedeutet werden, daß sie zu der Klasse der symmetrischen bzw. antisymmetrischen Wellenfunktionen in den Raumkoordinaten allein gehören. Es wurde klar, daß die Energiedifferenzen zwischen entsprechenden Niveaus der beiden Klassen nichts mit einer magnetischen Wechselwirkung zu tun haben, sondern ein neuer Typ von viel höherer Größenordnung sind, die man Austauschenergie nannte.

Von fundamentalerer Bedeutung ist der Zusammenhang der Symmetrieklassen mit allgemeinen Problemen der statistischen Wärmetheorie. Es ist wohlbekannt, daß diese Theorie zu dem Ergebnis führt, daß die Entropie eines Systems (abgesehen von einem konstanten Faktor) durch den Logarithmus der Anzahl der Quantenzustände des ganzen Systems auf einer sogenannten Energieschale gegeben ist. Man könnte zunächst erwarten, daß diese Anzahl gleich dem entsprechenden, durch h^f dividierten Volumen des vieldimensionalen Phasenraums sein sollte, wo h die *Planck*sche Konstante und f die Anzahl der Freiheitsgrade des ganzen Systems ist.

Indessen ergab sich, daß dieser Quotient bei einem System von *N* gleichen Teilchen noch durch *N !* dividiert werden muß, um für die Entropie einen Wert zu liefern, der mit dem üblichen Homogenitätspostulat in Einklang ist, wonach die Entropie für einen gegebenen inneren Zustand des Stoffes der Masse proportional sein muß. Auf diese Weise war eine qualitative Unterscheidung zwischen gleichen und ungleichen Teilchen bereits in der allgemeinen statistischen Mechanik vorweggenommen, eine Unterscheidung, die *Gibbs* mit seinen Begriffen einer generischen und einer spezifischen Phase auszudrücken versucht hatte. Im Lichte der Ergebnisse der Wellenmechanik bezüglich der Symmetrieklassen kann diese Division durch *N !* auf Grund einer unsrer beiden Annahmen 2 und 3, laut derer beider nur e i n e Symmetrieklasse in der Natur vorkommt, leicht gedeutet werden. Tatsächlich wird dann die Dichte der Quantenzustände des ganzen Systems um einen Faktor $1/N!$ kleiner als die Dichte, die man gemäß einer Annahme des Typs 1 erwarten müßte, der sämtliche Symmetrieklassen zuläßt.

Sogar bei einem idealen Gase, bei dem man die Wechselwirkungsenergie zwischen den Molekülen vernachlässigen kann, muß man Abweichungen von der gewöhnlichen Zustandsgleichung erwarten, weil nur e i n e Symmetrieklasse möglich ist, sobald die mittlere *de Broglie*-Wellenlänge der Gasmoleküle von einer mit dem mittleren Abstand der Moleküle vergleichbaren Größenordnung wird, also bei tiefen Temperaturen und großen Dichten. Für die antisymmetrische Klasse haben *Fermi* und *Dirac* [13] die Folgerungen abgeleitet; für die symmetrische Klasse ist das Gleiche schon vor der Entdeckung der neuen Quantenmechanik durch *Einstein* und *Bose* [14] geschehen. Der erste Fall konnte auf die Elektronen in einem Metall angewandt werden und zur Deutung der magnetischen und andrer Eigenschaften der Metalle dienen.

Sobald die Frage der Symmetrieklassen bei den Elektronen geklärt war, erhob sich die Frage nach den Symmetrieklassen bei anderen Teilchen. Ein Beispiel für Teilchen mit nur symmetrischen Wellenfunktionen (Annahme 2) war schon längst bekannt, nämlich die Photonen. Das folgt nicht nur unmittelbar aus *Plancks* Ableitung der spektralen Verteilung der Strahlungsenergie im thermodynamischen Gleichgewicht, sondern ist auch notwendig für die Anwendbarkeit der klassischen Feldbegriffe auf Lichtwellen in dem Grenzfall, wo eine große und nicht genau festgelegte Anzahl von Photonen in einem einzelnen Quantenzustand anwesend ist. Wir merken an, daß die symmetrische Klasse bei den Photonen zugleich mit dem ganzzahligen Wert 1 ihres Spins auftritt, hingegen die antisymmetrische Klasse bei den Elektronen zugleich mit dem halbzahligen Wert $1/2$ ihres Spins.

Doch blieb die wichtige Frage der Symmetrieklassen bei den Kernen noch zu erforschen. Natürlich bezieht sich die Symmetrieklasse hier ebenfalls auf die Vertauschbarkeit sowohl der Raumkoordinaten als auch der Spinindizes zweier gleicher Kerne. Der Spinindex kann $2I + 1$ Werte annehmen, wenn I die Spinquantenzahl des Kerns ist, die ganzzahlig oder halbzahlig sein kann. Ich will hier die historische Bemerkung einschalten, daß ich schon im Jahre 1924, noch ehe der Elektronenspin entdeckt worden war, die Annahme eines Kernspins vorgeschlagen habe, um die Hyperfeinstruktur von Spektrallinien zu deuten [15]. Dieser Vorschlag stieß einerseits auf Widerspruch von vielen Seiten, beeinflußte aber andrerseits *Goudsmit* und *Uhlenbeck* bei ihrer Forderung eines Elektronenspins. Es dauerte nur einige wenige Jahre, bis mein Versuch zur Deutung der Hyperfeinstruktur endgültig experimentell bestätigt werden konnte, und zwar durch Untersuchungen, an denen auch *Zeeman* beteiligt war und die die Existenz einer magnetooptischen Umwandlung der Hyperfeinstruktur, so, wie ich sie vorhergesagt hatte, bewiesen. Seit jener Zeit wurde die Untersuchung der Hyperfeinstruktur der Spektrallinien zu einer allgemeinen Methode zur Bestimmung des Kernspins.

Zur experimentellen Ermittlung auch der Symmetrieklasse der Kerne bedurfte es andrer Methoden. Die bequemste, wenn auch nicht die einzige, besteht in der Untersuchung der Bandenspektren von Molekülen mit zwei gleichen Atomen [16]. Man konnte leicht herleiten, daß im Grundzustand der Elektronenkonfiguration eines solchen Moleküls die Zustände mit geradzahligen und mit ungeradzahligen Rotationsquantenzahlen symmetrisch bzw. antisymmetrisch bezüglich einer Vertauschung der Raumkoordinaten der beiden Kerne sind. Ferner gibt es unter den $(2I + 1)^2$ Spinzuständen des Nukleonenpaars $(2I + 1)$ $(I + 1)$ in den Spins symmetrische und $(2I + 1)I$ antisymmetrische Zustände, da $(2I + 1)$ Zustände mit zwei gleichgerichteten Spins notwendig symmetrisch sind. Man gelangt deshalb zu folgendem Schluß: Wenn die vollständige Wellenfunktion der Raumkoordinaten und der Spinindizes der Kerne symmetrisch ist, so ist das Verhältnis der Gewichte der Zustände mit gerader Rotationsquantenzahl zu dem Gewicht der Zustände mit ungerader Rotationsquantenzahl gleich $(I + 1) : I$. Im entgegengesetzten Fall einer antisymmetrischen totalen Wellenfunktion der Kerne ist das entsprechende Verhältnis gleich $I : (I + 1)$. Übergänge zwischen einem Zustand mit gerader und einem Zustand mit ungerader Rotationsquantenzahl werden extrem selten sein, da sie nur durch eine Wechselwirkung zwischen den Bahnbewegungen und den Spins der Kerne verursacht werden können. Deshalb wird das Verhältnis der Gewichte der Rotationszustände mit verschiedener Parität zur Entstehung von zwei verschiedenen Bandensystemen von verschiedener Intensität, deren Linien abwechseln, Veranlassung geben.

Die erste Anwendung dieser Methode hatte das Ergebnis, daß die Protonen den Spin $^1/_2$ haben und dem Ausschließungsprinzip gehorchen, genau wie die Elektronen. Die anfängliche Schwierigkeit für ein quantitatives Verständnis der spezifischen Wärme der Wasserstoffmoleküle bei tiefen Temperaturen wurde durch *Dennisons* [17] Hypothese behoben, daß bei diesen tiefen Temperaturen das thermische Gleichgewicht zwischen den beiden Modifikationen des Wasserstoffmoleküls (Ortho-H_2: ungerade Rotationsquantenzahlen, parallele Protonenspins; Para-H_2: gerade Rotationsquantenzahlen, antiparallele Spins) noch nicht erreicht ist. Bekanntlich wurde diese Hypothese später durch Messungen von *Bonhoeffer* und *Harteck* und von *Eucken* bestätigt, welche die theoretisch vorhergesagte langsame Umwandlung der einen Modifikation in die andere bewiesen.

Unter den Symmetrieklassen bei anderen Kernen sind die mit verschiedener Parität ihrer Massenzahlen M und ihrer Ladungszahl Z von besonderem Interesse. Wenn wir ein zusammengesetztes System betrachten, das aus den Anzahlen A_1, A_2, ... verschiedener Komponenten besteht, deren jede dem Ausschließungsprinzip gehorcht, sowie einer Anzahl S von Komponenten mit symmetrischen Zuständen, hat man symmetrische oder antisymmetrische Zustände zu erwarten, je nachdem die Summe $A_1 + A_2 + \ldots$ geradzahlig oder ungeradzahlig ist. Das gilt ohne Rücksicht auf die Parität von S. Früher versuchte man es mit der Annahme, daß die Kerne aus Protonen und Elektronen bestehen, so daß M die Anzahl der Protonen, $M-Z$ die Anzahl der Elektronen im Kern ist. Man mußte dann erwarten, daß die Parität von Z die Symmetrieklasse des ganzen Kerns bestimmt. Bereits seit einiger Zeit war das Gegenbeispiel des Stickstoffs bekannt, der den Spin 1 und symmetrische Zustände hat [18]. Indessen betrachtet man seit der Entdeckung des Neutrons die Kerne als aus Protonen und Neutronen derart zusammengesetzt, daß ein Kern mit der Massenzahl M und der Ladungszahl Z aus Z Protonen und $M-Z$ Neutronen bestehen soll. Sofern die Neutronen symmetrische Zustände haben sollten, so wäre wieder zu erwarten, daß die Parität der Ladungszahl Z die Symmetrieklasse der Kerne bestimmt. Wenn aber die Neutronen dem Ausschließungsprinzip gehorchen, muß man erwarten, daß die Parität von M die Symmetrieklasse bestimmt: Denn bei geradem M sollte man symmetrische, bei ungeradem M antisymmetrische Zustände haben. Es war die letztere Regel, die ausnahmslos experimentell bestätigt wurde, was bewies, daß die Neutronen dem Ausschließungsprinzip gehorchen.

Das wichtigste und einfachste experimentum crucis für einen Kern mit verschiedener Parität von M und Z liefert der schwere Wasserstoff, das Deuteron, mit $M=2$ und $Z=1$, der symmetrische Zustände und den Spin 1 hat, wie man durch die Untersuchung des Bandenspektrums eines

Moleküls aus zwei Deuteronen beweisen konnte [19]. Aus dem Spinwert 1 des Deuterons kann man schließen, daß das Neutron halbzahligen Spin haben muß. Die einfachste mögliche Annahme, daß nämlich der Spin des Neutrons $^1/_2$ ist, genau wie der Spin des Protons und des Elektrons, erwies sich als richtig.

Es besteht die Hoffnung, daß künftige Versuche mit leichten Kernen, vor allem mit Protonen, Neutronen und Deuteronen, uns weitere Kenntnisse über die Art der zwischen den Bausteinen der Kerne obwaltenden Kräfte vermittelt werden, die uns heute noch nicht genügend bekannt sind. Indessen können wir heute schon sagen, daß diese Wechselwirkungen grundsätzlich verschieden von den elektromagnetischen Wechselwirkungen sind. Der Vergleich zwischen der Neutron-Proton-Streuung und der Proton-Proton-Streuung zeigte sogar, daß die Kräfte zwischen diesen Teilchenarten in guter Näherung die gleichen, also unabhängig von ihrer elektrischen Ladung sind. Brauchte man nur die Größe der Wechselwirkungsenergie in Betracht zu ziehen, so könnte man deshalb ein stabiles Diproton oder $_2He^2$ ($M = 2$, $Z = 2$) in Betracht ziehen, mit etwa der gleichen Bindungsenergie wie das Deuteron. Ein solcher Zustand ist jedoch, in Übereinstimmung mit der Erfahrung, durch das Ausschließungsprinzip verboten, denn er würde eine bezüglich der beiden Protonen symmetrische Wellenfunktion fordern. Dies ist nur das einfachste Beispiel einer Anwendung des Ausschließungsprinzips auf zusammengesetzte Kerne, für deren Verständnis das Prinzip unerläßlich ist, weil deren Bausteine selbst, die Protonen und Neutronen, ihm gehorchen.

Zur Vorbereitung der Behandlung grundlegenderer Fragen wollen wir hier ein allgemein gültiges Naturgesetz nachdrücklich erwähnen, nämlich den Zusammenhang zwischen Spin und Symmetrieklasse. Ein halbzahliger Wert der Spinquantenzahl ist immer mit antisymmetrischen Zuständen verknüpft (Ausschließungsprinzip), ein geradzahliger Spin mit symmetrischen Zuständen. Dieses Gesetz gilt nicht nur für Protonen und Neutronen, sondern auch für Photonen und Elektronen. Darüber hinaus kann man leicht sehen, daß es für zusammengesetzte Systeme gilt, wenn es für seine sämtlichen Komponenten gilt. Wenn wir nach einer theoretischen Begründung dieses Gesetzes suchen, müssen wir uns zur Diskussion der relativistischen Wellenmechanik wenden, da wir gesehen haben, daß es durch die nichtrelativistische Wellenmechanik zweifellos nicht erklärt werden kann.

Wir betrachten zunächst klassische Felder [20], die sich bezüglich Drehungen im gewöhnlichen Raum gemäß einer einwertigen Darstellung der Rotationsgruppe transformieren. Wir können solche Felder im Folgenden kurz einwertige Felder nennen. Solange Wechselwirkungen zwischen verschiedenen Feldern nicht in Betracht gezogen werden, können wir annehmen, daß alle Feldkomponenten einer Wellengleichung zweiten Grades genügen werden, die eine Überlagerung von ebenen Wellen als allgemeine Lösung zuläßt. Die Frequenz und die Wellenzahl dieser ebenen Wellen sind durch ein Gesetz verknüpft, das man im Einklang mit *de Broglies* Grundannahme aus der Beziehung zwischen Energie und Bewegungsgröße, wie sie die relativistische Mechanik fordert, durch Division dieser Größen durch die Konstante $\hbar$ erhält, die gleich der durch 2π dividierten *Planck*schen Konstante h ist. Daher wird in den klassischen Feldgleichungen im allgemeinen eine neue Konstante μ von der Dimension einer reziproken Länge auftreten, die mit der Ruhmasse m im Teilchenbild durch die Gleichung $m = \hbar\mu/c$ verknüpft ist, wo c die Vakuumlichtgeschwindigkeit ist. Aus der vorausgesetzten Einwertigkeit des Feldes kann man schließen, daß die Anzahl der möglichen ebenen Wellen von gegebener Frequenz, Wellenzahl und Fortpflanzungsrichtung bei nicht verschwindendem μ immer ungerade ist. Ohne näher auf die allgemeine Definition des Spins einzugehen, können wir diese Eigenschaft der Polarisation ebener Wellen als charakteristisch für Felder ansehen, die als Ergebnis ihrer Quantelung zum Auftreten ganzzahliger Spinwerte Veranlassung geben.

Die einfachsten Beispiele einwertiger Felder sind das skalare Feld und ein Feld, das aus einem Vierervektor und einem antisymmetrischen Tensor besteht, wie die Potentiale und Feldstärken in *Maxwells* Theorie. Während das skalare Feld einfach der gewöhnlichen Wellengleichung zweiten Grades gehorcht, in der auch das zu μ^2 proportionale Glied auftreten muß, muß das andere Feld Gleichungen gehorchen, die *Proca* entwickelt hat und die eine Verallgemeinerung der *Maxwell*schen Gleichungen sind, die sich im Sonderfall $\mu = 0$ aus jenen ergeben. Es ist befriedigend, daß in diesem einfachsten Fall einwertiger Felder die Energiedichte eine positiv definite quadratische Form der Feldgrößen und ihrer ersten Ableiteten in einem bestimmten Punkt ist. Im allgemeinen Fall einwertiger Felder kann man wenigstens erreichen, daß die über den ganzen Raum integrierte Energie stets positiv ist.

Die Feldkomponenten können entweder als reell oder als komplex angenommen werden. Bei einem komplexen Feld kann zusätzlich zu Energie und Bewegungsgröße des Feldes ein Vierervektor definiert werden, der der Kontinuitätsgleichung gehorcht und als der Vierervektor des elektrischen Stromes gedeutet werden kann. Seine vierte Komponente bestimmt die elektrische Ladungsdichte und kann positive oder negative Werte annehmen. Es ist denkbar, daß die in der kosmischen Strahlung beobachteten Mesonen ganzzahlige Spins haben und demnach durch ein solches komplexes Feld beschrieben werden können. Im Sonderfall reeller Felder verschwindet dieser Strom-Vierervektor identisch.

Insbesondere im Hinblick auf die Strahlung im thermodynamischen Gleichgewicht, bei der spezifische Eigenschaften der Quellen keinerlei Rolle spielen, hielt ich es für gerechtfertigt, bei dem formalen Verfahren der Quantelung des Feldes dessen Wechselwirkung mit den Quellen außeracht zu lassen. Bei der Behandlung dieses Problems versuchte man in der Tat, die gleichen mathematischen Methoden des Überganges von einem klassischen System zu einem entsprechenden von den quantenmechanischen Gesetzen beherrschten System anzuwenden, die sich beim Übergang von der klassischen Punktmechanik zur Wellenmechanik als so erfolgreich bewährt hatten. Man darf indessen nicht vergessen, daß ein Feld nur mit Hilfe von Probekörpern beobachtet werden kann, die wiederum Quellen des Feldes sind.

Die Ergebnisse des formalen Verfahrens der Feldquantelung waren zum Teil sehr ermutigend. Die gequantelten Felder können durch eine Wellenfunktion beschrieben werden, die von einer unendlichen Folge von (nicht negativen) ganzen Zahlen als Variabeln abhängen. Da sich die Gesamtenergie und der Gesamtimpuls des Feldes und im Fall komplexer Felder auch ihre elektrische Gesamtladung als lineare Funktionen dieser Zahlen erweisen, können diese als die Anzahlen der Teilchen gedeutet werden, die in einem bestimmten Zustand eines Einzelteilchens anwesend sind. Unter Verwendung einer Folge von Konfigurationsräumen mit einer Verschiedenen Anzahl von Dimensionen entsprechend den verschiedenen möglichen Anzahlen von anwesenden Teilchen konnte man leicht zeigen, daß diese Beschreibung unsres Systems durch eine von ganzen Zahlen abhängige Wellenfunktion einer Gesamtheit von Teilchen äquivalent ist, deren Wellenfunktionen in ihren Konfigurationenräumen symmetrisch sind.

Weiterhin bewiesen *Bohr* und *Rosenfeld* [21] im Fall des elektromagnetischen Feldes, daß die Unbestimmtheitsrelationen, die sich für die über endliche Raum-Zeit-Bereiche genommenen Mittelwerte aus den formalen Vertauschungsregeln dieser Theorie ergeben, eine unmittelbare physikalische Bedeutung haben, so lange man die Quellen klassisch behandeln und ihre atomistische Struktur vernachlässigen kann. Wir heben die folgende Eigenschaft dieser Vertauschungsregeln hervor: Alle physikalischen Größen in zwei Weltpunkten, für die der Vierervektor ihrer Verbindungsgeraden raumartig ist, kommutieren mit einander. Das ist in der Tat aus physikalischen Gründen notwendig, weil jegliche Störung durch eine Messung im Weltpunkt P_1 nur solche Punkte P_2 erreichen kann, für die der Vektor P_1P_2 zeitartig ist, das heißt, für die $c(t_1 - t_2) > r_{12}$ ist. Die

Punkte P_2 mit raumartigem Vektor P_1P_2, für die $c(t_1 - t_2) < r_{12}$ ist, können von dieser Störung nicht erreicht werden, und Messungen in P_1 und P_2 können einander nie beeinflussen.

Diese Schlußfolgerung ermöglichte die Untersuchung der logischen Möglichkeit von Teilchen mit ganzzahligem Spin, die dem Ausschließungsprinzip gehorchen. Derartige Teilchen könnten beschrieben werden durch eine Folge von Konfigurationsräumen mit verschiedenen Dimensionen und durch Wellenfunktionen, die in ihren Raumkoordinaten antisymmetrisch sind, oder auch durch eine von ganzen Zahlen abhängige Wellenfunktion, in der diese ganzen Zahlen wiederum als die Anzahlen der Teilchen in einem bestimmten Zustand zu deuten sind und jetzt nur die Beträge 0 oder 1 annehmen können. *Wigner* und *Jordan* bewiesen [22], daß auch in diesem Fall Operatoren definiert werden können, die Funktionen der gewöhnlichen raum-zeitlichen Koordinaten sind und auf eine solche Wellenfunktion angewendet werden können. Diese Operatoren gehorchen nun keinen Vertauschungsregeln mehr: Statt der Differenz ist nun die Summe der zwei möglichen Produkte zweier Operatoren, die sich durch verschiedene Anordnung ihrer Faktoren unterscheiden, durch die mathematischen Bedingungen festgelegt, denen die Operatoren genügen müssen. Einfacher Vorzeichenwechsel in diesen Bedingungen ändert die physikalische Bedeutung dieses Formalismus vollkommen. Im Fall des Ausschließungsprinzips kann nie ein Grenzfall existieren, in dem solche Operatoren durch ein klassisches Feld ersetzt werden können. Unter Verwendung dieses Formalismus von *Wigner* und *Jordan* konnte ich unter sehr allgemeinen Annahmen beweisen, daß eine relativistisch invariante Theorie, die Systeme von gleichen Teilchen mit ganzzahligem Spin beschreibt, die dem Ausschließungsprinzip gehorchen, immer zur Nichtvertauschbarkeit physikalischer Größen führen muß, die durch einen raumartigen Vektor verknüpft sind [23]. Das würde ein vernünftiges physikalisches Prinzip verletzen, das für Teilchen mit symmetrischen Zuständen gilt. So konnte durch Verknüpfung der Forderungen der relativistischen Invarianz und der Eigenschaften der Feldquantelung ein Schritt in Richtung auf ein Verständnis der Beziehungen zwischen Spin und Symmetrieklasse gemacht werden.

Die Quantelung einwertiger komplexer Felder mit nicht verschwindendem Vierervektor des elektrischen Stromes lieferte ferner das Ergebnis, daß es Teilchen sowohl mit positiver als auch mit negativer Ladung geben sollte und daß diese in äußeren elektromagnetischen Feldern vernichtet und erzeugt werden können [22]. Diese von der Theorie geforderte Paarerzeugung und -vernichtung erfordert eine scharfe Unterscheidung der Begriffe Ladungsdichte und Teilchendichte. Der letztere Begriff tritt in einer relativistischen Wellentheorie weder für Felder mit elektrischer Ladung noch für elektrisch neutrale Felder auf. Das ist befriedigend, da die Anwendung des Teilchenbildes und der Unbestimmtheitsrelation (zum Beispiel bei der Analyse von Gedankenexperimenten wie dem mit dem Gammastrahlmikroskop) auch zu dem Ergebnis führt, daß eine Ortsbestimmung eines Teilchens nur mit beschränkter Genauigkeit möglich ist [24]. Das gilt in gleicher Weise für Teilchen mit ganzzahligen und mit halbzahligem Spin. In einem Zustand mit dem Mittelwert E seiner Energie, beschrieben durch ein Wellenpaket mit der mittleren Frequenz $\nu = E/h$, kann ein Teilchen nur mit einer Unschärfe $\Delta x > hc/E$ oder $\Delta x > c/\nu$ lokalisiert werden. Für Photonen ergibt sich als Grenze der Lokalisierbarkeit die Wellenlänge; für Teilchen mit endlicher Ruhmasse und einer charakteristischen Länge $\mu^{-1} = h/mc$ ist diese Grenze im Ruhsystem des Zentrums des den Zustand des Teilchens beschreibenden Wellenpakets durch $\Delta x > h/mc$ oder $\Delta x > \mu^{-1}$ gegeben.

Bisher habe ich nur die befriedigenden Ergebnisse der Anwendung der Quantenmechanik auf klassische Felder erwähnt. Wir haben gesehen, daß die Aussagen dieser Theorie über Mittelwerte von Feldstärken, genommen über endliche raum-zeitliche Bereiche, eine unmittelbare physikalische Bedeutung haben, während das für die Werte der Feldstärke in einem bestimmten Punkt nicht der Fall ist. Unglücklicherweise treten in dem klassischen Ausdruck für die Feldenergie Mittelwerte der Quadrate der Feldstärken, genommen über solche Bereiche, auf, die nicht durch die Mittelwerte der Feldstärken selbst ausgedrückt werden können. Das hat zur Folge, daß die von dem gequantelten Feld abgeleitete Nullpunktsenergie des Vakuums unendlich wird, ein Ergebnis, das unmittelbar mit der Tatsache verknüpft ist, daß das betrachtete System eine unendliche Anzahl von Freiheitsgraden hat. Es ist klar, daß dieser Nullpunktsenergie keine physikalische Wirklichkeit zukommt; so ist sie nicht etwa die Quelle eines Gravitationsfeldes. Formal kann man leicht konstante unendliche Glieder in Abzug bringen, die von dem betrachteten Zustand unabhängig und unveränderlich sind; indessen scheint es mir, daß schon dieses Ergebnis ein Hinweis darauf ist, daß ein grundlegender Wandel in den Begriffen notwendig sein wird, die der heutigen Theorie der gequantelten Felder zugrunde liegen.

Um gewisse Züge der relativistischen Quantentheorie zu klären, habe ich hier, von der historischen Reihenfolge abweichend, die einwertigen Felder besprochen. Schon früher hatte *Dirac* [25] seine relativistische Wellengleichungen aufgestellt, die materiellen Teilchen mit dem Spin $^1/_2$ entsprechen, wobei er ein Paar von sogenannten Spinoren verwendete, ein jeder mit zwei Komponenten. Er wandte diese Gleichungen auf das Problem eines einzelnen Elektrons in einem elektromagnetischen Felde an. Ungeachtet des großen Erfolges dieser Theorie bei der quantitativen Deutung der Feinstruktur der Energieniveaus des Wasserstoffatoms und bei der Berechnung des Streuquerschnitts eines freien Elektrons für Photonen gab es eine Konsequenz aus der Theorie, die in offensichtlichem Widerspruch mit der Erfahrung stand. Nach dieser Theorie kann die Energie des Elektrons sowohl positive als auch negative Werte haben, und in äußeren elektromagnetischen Feldern können Übergänge von Zuständen mit dem einen Vorzeichen der Energie in Zustände mit dem entgegengesetzten Vorzeichen stattfinden. Andrerseits gibt es in dieser Theorie einen die Kontinuitätsgleichung befriedigenden Vierervektor mit einer vierten, der Dichte entsprechenden Komponente, die positiv definit ist.

Man kann zeigen, daß eine ähnliche Situation bei allen Feldern vorliegt, die sich, wie die Spinoren, bei Drehungen im gewöhnlichen Raum gemäß zweiwertigen Darstellungen transformieren, indem sie ihr Vorzeichen bei einer vollen Umdrehung wechseln. Wir werden solche Größen kurz „zweiwertig" nennen. Aus den relativistischen Wellengleichungen für solche Größen kann man immer einen bilinearen Feldvektor ableiten, der der Kontinuitätsbedingung genügt und dessen vierte Komponente, wenigstens nach Integration über den Raum, eine wesentlich positive Größe ergibt. Andrerseits kann der Ausdruck für die Gesamtenergie sowohl positives als auch negatives Vorzeichen haben.

Gibt es wohl irgend ein Mittel, das Minuszeichen von der Energie auf die Dichte des Vierervektors zu verschieben? Dann könnte diese als Ladungsdichte im Gegensatz zur Teilchendichte gedeutet und die Energie positiv werden, wie sie es sein sollte. Sie wissen, daß *Diracs* Antwort dahin ging, daß das durch Anwendung des Ausschließungsprinzips in der Tat geschehen könne. In seinem hier in Stockholm gehaltenen Vortrag [10] erläuterte er selbst seinen Vorschlag einer neuen Deutung seiner Theorie, wonach im wirklichen Vakuum alle Zustände negativer Energie besetzt sein sollten und nur Abweichungen von diesem Zustand kleinster Energie, nämlich Löcher im Meer dieser besetzten Zustände, als beobachtbar angenommen werden. Es ist das Ausschließungsprinzip, daß die Stabilität des Vakuums gewährleistet, in dem alle Zustände negativer Energie besetzt sind. Überdies haben die Löcher alle Eigenschaften von Teilchen mit positiver Energie und positiver Ladung, wie sie in äußeren elektromagnetischen Feldern paarweise erzeugt und vernichtet werden können. Die so vorhergesagten Positronen, die genauen Spiegelbilder der Elektronen, sind tatsächlich experimentell gefunden worden.

Die neue Deutung der Theorie gibt offenbar den Standpunkt des Einkörperproblems grundsätzlich auf und betrachtet von Anfang an ein Vielkörperproblem. Man kann nicht länger beanspruchen, daß *Diracs* relativistische Wellengleichungen die einzig möglichen sind; will man jedoch relativistische Feldgleichungen haben, die Teilchen entsprechen, für die der Wert $^1/_2$ ihres Spins bekannt ist, so muß man sicher *Diracs* Gleichungen annehmen. Obwohl es logisch möglich ist, diese Gleichungen wie klassische Felder zu quanteln, was symmetrische Zustände von Systemen ergeben würde, die aus vielen solchen Teilchen bestehen, so würde das doch der Forderung widersprechen, daß die Energie des Systems immer positiv sein soll. Andrerseits ist diese Forderung erfüllt, wenn wir das Ausschließungsprinzip und *Diracs* Deutung des Vakuums und die Löcher annehmen, was gleichzeitig den physikalischen Begriff der Ladungsdichte mit Werten beiderlei Vorzeichens an die Stelle der mathematischen Fiktion einer positiven Teilchendichte setzt. Ein ähnlicher Schluß gilt für alle relativistischen Wellengleichungen mit zweiwertigen Größen als Feldkomponenten. Das ist der andere (historisch frühere) Schritt in Richtung auf ein Verständnis des Zusammenhanges zwischen Spin und Symmetrieklasse.

Nur kurz will ich erwähnen, daß *Diracs* neue Deutung mit den leeren und besetzten Zuständen negativer Energie sehr elegant mit dem oben erwähnten Formalismus von *Jordan* und *Wigner* formuliert werden kann. Tatsächlich kann der Übergang von der alten zur neuen Deutung der Theorie durchgeführt werden, indem man einfach die Bedeutung eines der Operatoren mit der seiner Hermiteschen Konjugierten vertauscht, wenn man sie auf Zustände mit ursprünglich negativer Energie anwendet. Die unendliche „Null-Ladung" der besetzten Zustände negativer Energie ist dann der unendlichen Nullpunktsenergie der gequantelten einwertigen Felder analog. Ersterer kommt auch keine physikalische Wirklichkeit zu, und sie ist nicht die Quelle eines elektromagnetischen Feldes.

Ungeachtet der formalen Analogie zwischen der Quantelung einwertiger Felder, die zu Gesamtheiten gleicher Teilchen mit symmetrischen Zuständen führt, und einer solchen, die zu Teilchen führt, die dem Ausschließungsprinzip gehorchen und durch zweiwertige Operatorgrößen beschrieben werden, die von den Raum- und Zeitkoordinaten abhängen, besteht natürlich der grundsätzliche Unterschied, daß es für letztere keinen Grenzfall gibt, wo die mathematischen Operatoren wie klassische Felder behandelt werden können. Andrerseits ist zu erwarten, daß die Möglichkeiten und die Grenzen für die Anwendung der Begriffe von Raum und Zeit, die ihren Ausdruck in den verschiedenen Begriffen der Ladungsdichte und der Teilchendichte finden, für geladene Teilchen mit ganzzahligem und mit halbzahligem Spin die gleichen sein werden.

Die Schwierigkeiten der gegenwärtigen Theorie werden viel ärger, wenn man die Wechselwirkung des elektromagnetischen Feldes mit der Materie mit in Betracht zieht, da dann die wohlbekannten Unendlichkeiten bezüglich der Energie eines Elektrons in seinem eigenen Feld, die sogenannte Selbstenergie, als Ergebnis der Anwendung der gewöhnlichen

Störungstheorie auf dieses Problem auftreten. Die Wurzel dieser Schwierigkeit scheint der Umstand zu sein, daß der Formalismus der Feldquantelung nur solange eine unmittelbare physikalische Bedeutung hat, wie die Quellen des Feldes als kontinuierlich verteilt und den Gesetzen der klassischen Physik gehorchend angesehen werden können, und solange man nur mit über endliche Raum-Zeit-Bereiche genommenen Mittelwerten von Feldgrößen arbeitet. Die Elektronen selbst sind indessen wesentlich nichtklassische Feldquellen.

Am Schluß dieses Vortrages möchte ich meiner kritischen Meinung Ausdruck geben, daß eine korrekte Theorie weder zu unendlichen Nullpunktsenergien noch zu unendlichen Null-Ladungen führen und daß sie keine mathematischen Tricks benutzen sollte, um Unendlichkeiten und Singularitäten zu beseitigen; auch sollte sie keine „hypothetische Welt" erfinden, die einzig eine mathematische Fikton ist, bevor sie imstande ist, die korrekte Deutung der tatsächlichen physikalischen Welt zu formulieren.

Vom Standpunkt der Logik aus hat mein Bericht über das Ausschließungsprinzip und die Quantenmechanik kein Schlußwort. Ich glaube, daß man dieses erst wird schreiben können, wenn eine Theorie entwickelt worden ist, die den Wert der Feinstrukturkonstanten ergibt und so die atomistische Struktur der Elektrizität erklärt, die eine so wesentliche Eigenschaft aller atomaren Quellen elektrischer Felder ist, die wirklich in der Natur vorkommen.

Literatur

[1] *A. Landé*, Z. Phys. **5**, 231, 1921 und Z. Phys. **7**, 398, 1921, Phys. Zs. **22**, 417, 1921.

[2] *W. Pauli*, Z. Phys. **16**, 155, 1923.

[3] ——, Z. Phys. **31**, 373, 1925.

[4] E. C. *Stoner*, Phil. Mag. **48**, 719, 1924.

[5] *W. Pauli*, Z. Phys. **31**, 765, 1925.

[6] *S. Goudsmit* und *G. Uhlenbeck*, Naturw. **13**, 953, 1925. Nature, **117**, 264, 1926.

[7] *L. H. Thomas*, Nature **117**, 514, 1926 und Phil. Mag. **3**, 1, 1927. Vgl. a. *J. Frenkel*, Z. Phys. **37**, 243, 1926.

[8] Vgl. Rapport du Sixième Conseil Solvey de Physique, Paris 1932, S. 217—225.

[9] Wegen dieser Frühzeit der Geschichte des Ausschließungsprinzips vgl. a. die Notiz des Verfassers in Science, **103**, 1946, die teilweise mit dem ersten Teil dieses Vortrages übereinstimmt.

[10] Die Nobel-Vorlesungen von *W. Heisenberg, E. Schrödinger* und *P. A. M. Dirac* sind gesammelt erschienen in „Die moderne Atomtheorie", Leipzig 1934.

[11] Die Aufsätze von *N. Bohr* sind gesammelt erschienen in „Atomic theory and the description of nature" (Cambridge University Press 1934). Vgl. a. seinen Aufsatz „Light and Life", Nature **131**, 421 und 457, 1933.

[12] *W. Heisenberg,* Z. Phys. **38**, 411, 1926 und **39**, 499, 1926.

[13] *E. Fermi,* Z. Phys. **36**, 902, 1926.
P. A. M. Dirac, Proc. Roy. Soc. A, **112**, 661, 1926.

[14] *S. N. Bose,* Z. Phys. **26**, 178, 1924 und **27**, 384, 1924.
A. Einstein, Berl. Ber. 1924, S. 261; 1925, S. 1 und 18.

[15] *W. Pauli,* Naturw. **12**, 741, 1924.

[16] *W. Heisenberg,* Z. Phys. **41**, 239, 1927, *F. Hund,* Z. Phys. **42**, 39, 1927.

[17] *D. M. Dennison,* Proc. Roy. Soc. A., **115**, 483, 1927.

[18] *R. de L. Kronig,* Naturw. **16**, 335, 1928.
W. Heitler und *G. Herzberg,* Naturw. **17**, 673, 1929.

[19] *G. N. Lewis* und *M. F. Ashley,* Phys. Rev. **43**, 837, 1933.
G. M. Murphy und *H. Johnston,* Phys. Rev. **45**, 550, 1934 und **46**, 95, 1934.

[20] Wegen des Folgenden vgl. den Bericht des Verfassers in Rev. Mod. Phys. **13**, 203, 1941, wo ältere Literatur angegeben ist. Vgl. a. *W. Pauli* und *V. Weisskopf,* Helv. Phys. Acta **7**, 809, 1934.

[21] *N. Bohr* und *L. Rosenfeld,* Kgl. Danske Vid. Selsk. Math. Fys. Medd. XII, No 8, 1933.

[22] *P. Jordan* und *E. Wigner,* Z. Phys. **47**, 631, 1928.
Vgl. a. *V. Fock,* Z. Phys. **75**, 622, 1932.

[23] *W. Pauli,* Ann. Inst. Poincaré **6**, 137, 1936 und Phys. Rev. **58**, 716, 1936.

[24] *L. Landau* und *R. Peierls,* Z. Phys. **69**, 56, 1931.
Vgl. a. die Aufsätze des Verfassers im Handb. Phys. **24**, Teil 1, 1933, Kapitel A, § 2.

[25] *P. A. M. Dirac,* Proc. Roy. Soc. A, **117**, 610, 1928.

19

Die Verletzung von Spiegelungs-Symmetrien in den Gesetzen der Atomphysik

I. Kategorien der Wechselwirkung

Die Symmetrien C, P und T

Zur Diskussion der Symmetriegrade physikalischer Gesetze ist es zweckmäßig, die Wechselwirkungen der Physik in drei Kategorien einzuteilen: die starken Wechselwirkungen, unter welche diejenigen zwischen Nukleonen und zwischen Nukleonen und Mesonen fallen, die mittelstarken elektromagnetischen Wechselwirkungen, die auch für die äußere Atomhülle verantwortlich sind, und die schwachen Wechselwirkungen, zu denen alle Erscheinungen der Betaradioaktivität gehören, die mit Emission oder Absorption von Neutrinos verbunden sind, sowie auch der Zerfall der Λ- und K-Mesonen, in welchem Neutrinos nicht vorkommen.

Die starken Wechselwirkungen haben einen noch höheren Symmetriegrad als die elektromagnetischen, doch ist es für den Zweck dieser Übersicht nicht nötig, hierauf näher einzugehen. Hierfür genügt es, darauf hinzuweisen, daß diese ersten beiden Kategorien, wie aus dem empirischen Material mit großer Genauigkeit hervorgeht, gegenüber den folgenden drei Symmetrie-Operationen e i n z e l n i n v a r i a n t sind. Jede dieser Operationen ordnet einen möglichen physikalischen Zustand oder Vorgang je einem andern zu, der ebenfalls mit den hierbei betrachteten Naturgesetzen verträglich ist.

1. D i e T e i l c h e n - A n t i t e i l c h e n - K o n j u g a t i o n C*) (L a d u n g s s y m m e t r i e).

Es ist ein allgemeiner Zug der die verschiedenen „Elementarteilchen" und ihre Wechselwirkung regulierenden Naturgesetze, daß zu jedem Teilchen ein Antiteilchen gehört. Sind diese elektrisch geladen, so hat diese Ladung für Teilchen und Antiteilchen entgegengesetztes Vorzeichen. Umgekehrt braucht nicht jedes ähnliche Teilchen entgegengesetzter Ladung wirklich das Antiteilchen zu sein. Und auch zu neutralen Teilchen kann es von ihm

*) Der Buchstabe C bedeutet „charge".

verschiedene Antiteilchen geben. So hat das nun experimentell ebenfalls nachgewiesene Antineutron bei gleicher Spinrichtung das entgegengesetzt gerichtete magnetische Moment wie das Neutron. Ob das dem Neutrino entsprechende Antineutrino von diesem experimentell unterscheidbar ist mit Hilfe eines Erhaltungssatzes für die Differenz der Gesamtzahl der „leichten Teilchen" (Leptonen) minus der Gesamtzahl der „leichten Antiteilchen", ist eine noch offene Frage. Für die entsprechende Differenz von „schweren Teilchen" (Baryonen = Nukleonen und Hyperonen) gilt ein solcher Erhaltungssatz.

2. Die räumliche Spiegelung oder Paritäts-Symmetrie *P*.

Diese ändert das Vorzeichen aller drei Raumkoordinaten, ordnet also jeder Rechtsschraube eine Linksschraube zu. Technisch unterscheidet diese räumliche Spiegelungsoperation die sogenannten „axialen Vektoren" von den „polaren Vektoren". Nur die letzteren sind eigentlich durch eine Länge mit Richtung charakterisiert, erstere aber durch eine Fläche mit Umlaufsinn. Die axialen Vektoren, auch Pseudovektoren genannt, ändern bei Spiegelungen ihr Vorzeichen nicht, die polaren Vektoren kehren es dagegen um. Eine Geschwindigkeit ist ein polarer Vektor, ein Impulsmoment, insbesondere jeder „Spin", ist ein axialer Vektor.

Die Zuordnung einer Richtung zu einem Pseudovektor ist daher nicht spiegel-invariant, sondern in ihrer Definition ist stets eine Linksschraube vor einer Rechtsschraube ausgezeichnet. Drehinvariant ist die Zuordnung der Normale zur Fläche mit Umlaufsinn, die den axialen Vektor darstellt. Welche der beiden Richtungen dieser Normalen aber gewählt werden soll, ist konventionell. Zu deren Festlegung dienen Ampèresche Schwimmerregeln oder äquivalente Vorschriften, wie: sei die Fläche die horizontale Ebene des Papieres, dann weise bei Umlauf im entgegengesetzten Sinne des Uhrzeigers die zugeordnete Normalrichtung auf den Leser zu, nach oben; umgekehrt bei Umlauf im Uhrzeigersinn nach unten. In diesem konventionellen Sinn sind Ausdrücke wie „Spin-Richtung" stets zu verstehen.

Während aus zwei gewöhnlichen (polaren) Vektoren der *P*-invariante Skalar (Produkt aus den Längen der Vektoren und dem Cosinus ihres Zwischenwinkels) gebildet werden kann, läßt sich aus einem polaren und einem axialen Vektor nur ein Pseudoskalar als Produkt beider definieren, der zwar bei Drehungen des Koordinatensystems invariant ist, bei Raumspiegelung aber das Vorzeichen ändert. Um dieses pseudoskalare Produkt einschließlich Vorzeichen bilden zu können, muß man nämlich dem axialen Vektor (Fläche mit Umlaufsinn) mit Hilfe der eben genannten Konvention eine Richtung der Normalen zuordnen. Das pseudoskalare Produkt ist dann das Produkt der Größe der Fläche, der Länge des polaren Vektors und des Cosinus des Winkels zwischen dessen Richtung und der konventionellen, (nichtspiegel-invariant) gewählten Normalrichtung zur Fläche des axialen Vektors.

Die Naturgesetze einer räumlich spiegel-invaranten (P-invarianten) Theorie dürfen daher ihre Form nicht ändern, wenn diese Pseudoskalare ihr Vorzeichen ändern; zu jedem Vorgang gibt es in dieser einen andern gleichberechtigten, in dem das Vorzeichen der Pseudoskalare das umgekehrte ist.

Das Wort Parität (englisch: parity, französisch: parité) bedeutet bei einer ganzen Zahl deren Unterscheidung nach gerade und ungerade. Die Anwendung dieses Begriffes auf die Raumspiegelungen ergibt sich daraus, daß im Falle der Raumspiegelungs-Invarianz aller Wechselwirkungen gemäß der Wellenmechanik die Eigenzustände in „gerade" und „ungerade" zerfallen, so daß die Wellenfunktionen der geraden Zustände bei der Vorzeichenänderung aller Raumkoordinaten (Spiegelung) unverändert bleiben, während die Wellenfunktionen der ungeraden Zustände hierbei ihr Vorzeichen umkehren. Das so definierte Vorzeichen, $+1$ bei geraden und -1 bei ungeraden Zuständen, heißt die Parität des Zustandes.

Für Wechselwirkungen, die nicht P-invariant sind, braucht die Parität der Energiezustände gar nicht zu existieren, indem dann die Wellenfunktionen bei räumlicher Spiegelung kein so einfaches Verhalten mehr aufzuweisen brauchen.

Nach der üblichen Auffassung (Konvention) ändert bei der Operation P die elektrische Ladung ihr Vorzeichen nicht, so daß die elektrische Feldstärke ein polarer, die magnetische Feldstärke ein axialer Vektor ist.

3. Die Zeitumkehr T.

Diese ist so definiert, daß die Raumkoordinaten, ebenso wie die elektrische Ladung ihr Vorzeichen behalten. Man kann daher diese Operation T präziser als „Umkehr der Bewegungsrichtung" aller Vorgänge definieren. Als Beispiel sei angeführt, daß die Bewegung eines geladenen Massenpunktes in einem äußeren Magnetfeld nur dann T-invariant ist, wenn hierbei die äußere magnetische Feldstärke zugleich ihr Vorzeichen wechselt.

Eine wichtige Konsequenz der T-Invarianz ist das Verschwinden des elektrischen Dipolmomentes der Nukleonen (das analog ist zu dessen Verschwinden bei Molekülen in einem bestimmten Energiezustand ihrer Rotation). Die schwachen Wechselwirkungen sind hierfür übrigens praktisch vernachlässigbar.

Durch neuere experimentelle und theoretische Untersuchungen ist die Frage des Umfanges der Symmetrie der Naturgesetze wieder in den Vordergrund des Interesses gerückt. Es war die mit dem Nobelpreis für Physik von 1957 gekrönte Leistung von *Lee* und *Yang* [1], nachdrücklich darauf hingewiesen zu haben, daß bei den schwachen Wechselwirkungen (3. Kategorie) die experimentelle Evidenz für die Gültigkeit dieser drei Symmetrieoperationen völlig ungenügend war. Ferner gaben sie Experimente an, wie gerade bei diesen schwachen Wechselwirkungen diese Symmetrie geprüft werden kann.

Diese und ähnliche Experimente wurden inzwischen vielfach durchgeführt und ergaben endgültig eine Verletzung der C- und der P-Symmetrie bei schwachen Wechselwirkungen. Dies wird im folgenden Abschnitt II noch näher erläutert. Hier sei bereits bemerkt, daß die Frage der Gültigkeit der T-Invarianz bei schwachen Wechselwirkungen experimentell noch unentschieden ist. Theoretisch ist diese äquivalent zur Frage der Gültigkeit der kombinierten Operation CP (oder in umgekehrter Reihenfolge PC). Unter sehr allgemeinen und wohlbegründeten Voraussetzungen, zu denen die für die spezielle Relativitätstheorie charakteristische *Lorentz*-Invarianz gehört, gilt nämlich das sogenannte $C\,P\,T$-Theorem. Dieses sagt aus, daß aus diesen allgemeinen Voraussetzungen — wir verweisen für Einzelheiten hier auf die Literatur [2] — die Invarianz der Theorie für die Zusammensetzung (Produkt) aller drei Operationen C, P und T (in irgend einer Reihenfolge) bereits folgt.

Dieses hat unter anderem zur Folge, daß die Massen von Teilchen und Antiteilchen (allgemeiner die Energiewerte eines Systems von Teilchen und die der zu ihnen C-konjugierten Teilchen) einander gleich sein müssen.

II. Experimentelle Evidenz für Verletzung der Links-Rechts-Symmetrie (P) und der Ladungssymmetrie (C)

Wir können hier nur über die qualitative Seite der Experimente kurz referieren und müssen für die noch im Fluß befindlichen quantitativen Fragen auf die Literatur verweisen.

Das erste, wenn auch keineswegs das einfachste Experiment besteht in der Orientierung der Spins betaradioaktiver Kerne, wofür eine besondere Technik mit Hilfe von Magnetfeldern bei tiefen Temperaturen bereits entwickelt vorlag. Man untersucht sodann die Frage, ob relativ zur (Spiegel-invarianten) Ebene des Kernspins (konventionell normal zu dieser liegt der Vektor $\vec{I}$) eine Asymmetrie der Emissionsrichtung der

Elektronen (Negatonen e_- oder Positonen e_+) vorhanden ist. Mit anderen Worten, man untersucht die Verteilung des Pseudoskalars $(\vec{I}\,\vec{p}_e) = I\,p_e \cos\Theta$, worin p_e den Vektor des Impulses der emittierten Elektronen und $\Theta = \sphericalangle(\vec{I}, \vec{p}_e)$ bedeutet. Diese Verteilung müßte bei Spiegelinvarianz der Theorie symmetrisch zu 0 sein, das heißt, es müßten zur Spinebene gleichviel Elektronen in eine Richtung Θ nach vorne und in die Richtung $\pi - \Theta$ nach rückwärts laufen. Die für Co^{60} (e_-) und für Co^{58} (e_+) ausgeführten Experimente [3] ergaben eine starke Asymmetrie, und zwar im Mittel $(\vec{I}\,\vec{p}_e) < 0$ für e_--Zerfall, $(\vec{I}\,\vec{p}_e) > 0$ für e_+-Zerfall.

Eine nähere Diskussion [4] zeigt, daß hieraus bereits auch eine Verletzung der *C*-Symmetrie folgt. In einer *C*-invarianten Theorie muß dieser Effekt nämlich 0 sein, solange die Coulomb-Wechselwirkung zwischen Kern und emittiertem Elektron vernachlässigt wird. Bei der Kernladungszahl 27 von Co ist überdies der Einfluß der Coulomb-Wechselwirkung noch viel zu klein, um allein den beobachteten Asymmetrie-Effekt erklären zu können.

Ein verwandtes, einfacheres Experiment ist die Messung der Polarisation der beim Betazerfall emittierten Elektronen gegebener Richtung. Die Polarisation ist hierbei bestimmt durch die (im Ruhesystem des Elektrons definierte) Ebene mit Umlaufsinn des Elektronen-Spins (die zugehörige konventionelle Richtung des Vektors $\vec{\sigma}_e$ bildet, vom Teilchen aus gesehen, mit dieser Ebene eine Rechtsschraube), und man mißt den Pseudoskalar $(\vec{\sigma}_e\,\vec{p}_e)$.

Die Experimente haben eine starke Polarisation ergeben [5], in dem Sinne, daß für e_--Zerfall im Mittel $(\vec{\sigma}_e\,\vec{p}_e) < 0$, daß heißt axialer Vektor σ_e und p_e bilden eine Linksschraube; für e_+-Zerfall im Mittel $(\vec{\sigma}_e\,\vec{p}_e) > 0$, das heißt axialer Vektor $\vec{\sigma}_e$ und $\vec{p}_e$ bilden eine Rechtsschraube.

Von ähnlicher Art ist die Messung des Sinnes der Zirkular-Polarisation von Photonen, deren Emission in einem zweiten Prozeß der Emission der Elektronen (Betazerfall im angeregten Kern) nachfolgt. Man mißt hierbei den Pseudoskalar $(\vec{p}_e\,\vec{\sigma}_\gamma)$. Auch dieses Experiment war positiv [6].

Wir kommen sodann zu dem wichtigen, ebenfalls auf Veranlassung von *Lee* und *Yang* ausgeführten Experiment über den Zerfall des μ-Mesons, das etwa gleichzeitig mit dem ersten Experiment mit gerichteten Kernspins ein positives Resultat ergab [7].

Man betrachtet π-Mesonen, die gemäß

$$\pi \rightarrow \mu + \nu$$

in μ-Meson und Neutrino zerfallen, worauf dann das μ-Meson weiter in zwei Neutrinos (genauer in ein Neutrino ν und ein Antineutrino $\bar{\nu}$) sowie ein Elektron zerfällt.

$$\mu \to e + \bar{\nu} + \nu$$

Die erste Reaktion ist der Polarisator des μ-Mesons, die zweite der Analysator. Die beobachtete Unsymmetrie der Elektronenemission, relativ zur Ebene, senkrecht zur Flugrichtung der μ-Mesonen, beweist, daß bei beiden Reaktionen die Spiegelungssymmetrie verletzt ist. Als ein Nebenresultat der starken Polarisation der hierbei entstehenden μ-Mesonen in bezug auf ihre Flugrichtung ergab sich die Möglichkeit einer genauen Messung ihres magnetischen Momentes. Weitere Versuche zur Vorzeichen-Bestimmung des Pseudoskalars $(\vec{\sigma}_\mu \vec{p}_\mu)$ sind im Gange.

Alle hier angeführten Experimente sind im Einklang mit einem speziellen Modell für das Neutrino, das von verschiedenen Autoren unabhängig vorgeschlagen wurde [8]. Es wird gewöhnlich etwas ungenau als „Zwei-Komponententheorie“ bezeichnet, doch möchte ich es in seinen zwei Varianten kurz „*R*-Modell“ bzw. „*L*-Modell“ nennen. Das „*R*-Modell“ ist dadurch gekennzeichnet, daß nur dasjenige Neutrino, für welches Spin und Bewegungsrichtung eine Rechtsschraube bilden, sowie das zugehörige Antineutrino, bei welchem dann Spin und Impuls notwendig umgekehrt eine Linksschraube bilden, existieren soll. Das bedeutet also, daß beim Neutrino nur für $(\vec{\sigma}_\nu \vec{p}_\nu) > 0$, beim Antineutrino nur für $(\vec{\sigma}_\nu \vec{p}_\nu) < 0$ irgend eine Wechselwirkung mit andern Teilchen stattfindet. Für ein solches Modell sind die *C*- und die *P*-Invarianz notwendig verletzt, die *CP*- und *T*-Invarianz sind möglich, aber nicht notwendig, und es gilt ein Erhaltungssatz für die Differenz der Teilchen- und Antiteilchenzahlen für die Leptonen. Die bis jetzt vorliegenden Experimente reichen jedoch nicht aus, um die Richtigkeit dieses speziellen Modells sicherzustellen. Um in der allgemeinsten Wechselwirkung des Betazerfalls ohne *P*- und *C*-Symmetrie die Konstanten festzulegen, sind nämlich weitere Experimente notwendig, die an sich nichts mit Parität zu tun haben und die Richtungskorrelation von Elektron und Neutrino bei der Emission bestimmen. Diese kann man nicht direkt messen, doch ist der Rückstoß der entstehenden schweren Teilchen (der Kerne; beim Zerfall des freien Neutrons: der Protonen) der Messung zugänglich. Aus diesem kann sodann mit Hilfe des Impulssatzes auf die Richtung und Größe des Neutrinoimpulses zurückgeschlossen werden. Obwohl diese Messungen durch die in den Uranreaktoren zur Verfügung stehenden starken radioaktiven Quellen nunmehr wesentlich erleichtert sind, befinden sie sich immer noch in einem konfusen, einander widersprechenden Zustand, und ihre weitere Entwicklung muß abgewartet werden.

Selbst wenn das spezielle *R*- bzw. *L*-Modell für das Neutrino sich bei allen seinen Reaktionen als richtig erweisen sollte, dürfte dies kaum eine genügende Erklärung für die Verletzung der *P*-Symmetrie bei schwachen Wechselwirkungen im allgemeinen liefern. Denn, wie *Lee* und *Yang* bereits in ihrer ersten Arbeit [1] bemerkt haben, gibt es mit einiger Sicherheit auch paritätsverletzende Wechselwirkungen, in welche das Neutrino gar nicht eingeht. Bei dem sogenannten „Θ-τ-puzzle" führt nämlich die Annahme der *P*-Invarianz (Erhaltung der Parität bei den betreffenden Reaktionen) zur Notwendigkeit, verschiedene Teilchen mit in guter Näherung gleichen Massen und Lebensdauern anzunehmen [9]. Hierfür ließ sich keine auch nur einigermaßen plausible Erklärung finden. Bei Annahme von Paritätsverletzung genügt es jedoch, bei diesen verschiedenen Zerfallsreaktionen ein und dasselbe Teilchen (*K*-Meson) anzunehmen, dem dann keine Parität zukommen muß.

III. Ausblick auf theoretische Probleme

Die tieferen ungelösten Schwierigkeiten der quantisierten Feldtheorien, die sich in mathematischen Divergenzen äußern, treten bei den schwachen Wechselwirkungen nicht zutage, da man sich mit den niedrigsten Näherungen der Störungstheorie begnügen kann. Ebensowenig macht sich bei einem rein phänomenologischen Standpunkt der Theorie gegenüber den neuen Phänomenen das Nichtvorhandensein einer theoretischen Herleitung und Deutung der Massen- und Spinwerte der Teilchen in der Natur unmittelbar geltend. Beim jetzigen Stand der Theorie scheint sich daher gegenüber der empirischen Verletzung der *C*- und *P*-Symmetrien eher ein Überfluß von formalen Möglichkeiten als eine formale Unerklärbarkeit zu zeigen.

Wenn es sich aber auch diesmal als methodisch richtig erwiesen hat, erst einmal die Frage nach dem Wie aufzuwerfen und die tiefere Frage nach dem Warum zurückzustellen, so ist diese doch unbeantwortet vorhanden und dürfte in Zukunft noch weiter ihre Berechtigung geltend machen. Ich halte es für verfehlt, sich davor in eine mir oberflächlich scheinende, opportunistische „Beschwichtigungsphilosophie" (dies Wort stammt von *P. Ehrenfest*) oder in zu einfache „Patentlösungen" zu flüchten.

Man kann von hier in zwei Richtungen weitergehen. Erstens kann man die Frage, warum die schwachen Wechselwirkungen die *C*- und *P*-Symmetrien verletzen, durch die andere Frage ersetzen, warum bei den starken und den elektromagnetischen Wechselwirkungen diese Symmetrien vorhanden sind. Man kann versuchen, diese Symmetrien auf andere, speziellere Eigenschaften dieser Wechselwirkungen zurückzuführen.

Zweitens kann man versuchen, einen Zusammenhang der Symmetrieverletzungen im Kleinen mit Eigenschaften des Universums im Großen aufzufinden und zu begründen [10]. Dies überschreitet aber die Möglichkeiten der jetzt bekannten Theorien der Gravitation. Die Gravitationswirkungen, die in den anfangs angeführten drei Kategorien der Wechselwirkungen nicht enthalten sind, müssen zwar als noch viel schwächer als die „schwachen Wechselwirkungen" bezeichnet werden. Nach der Gravitationstheorie von *Einstein*, der keine bekannten Phänomene widersprechen, erfüllen die Gravitationswirkungen jedoch alle Symmetrien *C, P* und *T*. Auch sind die direkten Einflüsse des Schwerefeldes auf die besprochenen atomaren Phänomene praktisch völlig vernachlässigbar.

Um bei der Frage des Zusammenhanges zwischen dem Kleinen und dem Großen über vage Spekulationen hinauszugelangen, fehlen daher noch wesentlich neue Ideen. Hiermit soll jedoch nicht die Unmöglichkeit eines solchen Zusammenhanges bestimmt behauptet werden.

So führen uns die hier besprochenen neuen empirischen Ergebnisse in Probleme, deren Lösung vielleicht noch in ferner Zukunft liegt.

Literatur

[1] *T. D. Lee* und *C. N. Yang*, Phys. Rev. 104, 254 (1956).

[2] Das *CPT*-Theorem wurde zuerst von *G. Lüders*, Dan. Mat. Fys. Medd. **28**, Nr. 5 (1954), klar erkannt. S. auch Ann. Physics **2**, 1 (1957). — Ferner: *J. Schwinger*, Phys. Rev. **82**, 914 (1951). — *W. Pauli* in „Niels Bohr and the Development of Physics" (Pergamon Press, London 1955), S. 30. — Für nicht lokale Theorien gab *R. Jost*, Helv. phys. Acta **30**, 409 (1957), eine dem *CPT*-Theorem äquivalente Bedingung, die für lokale Theorien identisch erfüllt ist. — Weitere Anwendungen s. *T. D. Lee, R. Oehme* und *C. N. Yang*, Phys. Rev. **106**, 340 (1957).

[3] *C. S. Wu, E. Ambler, R. W. Hayward, D. D. Hoppes* und *R. P. Hudson*, Phys. Rev. **105**, 1413 (1957): Co^{60}. — *H. Postma, W. J. Huiskamp, A. R. Miedema, M. J. Steenlamd, H. A. Tolhoek* und *C. J. Gorter*, Physica **23**, 259 (1957): Co^{58}. — *E. Ambler, R. W. Hayward, D. D. Hoppes, R. P. Hudson* und *C. S. Wu*, Phys. Rev. **106**, 1361 (1957): Co^{60}, Co^{58}. — Analoges Experiment mit polarisierten Neutronen: *M. T. Burgy, R. J. Epstein, V. E. Krohn, T. B. Novay, S. Raboy, G. R. Ringo* und *V. L. Telegdi*, Phys. Rev. **107**, 1731 (1957).

[4] *T. D. Lee* und *C. N. Yang*, Phys. Rev. **104**, 254 (1956). — *T. D. Lee, R. Oehme* und *C. N. Yang*, Phys. Rev. **106**, 340 (1957).

[5] Zuerst aufgeführt von *H. Frauenfelder, R. Bobone, E. von Goeler, N. Levine, H. R. Lewis, R. N. Peacock, A. Rossi* und *G. de Pasquali*, Phys. Rev. **106**, 386 (1957): Co^{60}. — Sodann *M. Goldhaber, L. Grodzins* u. *A. W. Sunyar*, Phys. Rev. **106**, 826. (1957): Bremsstrahlung. — *S. S. Hanna, R. S. Preston*, Phys. Rev. **106**, 1363 (1957): Cu^{64}. — *H. Frauenfelder, A. O. Hanson, N. Levine, A. Rossi* und *G. de Pasquali*, Phys. Rev. **107**, 643 (1957): Møller-Streuung. — *M. Deutsch, B. Gittelmann, R. W. Bauer, L. Grodzins* und *A. W. Sunyar*, Phys. Rev. **107**, 1733 (1957): Ga^{66}, Cl^{34}. — *A. de Shalit, S. Kuperman, H. J. Lipkin* und *T. Rothem*, Phys. Rev. **107**, 1459 (1957): Doppelstreuung. — *F. Boehm, T. B. Novay, G. A. Barnes* und *B. Stech*, Phys. Rev. (im Druck): N^{13}.

[6] *H. Schopper*, Phil. Mag. **2**, 710 (1957). — *H. Appel* und *H. Schopper*, Z. Phys. **149**, 103 (1957). — *F. Boehm* und *A. H. Wapstra*, Phys. Rev. **106**, 1364 (1957); **107**, 1202 und 1462 (1957).

[7] *R. L. Garwin, L. M. Ledermann* und *M. Weinrich*, Phys. Rev. **105**, 1415 (1957): Cyclotron. — *J. I. Friedman* und *V. L. Telegdi*, Phys. Rev. **105**, 1681 (1957): Photoplatten. — S. auch *D. Berley, T. Coffin, R. L. Garwin, L. M. Ledermann, M. Weinrich*, Phys. Rev. **106**, 835 (1957).

[8] *R. Salam*, Nuovo Cim. **5**, 229 (1957). — *T. D. Lee, C. N. Yang*, Phys. Rev. **105**, 1671 (1957). — *L. Landau*, Nuclear Physics **3**, 127 (1957).

[9] Siehe hierzu *R. Dalitz*, Phil. Mag. **44**, 1068 (1953). — *E. Fabri*, Nuovo Cim. **11**, 479 (1954). — Ferner Proceedings of the sixth Rochester Conference (1956).

[10] *T. D. Lee*, „Week interaction", in Proceedings of the seventh Rochester Conference (1957), Abschnitt über „Mach's principle". — Für die allgemeine Diskussion s. auch *E. P. Wigner*, Rev. Modern Phys. **29**, 255 (1957).

20

Zur älteren und neueren Geschichte des Neutrinos

1. Probleme der Deutung des kontinuierlichen Energiespektrums der Betastrahlen

Das von *J. Chadwick* 1914 entdeckte [1] kontinuierliche Energiespektrum der Betastrahlen gab der theoretischen Deutung sogleich schwierige Probleme auf. War es direkt den primären, aus dem radioaktiven Kern emittierten Elektronen, oder war es sekundären Prozessen zuzuschreiben? Die erste Ansicht, die sich als die richtige erwies, wurde von *C. D. Ellis* [2], die zweite von *L. Meitner* [3] vertreten. Diese berief sich darauf, daß die Kerne, wie aus den Alpha- und Gammastrahlen bekannt war, diskrete Energieniveaus besitzen. Sie rückte die bei vielen Beta-radioaktiven Kernen ebenfalls beobachteten diskreten Energien von Elektronen in den Mittelpunkt der Diskussion. Diese konnte *Ellis* als durch innere Konversion durch monochromatische Kerngammastrahlen aus den äußeren Schalen geschleuderte Elektronen deuten und den beobachteten Röntgenlinien zuordnen. Nach *L. Meitners* Theorie sollte jedoch mindestens eines der Elektronen diskreter Energie ein echtes Primärelektron aus dem Kern sein, welches dann ebenfalls sekundär aus den äußeren Schalen andere Elektronen kleinerer Energien emittieren könnte [4]. Dieses postulierte Primärelektron diskreter Energie ließ sich jedoch niemals nachweisen. Überdies gibt es Beta-radioaktive Kerne wie Ra E, die keine Gammastrahlen emittieren und bei denen auch die Elektronen mit diskreter Energie ganz fehlen. In der zwischen *Ellis* und *L. Meitner* entstandenen Polemik faßt *Ellis* im Jahre 1922 seinen Standpunkt wie folgt zusammen:

„Frl. *Meitners* Theorie ist ein sehr interessanter Versuch, eine einfache Erklärung des β-Zerfalls zu geben. Die experimentellen Tatsachen fügen sich jedoch nicht in den Rahmen dieser Theorie ein, und es hat allen Anschein, daß sich die einfache Analogie zwischen α- und β-Zerfall nicht aufrecht erhalten läßt. Der β-Zerfall ist ein bedeutend komplizierterer Vorgang, und die allgemeinen Andeutungen, die ich über denselben gemacht habe, erscheinen mir zurzeit den geringsten Zwang zu erfordern."

Mit dieser Feststellung war die aufgeworfene Frage nach der Deutung des kontinuierlichen Betaspektrums offensichtlich noch in keiner Weise ihrer Beantwortung näher gebracht, und die Diskussion darüber, ob es primär sei (*Ellis*) oder ob eine ursprünglich diskrete Energie durch nachträgliche Sekundärprozesse sich in ein Kontinuum verbreitet (*L. Meitner*), ging weiter. Diese Polemik endete jedoch schließlich in einem Experiment: der absoluten Wärmemessung bei der Absorption der

B e t a e l e k t r o n e n. Daß pro Zerfall e i n Elektron aus dem Kern emittiert wird, war durch Zählversuche bekannt. Im Falle nachträglicher Sekundärprozesse müßte die im Kalorimeter pro Zerfall gemessene Wärme der oberen Grenze des Betaspektrums entsprechen, im Falle eines Primärprozesses jedoch dessen mittlerer Energie. Die Messung wurde am RaE von *C. D. Ellis* und *W. A. Wooster* [6] ausgeführt. Das Resultat war eine auf Volt umgerechnete Wärme pro Zerfall von

$$344\,000 \text{ Volt} \pm 10\,\%,$$

was der mittleren Energie des Betaspektrums gut entsprach. Dagegen würde die obere Grenze des Betaspektrums etwa 1 Million Volt entsprechen, was durch die Versuche völlig ausgeschlossen war. *Ellis* betonte, daß sein Experiment noch die Möglichkeit der Herstellung der Energiebilanz durch ein kontinuierliches Gammaspektrum offen ließ, das im Kalorimeter nicht absorbiert worden wäre und sich der Beobachtung entzogen hätte.

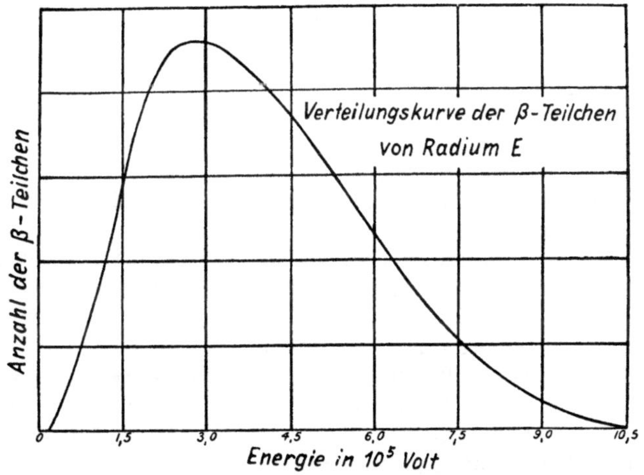

Fig. 1. Kontinuierliches Betaspektrum von Ra E.

L. Meitner war durch dieses Experiment noch nicht überzeugt und beschloß sogleich, es mit einer verbesserten Apparatur zu wiederholen. *W. Orthmann,* ein Mitarbeiter von *Nernst,* konstruierte zu diesem Zweck ein besonderes Differentialkalorimeter. Mit diesem wurde nun die Wärmemessung der Betaelektronen von Ra E mit größerer Genauigkeit wiederholt [7]. Das Ergebnis

$$337\,000 \text{ Volt} \pm 6\,\%$$

bestätigte völlig das Resultat von *Ellis* und *Wooster.*

Darüber hinausgehend wurde von *L. Meitner* durch besondere Versuche mit Zählrohren der Nachweis erbracht, daß das von *Ellis* in Betracht gezogene kontinuierliche Gammaspektrum nicht vorhanden ist.

Nach diesen experimentellen Resultaten waren nur noch zwei theoretische Möglichkeiten zur Deutung des kontinuierlichen Betaspektrums übrig geblieben:

1. Die Erhaltung der Energie gilt bei derjenigen Wechselwirkung, die zur Betaradioaktivität Anlaß gibt, nur statistisch.
2. Der Energiesatz gilt streng bei jedem primären Einzelprozeß, doch wird hierbei zugleich mit den Elektronen noch eine andere, sehr durchdringende Strahlung emittiert, die aus neuen, neutralen Teilchen besteht.

Die erste Möglichkeit wurde von *Bohr* vertreten, die zweite von mir. Bevor wir auf die Geschichte dieser weiteren Fragen eingehen, die schließlich zu Gunsten der zweiten Möglichkeit entschieden wurde, müssen wir die Entwicklung unserer Vorstellungen vom Kernbau kurz skizzieren.

2. Neutrino und Kernbau

Nach *Rutherfords* ersten Versuchen über künstliche Kernumwandlungen war die allgemein angenommene Vorstellung über den Bau der Kerne, daß diese aus Protonen und Elektronen bestünden. Von diesem Standpunkt wurde der Kernbau auch von *Rutherford* selbst in seiner berühmten Bakerian Lecture [8] diskutiert. Diese enthielt unter anderem die Hypothese der Existenz eines Kernes der Ladung 0 und seiner möglichen Eigenschaften. Bald wurde bekannt [9], daß *Rutherford* für dieses neue hypothetische Teilchen den Namen Neutron vorgeschlagen hatte. Er dachte sich dieses als eine Verbindung von Proton und Elektron mit nuklearen Dimensionen. Dementsprechend veranlaßte er in seinem Laboratorium Experimente, um in Wasserstoff-Entladungen nach diesem Neutron zu suchen, was freilich vergeblich bleiben mußte.

Die Vorstellung, daß die Kerne aus Protonen und Elektronen bestünden, wurde nur sehr ungern und langsam verlassen. Hierfür war die im Jahre 1927 aufgestellte Quanten- und Wellenmechanik schließlich ausschlaggebend. Nach dieser gibt es zweierlei Teilchen, die antisymmetrischen Fermionen und die symmetrischen Bosonen. Zusammengesetzte Teilchen sind Fermionen oder Bosonen, je nachdem die Anzahl der in ihnen enthaltenen Fermionen ungerade oder gerade ist. Entsprechendes gilt für den Spin, indem Fermionen immer halbzahligen, Bosonen immer ganzzahligen Spin haben. Da sich bald herausstellte, daß Elektronen und Protonen Fermionen sind, führte also die Vorstellung, daß diese allein die Bausteine aller

Kerne seien, zur Schlußfolgerung, daß die Parität der Ladungszahl den Symmetriecharakter der Kerne bestimmen soll. Diese Folgerung bestätigte sich jedoch in der Erfahrung nicht. Das erste Gegenbeispiel war die „Stickstoff-Anomalie", wie wir sie damals nannten, indem nämlich von *R. Kronig* [10] und von *W. Heitler* und *G. Herzberg* [11] aus den Bandenspektren gezeigt wurde, daß Stickstoff mit Ladungszahl 7 und Massenzahl 14 den Spin 1 und Bose-Statistik besitzt. Es folgten später andere, analoge Fälle wie Li 6 (Ladung 3, Masse 6) und das Deuteron (Ladung 1, Masse 2), beide ebenfalls mit Spin 1 und Bose-Statistik. Das schließliche Resultat war, daß die Parität der Massenzahl, nicht die der Ladungszahl den Symmetriecharakter der Kerne bestimmt.

Ich versuchte nun, dieses Problem von Spin und Statistik der Kerne mit dem anderen des kontinuierlichen Betaspektrums, ohne Aufgabe des Energiesatzes, durch die Idee eines neuen neutralen Teilchens in Verbindung zu bringen. Hierüber sandte ich im Dezember 1930, als das schwere Neutron noch nicht experimentell gefunden war, einen Brief an eine Physiker-Tagung in Tübingen, bei der insbesondere *Geiger* und *L. Meitner* anwesend waren*).

Offener Brief an die Gruppe der Radioaktiven bei der Gauvereins-Tagung zu Tübingen.

Physikalisches Institut
der Eidg. Technischen Hochschule
Zürich

Zürich, 4. Dez. 1930
Gloriastr.

Liebe Radioaktive Damen und Herren,

wie der Überbringer dieser Zeilen, den ich huldvollst anzuhören bitte, Ihnen des näheren auseinandersetzen wird, bin ich angesichts der „falschen" Statistik der N- und Li 6-Kerne, sowie des kontinuierlichen β-Spektrums auf einen verzweifelten Ausweg verfallen, um den „Wechselsatz" **) der Statistik und den Energiesatz zu retten. Nämlich die Möglichkeit, es könnten elektrisch neutrale Teilchen, die ich Neutronen nennen will, in den Kernen existieren, welche den Spin 1/2 haben und das Ausschließungsprinzip befolgen und sich von Lichtquanten außerdem noch dadurch unterscheiden, daß sie nicht mit Lichtgeschwindigkeit laufen. Die Masse der Neutronen müßte von derselben Größenordnung wie die Elektronenmasse sein und jedenfalls nicht größer als 0,01 Protonenmasse. — Das kontinuierliche β-Spektrum wäre dann verständlich unter der Annahme, daß beim β-Zerfall mit dem Elektron jeweils noch ein Neutron emittiert wird, derart, daß die Summe der Energien von Neutron und Elektron konstant ist.

---

*) Für Überlassung einer Kopie dieses Briefes bin ich Frl. *Meitner*, die ihn aufbewahrt hatte, zu großem Dank verpflichtet.

**) Dieser lautet: Ausschließungsprinzip (Fermi-Statistik) und halbzahliger Spin bei ungerader Gesamtzahl der Teilchen; Bosestatistik und ganzzahliger Spin bei gerader Gesamtzahl der Teilchen.

Nun handelt es sich weiter darum, welche Kräfte auf die Neutronen wirken. Das wahrscheinlichste Modell für das Neutron scheint mir aus wellenmechanischen Gründen (näheres weiß der Überbringer dieser Zeilen) dieses zu sein, daß das ruhende Neutron ein magnetischer Dipol von einem gewissen Moment μ ist. Die Experimente verlangen wohl, daß die ionisierende Wirkung eines solchen Neutrons nicht größer sein kann als die eines γ-Strahls, und dann darf μ wohl nicht größer sein als $e \cdot 10^{-13}$ cm.

Ich traue mich vorläufig aber nicht, etwas über diese Idee zu publizieren, und wende mich erst vertrauensvoll an Euch, liebe Radioaktive, mit der Frage, wie es um den experimentellen Nachweis eines solchen Neutrons stände, wenn dieses ein ebensolches oder etwa 10mal größeres Durchdringungsvermögen besitzen würde wie ein γ-Strahl.

Ich gebe zu, daß mein Ausweg vielleicht von vornherein wenig wahrscheinlich erscheinen mag, weil man die Neutronen, wenn sie existieren, wohl längst gesehen hätte. Aber nur wer wagt, gewinnt, und der Ernst der Situation beim kontinuierlichen β-Spektrum wird durch einen Ausspruch meines verehrten Vorgängers im Amte, Herrn Debye, beleuchtet, der mir kürzlich in Brüssel gesagt hat: „O, daran soll man am besten gar nicht denken, so wie an die neuen Steuern." Darum soll man jeden Weg zur Rettung ernstlich diskutieren. — Also, liebe Radioaktive, prüfet, und richtet. — Leider kann ich nicht persönlich in Tübingen erscheinen, da ich infolge eines in der Nacht vom 6. zum 7. Dez. in Zürich stattfindenden Balles hier unabkömmlich bin. — Mit vielen Grüßen an Euch, sowie auch an Herrn Back, Euer untertänigster Diener

W. Pauli

Sie sehen, wie bescheiden die Zahlen waren, die ich damals noch im Sinne hatte. In Wahrheit ist das Durchdringungsvermögen der heute Neutrino genannten Teilchen etwa 100 Lichtjahre Pb statt 10 cm, der Faktor gegenüber den Gammastrahlen 10^{16} bis 10^{17} statt 10, die Ruhmasse und das magnetische Moment sind theoretisch 0, die experimentellen oberen Grenzen sind 0,002 Elektronenmasse und 10^{-9} Bohr-Magneton [12].

Als Antwort auf meinen Brief kam bald ein Schreiben von *Geiger*, der in Tübingen meine Frage auch mit anderen, insbesondere mit *L. Meitner*, diskutiert hat. Diesen Antwortbrief besitze ich leider nicht mehr, ich erinnere mich aber, daß seine Antwort positiv und ermutigend war: Vom experimentellen Standpunkt aus seien meine neuen Teilchen durchaus möglich.

Die Idee, daß die beim Betazerfall emittierten neutralen Teilchen zugleich Bestandteile der Kerne seien, hatte ich wegen der empirischen Kernmassen bald wieder aufgegeben.

In einem Vortrag in Pasadena im Juni 1931 anläßlich einer Tagung der American Physical Society berichtete ich zum ersten Mal öffentlich über meine Idee neuer sehr durchdringender neutraler Teilchen beim Betazerfall. Ich hielt sie nicht mehr für Bausteine des Kernes, nannte sie deshalb dort auch nicht mehr Neutronen, sondern benützte für sie keinen besonderen Namen. Die Sache schien mir aber noch recht unsicher, und ich ließ meinen Vortrag nicht drucken.

Von Amerika reiste ich im gleichen Jahre 1931 direkt nach Rom, wo im Oktober ein großer internationaler Kongreß über Kernphysik stattfand. Insbesondere traf ich dort *Fermi*, der sogleich lebhaftes Interesse für meine Idee und eine sehr positive Einstellung zu meinen neuen, neutralen Teilchen hatte, sowie *Bohr*, der ganz im Gegenteil seine Idee der nur statistischen Erhaltung der Energie beim Betazerfall vertrat. Diese publizierte er bald darauf in seiner Faraday Lecture [13]. Um Ihnen einen Begriff seiner damaligen Ideen zu geben, zitiere ich folgende Stelle [14].

„At the present stage of atomic theory, however, we may say that we have no argument, either empirical or theoretical, for upholding the energy principle in the case of β-ray disintegrations, and are even led to complications and difficulties in trying to do so. Of course, a radical departure from this principle would imply strange consequences, in case such a process could be reversed. Indeed, if, in a collision process, an electron could attach itself to a nucleus with loss of its mechanical individuality, and subsequently be recreated as a β-ray, we should find that the energy of this β-ray would generally differ from that of the original electron. Still, just as the account of those aspects of atomic constitution essential for the explanation of the ordinary physical and chemical properties of matter implies a renunciation of the classical idea of causality, the features of atomic stability, still deeper-lying, responsible for the existence and the properties of atomic nuclei, may force us to renounce the very idea of energy balance. I shall not enter further into such speculations and their possible bearing on the much debated question of the source of stellar energy. I have touched upon them here mainly to emphasise that in atomic theory, notwithstanding all the recent progress, we must still be prepared for new surprises."

Betreffend die allgemeinere Möglichkeit von Überraschungen bei denjenigen Wechselwirkungen, die wir heute die „schwachen" nennen, sollte *Bohr* in anderer Hinsicht recht behalten. Seine Idee einer nur statistischen Gültigkeit des Energiesatzes bei diesen Wechselwirkungen schien jedoch weder mir noch *Fermi* annehmbar. Darüber fanden in Rom 1931 viele private Diskussionen zwischen uns statt. Ich sah keinen theoretischen Grund, den Erhaltungssatz der Energie als weniger sicher zu betrachten als z. B. den Erhaltungssatz der elektrischen Ladung. Vom empirischen Standpunkt aus schien mir entscheidend, ob die Betaspektren der Elektronen eine scharfe obere Grenze aufweisen oder ob sie eine ins Unendliche auslaufende Poissonverteilung aufweisen. Im ersteren Fall wäre meiner Ansicht nach meine Idee neuer Teilchen gesichert [15]. Die Frage war damals experimentell noch nicht entschieden, aber *Ellis*, der gleichfalls in Rom anwesend war, hatte bereits Pläne, dieses experimentelle Problem erneut aufzugreifen.

Im folgenden Jahre 1932 entdeckte *Chadwick* durch Bombardement leichter Kerne mit Alphateilchen das lang gesuchte Neutron mit der Ladungszahl 0 und der Massenzahl 1. Mein neues Teilchen, das beim Betazerfall emittiert wird, nannte daraufhin *Fermi* in Seminarien in Rom, um es vom schweren Neutron zu unterscheiden *), N e u t r i n o , welcher italienische Name bald allgemein gebraucht wurde. Rasch entwickelte sich sodann die neue Idee vom Kernbau, wonach die Kerne aus Protonen und Neutronen, heute nennen wir diese „Nukleonen", bestehend, die beide Fermionen mit Spin $^1/_2$ sind. Sie entstand unabhängig bei verschiedenen Autoren, in Italien vertrat sie *Majorana*, von *Fermi* unterstützt.

So erfolgte beim Solvay-Kongreß über Atomkerne in Brüssel im Oktober 1933, wo u. a. *Joliot* und *Chadwick* über ihre experimentellen Entdeckungen des Positronzerfalls und des Neutrons und *Heisenberg* über Kernbau berichteten, eine allgemeine Klärung. Auch *Fermi* und *Bohr* waren wieder anwesend. Es war nun evident, daß auf Grund dieser Vorstellung vom Kernbau die Neutrinos, wie sie nunmehr hießen, Fermionen sein mußten, damit beim Betazerfall die Statistik erhalten sein kann. Weiter berichtete *Ellis* über neue Versuche seines Schülers *W. J. Henderson* [16], welche die scharfe obere Grenze des Betaspektrums und deren Deutung sicherstellten.

Auf Grund der neuen Situation schien mir meine frühere Vorsicht, mit der Publikation zu warten, nunmehr überflüssig.

Nach *Heisenbergs* Referat teilte ich in der Diskussion meine Ideen über das Neutrino (wie es nun hieß) mit, was auch im Kongreßbericht gedruckt erschien [17] und hier wiedergegeben wird.

La difficulté provenant de l'existence du spectre continu des rayons β consiste, comme on sait, en ce que la durée moyenne de vie des noyaux qui émettent ces rayons, comme celle des noyaux des corps radioactifs qui en résultent, possède des valeurs bien déterminées. On en conclut nécessairement que l'état, ainsi que l'énergie et la masse du noyau qui reste après l'expulsion de la particule β sont aussi bien déterminés. Je n'insiste pas sur les efforts qu'on pourrait tenter pour échapper à cette conclusion, mais je crois, conformément à l'opinion de M. *Bohr*, qu'on se heurtera toujours à des difficultés insurmontables dans l'explication des faits expérimentaux.

Dans cet ordre d'idées, deux interprétations des expériences se présentent. Celle que défend M. *Bohr* admet que les lois de la conservation de l'énergie et de l'impulsion sont en défaut quand il s'agit d'un processus nucléaire où des particules légères jouent un rôle esssentiel. Cette hypothèse ne me paraît pas satisfaisante, ni même plausible. D'abord, la charge électrique est conservée dans le processus, et je ne vois pas pourquoi la conservation de la charge serait plus fondamentale que celle de l'énergie et de l'impulsion. Ensuite, ce sont précisément des relations énergétiques qui règlent plusieurs propriétés caractéristiques des spectres β (existence d'une limite supérieure et rapport avec les spectres γ, critère de stabilité de Heisenberg). Si les lois de conservation n'étaient pas valables, il

*) Ich verdanke diese Angabe Herrn E. *Amaldi.*

faudrait bien conclure de ces relations qu'une désintégration β est toujours accompagnée d'une perte d'énergie et jamais d'un gain; cette conclusion implique une irréversibilité des processus à l'égard du temps, qui ne me paraît guère acceptable.

En juin 1931, à l'occasion d'une conférence à Pasadena, j'ai proposé l'interprétation suivante: les lois de conservation restent valables, l'expulsion des particules β étant accompagnée d'une radiation très pénétrante de particules neutres, qui n'a pas été observée jusqu'ici. La somme des énergies de la particule β et de la particule neutre (ou des particules neutres, puisqu'on ne sait pas s'il n'y en a qu'une ou s'il y en a plusieurs) émises par le noyau dans un seul processus, sera égale à l'énergie qui correspond à la limite supérieure du spectre β. Il va sans dire que nous n'admettons pas seulement la conservation de l'énergie, mais aussi celle de l'impulsion, celle de l'impulsion angulaire et celle du caractère de la statistique dans tous les processus élémentaires.

Quant aux propriétés de ces particules neutres, les poids atomiques des éléments radioactifs nous apprennent tout d'abord que leur masse ne peut pas dépasser beaucoup celle de l'électron. Pour les distinguer des neutrons lourds M. *Fermi* a proposé le nom « neutrino ». Il est possible que la masse propre des neutrinos soit égale à zéro, de sorte qu'ils devraient se propager avec la vitesse de la lumière, comme les photons. Toutefois leur pouvoir pénétrant dépasserait de beaucoup celui des photons de même énergie. Il me paraît admissible que les neutrinos possèdent un spin $\frac{1}{2}$ et qu'ils obéissent à la statistique de Fermi, bien que les expériences ne nous fournissent aucune preuve directe de cette hypothèse. Nous ne savons rien de l'interaction des neutrinos avec les autres particules matérielles et avec les photons: l'hypothèse qu'ils possèdent un moment magnétique, comme je l'avais proposé autrefois (la théorie de Dirac conduit à prévoir la possibilité de l'existence de particules neutres magnétiques), ne me paraît du tout fondée.

Dans cet ordre d'idées, l'étude expérimentale du bilan de l'impulsion dans les désintégrations β constitue un problème de la plus haute importance; on peut prévoir que les difficultés seront très grandes à cause de la petitesse de l'énergie du noyau de recul.

Die hier hervorgehobene Schwierigkeit der Rückstoßmessungen konnte erst ganz kürzlich endgültig überwunden werden.

Daran anschließend berichtete *Chadwick* über die ersten vergeblichen Versuche, eine Absorption der Neutrinos experimentell nachzuweisen, die eine obere Grenze für ein magnetisches Neutrinomoment von 0,001 Magneton ergaben. *Bohrs* Opposition war beträchtlich schwächer geworden verglichen mit seiner Faraday Lecture. Mit der Behauptung der Ungültigkeit des Energiesatzes sehr vorsichtig geworden, beschränkte er sich auf seinen viel allgemeineren Satz, daß niemand wisse, welche Überraschungen uns auf diesem Gebiet noch bevorstünden.

Erst 1936 [18] akzeptierte er übrigens ganz die Gültigkeit des Energiesatzes beim Betazerfall und das Neutrino, als *Fermis* Theorie bereits erfolgreich entwickelt war.

3. Entstehung einer Theorie des Betazerfalls

Angeregt durch die Diskussionen des Solvay-Kongresses hat *Fermi* bald danach seine Theorie des Betazerfalls entwickelt [19]. Einen Teil von *Fermis* Folgerungen, betreffend die Form des Betaspektrums und den Schluß auf die Ruhemasse des Neutrinos, hat gleichzeitig und unabhängig auch *F. Perrin* [20] gezogen, der ebenfalls am Solvay-Kongreß anwesend war. Hierfür ist nämlich eine vollständige Theorie der Wechselwirkung nicht erforderlich, wenn man sich auf sogenannte „erlaubte" Übergänge beschränkt, wo die unrelativistische Näherung für die Nukleonen im Kern genügt. Abgesehen von den nur für größere Kernladungen wichtigen Korrekturen wegen der Coulombwechselwirkung von Kern und Elektron, ist für diese Übergänge die Form des Betaspektrums ganz durch den statistischen Gewichtsfaktor $\varrho(E_e)$ der Zustandsdichte im Phasenraum bestimmt. Dieser vom Wert der Ruhmasse m_ν des Neutrinos sehr empfindlich abhängende Faktor ist gegeben durch

$$\varrho(E_e)\, dE_e = p_e^2\, dp_e\, p_\nu^2\, \frac{dp_\nu}{dE_\nu} = p_e\, E_e\, p_\nu\, E_\nu\, dE_e. \tag{1}$$

Hierin sind die natürlichen Einheiten $\hbar = c = 1$ verwendet, die Indizes e, ν beziehen sich auf Elektronen bzw. Neutrinos und die Energie E ist mit dem Impuls p durch die Relation $E^2 = p^2 + m^2$ verknüpft, so daß $dE/dp = p/E$.

Ist ΔE die Energiedifferenz des Kernes im Anfangs- und Endzustand des Zerfalles, so verlangt der Energiesatz

$$E_\nu = \Delta E - E_e. \tag{2}$$

Da m_ν die Minimalenergie des Neutrinos ist, gilt für die obere Grenze E_0 der Elektronenenergie des Spektrums

$$E_0 = \Delta E - m_\nu, \tag{3}$$

also

$$E_\nu = E_0 - E_e + m_\nu \tag{4}$$

und

$$\varrho(E_e)\, dE_e = p_e\, E_e\, (E_0 - E_e + m_\nu)\, \sqrt{(E_0 - E_e)\,(E_0 - E_e + 2m_\nu)}\, dE_e\,. \tag{5}$$

Im Falle $m_\nu \neq 0$ ist dessen Verhalten in der Nähe der oberen Grenze E_0, nämlich für $E_0 - E_e \ll m_\nu$, ganz verschieden von dem Verhalten für $m_\nu = 0$, nämlich

$$\varrho(E_e)\, dE_e = p_e\, E_e\, (E_0 - E_e)^2\, dE_e\,, \quad \textit{für } m_\nu = 0\,. \tag{6}$$

Aus dem Vergleich mit der empirischen Form des Spektrums schlossen *Fermi* und *Perrin* bereits 1933 auf $m_\nu = 0$.

Die aus dem von *L. M. Langer* und *R. J. D. Moffat* [21] genau gemessenen Betaspektrum des Tritium (H_3) folgende genaueste Abschätzung der oberen

Grenze für die Ruhemasse m_ν des Neutrinos ist auf Grund des gleichen Prinzips gewonnen [22]. Das Resultat ist [23]

$$m_\nu < 250 \text{ eV} = 0{,}002\, m_e.$$

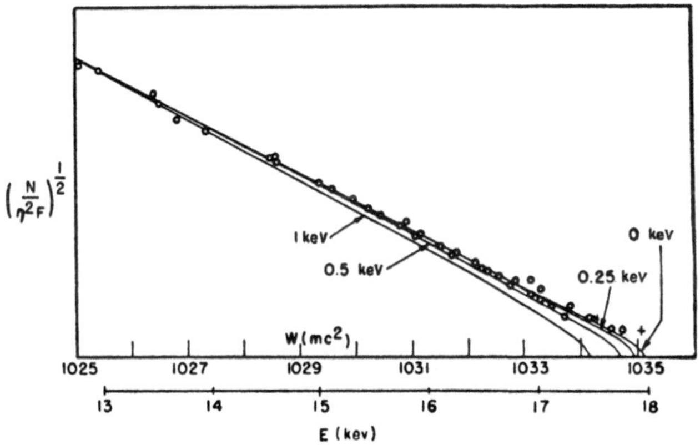

Fig. 2. Kurieplot des Tritiumspektrums

Im folgenden setzen wir daher stets $m_\nu = 0$ voraus.

Das Kurieplot der erlaubten Übergänge zeigt, daß (abgesehen von einem Faktor $F(Z, E_e)$, der Coulombkorrektur) der statistische Dichtefaktor $\varrho(E_e)$ allein die Form des Betaspektrums bestimmt. Eine längere Entwicklung der experimentellen Technik war nötig, bis dieses Ergebnis sichergestellt werden konnte *). Im Kurieplot ist

$$\sqrt{\frac{N(E_e)}{F(Z, E_e)\, p_e\, E_e}} = K(x) \tag{7}$$

aufgetragen als Funktion von

$$x = \frac{E_e - m_e}{\Delta E - m_e}, \tag{8}$$

worin $N(E_e)\, d\, E_e$ die Zahl der über alle Richtungen integrierten, pro sec emittierten Elektronen ist.

---

*) Ein Beispiel für einen verbotenen Übergang ist der Betazerfall von Ra E, der in der Geschichte der Deutung des kontinuierlichen Elektronenspektrums eine so wichtige Rolle gespielt hat. Die Form des Ra E-Spektrums ist nicht allein durch den Faktor ϱ der Dichte der Zustände bestimmt, weshalb es auch heute noch als Untersuchungsobjekt von Interesse ist.

Für $m_\nu = 0$ gibt die Theorie

$$K(x) = 1 - x. \tag{9}$$

Fig. 2 zeigt den linearen Charakter des Kurieplots an einem typischen Beispiel.

Aus dem empirischen Resultat, daß für erlaubte Übergänge der statistische Gewichtsfaktor $\varrho(E_e)$ bereits allein die Form des Betaspektrums bestimmt, lassen sich weitere Folgerungen ziehen auf Grund von *Fermis* Theorie des Betazerfalls von 1933 und ihrer Verallgemeinerungen. *Fermi* hatte dem von *Heisenberg* und mir entwickelten Formalismus der Quantenelektrodynamik, in welchem die Felder als Summen von raumzeitabhängigen Emissions- und Absorptionsoperatoren dargestellt werden, seine volle Aufmerksamkeit gewidmet und hatte sie bald durch eigene Beiträge eleganter gestaltet. Unmittelbar nach dem Kongreß in Brüssel ging er daran, als Beispiel einer Anwendung dieser Methoden der Feldquantisierung, in so enger Anlehnung an die Quantenelektrodynamik wie möglich, eine Theorie des Betazerfalls zu entwickeln. Er machte deshalb für die Wechselwirkungsenergie pro cm^3 den Ansatz einer Summe von Produkten der Komponenten von vier verschiedenen Spinorfeldern (zu je zwei Nukleonen und je zwei Leptonen) im gleichen Raum-Zeitpunkt. Es ist möglich, daß dieser lokale Charakter der Fermi-Wechselwirkung später wird verfeinert werden müssen, doch hat er sich jedenfalls als außerordentlich gute Näherung bewährt. Der gesamte Ausdruck für die Dichte der Wechselwirkungsenergie muß eine relativistische Invariante sein, die überdies den Erhaltungssatz für die elektrische Ladung streng erfüllt. Hierfür gibt es fünf typische Möglichkeiten, je nachdem skalare Produkte von zwei Skalaren (S), zwei Pseudoskalaren (P), zwei Vektoren (V), zwei Pseudo- oder Axialvektoren (A) oder zwei schiefsymmetrischen Tensoren (T) verwendet werden. *Fermi* wählte in Anlehnung an die Elektrodynamik speziell den V-Typus.

Jeder dieser Typen schien zunächst nur zu einer Konstanten Anlaß zu geben. Doch beruht dies auf besonderen Voraussetzungen. Die eine ist die im folgenden Abschnitt erläuterte Erhaltung einer leptonischen Ladung, die sich bis jetzt empirisch bewährt. Die andere war die Voraussetzung einer Invarianz bei räumlicher Spiegelung und unveränderter elektrischer Ladung („Parität"). Im letzten Abschnitt werden wir sehen, daß sich unerwarteter Weise diese Voraussetzung nicht bewährt hat. Der so in Betracht kommende allgemeinste Ausdruck für die „Fermi-Wechselwirkung" hat, den fünf Typen entsprechend, noch zehn willkürliche Konstanten. Doch ist in der Natur ein besonderer Fall realisiert (s. unten § 5), so daß schließlich nur ein Quotient von Kopplungskonstanten theoretisch noch unbestimmt blieb.

Für die weitere Diskussion bemerken wir zunächst, daß in der unrelativistischen Näherung für die Nukleonen der pseudoskalare Typus *P* keinen Beitrag gibt. Um über diesen etwas zu ermitteln, ist es nötig, „verbotene" Übergänge zu betrachten, für welche diese unrelativistische Näherung verschwindet, während wir uns hier auf „erlaubte" Übergänge des Betazerfalls in unrelativistischer Näherung beschränken und den Fall *P* konsequent weglassen.

Diese zerfallen gemäß den Auswahlregeln für den Drehimpuls *J* der Kerne in zwei Klassen:

$$S, V \quad \begin{matrix} \Delta J = 0 \\ (0 \to 0 \text{ erlaubt}) \end{matrix} \quad \text{Fermi (F)}, \tag{10a}$$

$$T, A \quad \begin{matrix} \Delta J = 0, \pm 1 \\ (0 \to 0 \text{ verboten}) \end{matrix} \quad \text{Gamow-Teller (GT)}. \tag{10b}$$

Es gibt sowohl reine Fermi-, als auch reine Gamow-Tellerübergänge, während im allgemeinen Fall beide Matrixelemente von Null verschieden sind.

Fierz [25] hat zuerst die wichtige Folgerung gezogen, daß im allgemeinen Fall im Ausdruck für die Energieverteilung im Betaspektrum ein Zusatzfaktor der Form $(1 \pm b \cdot m_e/E_e)$ auftritt, und zwar ist das dann der Fall, wenn *S*, *V* oder wenn *T*, *A* gemischt auftreten. Die Linearität der Kurieplots zeigte aber, daß in guter Näherung diese „Fierzterme" Null sein müssen. Daraus schließt man, daß von den Fällen *S* und *V* sowie von den Fällen *T* und *A* nicht beide gleichzeitig vorhanden sein können*).

Dieses Ergebnis haben *B. Stech* und *J. H. D. Jensen* [26] mit einer formalen Transformationseigenschaft der Dichte der Wechselwirkungsenergie in Verbindung gebracht, die sich später, bei Entdeckung der Paritätsverletzung, als verallgemeinerungsfähig erwiesen und bewährt hat. Um diese zu erläutern, müssen wir die mit γ_5 bezeichnete 4×4-reihige Matrix einführen. Sie hat zwei Eigenwerte $+1$ und zwei Eigenwerte -1, so daß

$$\frac{1+\gamma_5}{2} \equiv a^L, \quad \frac{1-\gamma_5}{2} \equiv a^R \tag{11}$$

Projektionsoperatoren sind. Die Buchstaben *L* und *R* beziehen sich auf links und rechts und rechtfertigen sich dadurch, daß die zugehörigen Spinorkomponenten

$$\psi^L = a^L \psi; \qquad \psi^R = a^R \psi \tag{12}$$

Zuständen entsprechen, bei denen Spin $\vec{\sigma}$ und Impuls $\vec{p}$ (d. h. Bewegungsrichtung) antiparallel bzw. parallel sind:

*) Der Schluß ist in dieser Form nur richtig, wenn Invarianz gegenüber Zeitumkehr vorhanden ist, was aber in der Natur erfüllt zu sein scheint.

Nur bei einem Teilchen mit Ruhmasse 0 wie dem Neutrino sind diese Zustände auch exakt stationäre Zustände des freien Teilchens, während beim Elektron der Massenterm der Diracgleichung die L- und die R-Komponenten miteinander koppelt.

Fig. 3. Relative Richtung von Spin $\vec{\sigma}$ und Impuls $\vec{p}$ für die durch ψ^L und ψ^R charakterisierten Zustände eines freien Dirac-Teilchens mit Ruhmasse Null

Für Elektronenenergien, die groß gegen deren Ruhmasse sind *), kann man jedoch auch hier für freie Teilchen noch annähernd von L- und R-Zuständen reden.

Die ursprüngliche „Stech-Jensen-Transformation" besteht nun darin, daß man zugleich für Elektron und Neutrino die L-Komponenten mit $+1$, die R-Komponenten mit -1 multipliziert, was nach (11), (12) mit

$$\psi' = \gamma_5 \psi \tag{13}$$

äquivalent ist. Die fünf Wechselwirkungstypen zerfallen dann in die zwei Klassen

$$S, T, P \quad \text{und} \quad V, A \tag{14 a, b}$$

von denen bei der in Rede stehenden Transformation die erste sich mit -1, die zweite mit $+1$ multipliziert. *Stech* und *Jensen* postulierten, daß die gesamte Dichte der Wechselwirkungsenergie bei ihrer Transformation entweder das eine oder das andere Verhalten aufweisen sollte, was eine Mischung beider Klassen ausschließt. Dies garantiert zugleich das Verschwinden der „Fierzterme" und hat sich ebenfalls bewährt.

Als weitere theoretische Folgerung aus der Linearität der Kurieplots sei hier noch erwähnt, daß *S. Kusaka* [27] einen Spinwert 3/2 für das Neutrino ausschließen konnte und den von *Fermi* angenommenen Wert $^1/_2$ des Neutrinospins hiermit sichergestellt hat.

Unabhängig vom tieferen Problem der Form der Wechselwirkung konnte ferner die Gültigkeit des Impulssatzes bei der Emission der Neutrinos experimentell verifiziert werden. Besonders übersichtlich ist die Versuchs-

*) Wir verwenden stets die natürlichen Einheiten $\hbar = c = 1$.

anordnung von *G. W. Rodeback* und *J. S. Allen* [28], welche den K-Einfang von A^{37} als Reaktion benützt:

$$A^{37} + e_- \rightarrow Cl^{37} + \nu \text{ (K-Einfang).} \tag{15}$$

Der Rückstoß der Augerelektronen ist vernachlässigbar, so daß der Impuls der Neutrinos sich ganz als Rückstoß der Cl-Atome äußert. Experimentell ist deren Rückstoßenergie aus ihrer Flugzeit zu ermitteln und stimmt überein mit der unter der Annahme $m_\nu = 0$ berechneten [29].

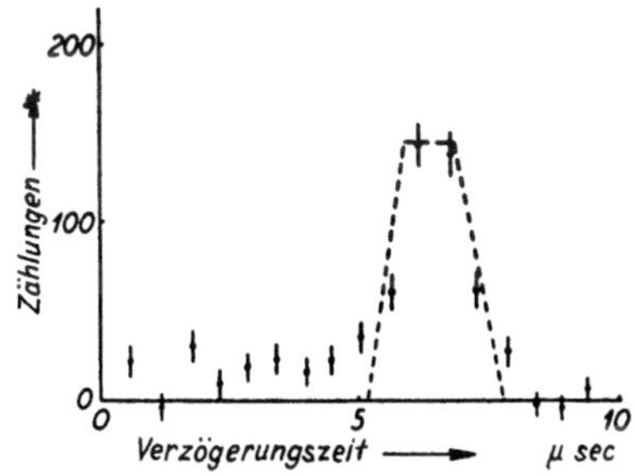

Fig 4. Flugzeit der Rückstoß-Cl-Atome aus der Reaktion (15)

4. Experimenteller Nachweis der Absorption freier Neutrinos. Erhaltung einer leptonischen Ladung, Neutrino und Antineutrino.

Trotz der Erfolge der von *Fermi* begründeten, auf der Annahme des Neutrinos fußenden Theorie der zum Betazerfall Anlaß gebenden Wechselwirkung wurde das Neutrino von verschiedenen Physikern immer noch als nicht ganz wirklich angesehen. Es fehlte noch der Nachweis der Absorption des freien Neutrinos. Dieser wurde möglich durch Verwendung der Uranreaktoren als Neutrinoquellen, welche der Größenordnung nach etwa 10^{20} Neutrinos pro sec emittieren. Für die folgende Diskussion ist es wichtig, daß es sich hier praktisch nur um Negaton (e_-)-Zerfall handelt, für Positonzerfall (e_+) stehen keine solchen Quellen zur Verfügung. Das das e_- begleitende Neutrino wird nun gemäß Konvention als Antineutrino mit dem Symbol $\bar{\nu}$ bezeichnet. Der Negatonzerfall entspricht dann der Reaktion

$$n \rightarrow p + e_- + \bar{\nu}, \tag{16}$$

die sowohl für freie als auch für im Kern gebundene Neutronen stattfindet. Theoretisch ist dann auch ein Prozeß der Absorption eines Antineutrinos durch ein Proton möglich, das in Neutron und Positon übergeht.

$$p + \bar{\nu} \rightarrow n + e_+ . \tag{17}$$

Dieser entsteht aus dem gewöhnlichen e_--Zerfall (16) durch Umkehrung eines Teilprozesses, indem statt Absorption von e_- nun Emission von e_+ eintritt.

Die wegen der Kleinheit des Querschnittes dieser Reaktion außerordentlich großen technischen Schwierigkeiten des experimentellen Nachweises dieser Reaktion konnten von *F. Reines* und *C. L. Cowan* jr. [30] schließlich überwunden werden. Ein „Riesenverstärker" mußte gebaut werden, der die Neutronen und Positonen, die bei der Absorption der vom Uranreaktor emittierten Antineutrinos nach (17) entstehen, nachzuweisen erlaubt. Die Neutronen wurden nach endlicher Flugzeit in Cd-Kernen absorbiert, die dann eine Gammastrahlung emittieren, während die Positonen durch ihre Annihilation mit Negatonen als Gammastrahlen sichtbar werden. Eine verzögerte Koinzidenzschaltung erlaubt den Nachweis der beiden Gammastrahlen. Die Fig. 5 erläutert diese Versuchsanordnung.

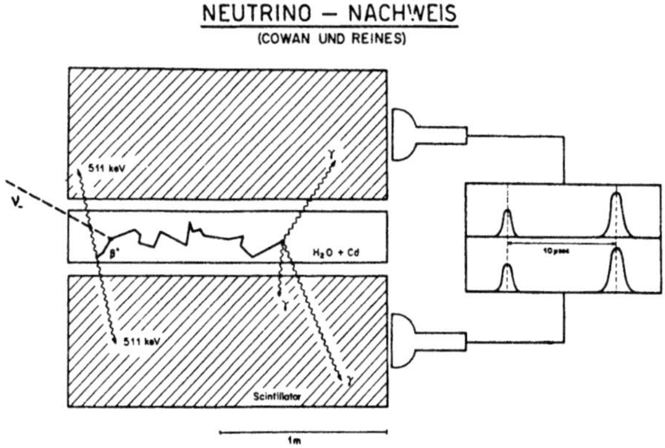

Fig. 5. Versuchsanordnung zum Nachweis der Antineutrinos, nach *Reines* und *Cowan*

Der gemessene Querschnitt war bei der ersten Veröffentlichung des Versuchsergebnisses (1956)

$$Q = 6{,}3 \cdot 10^{-44}\ \text{cm}^2 \pm 25\ \%\ \text{pro Neutrino,}$$

was dank dem großen vom Reaktor gelieferten Neutrinostrom zu 2,88 ± 0,22 Stößen pro Stunde Anlaß gibt.

Um den gemessenen Absorptionsquerschnitt mit dem theoretischen vergleichen zu können, muß das Energiespektrum der bei Fission emittierten Elektronen experimentell bestimmt werden. Überdies hängt jedoch der theoretische Wert der Absorption (bei empirisch gegebener Emissionswahrscheinlichkeit) noch von der besonderen Form der Wechselwirkung ab, da ein Faktor in sie eingeht, der einen Wert zwischen 1 und 2 annehmen kann. Dies wurde von *C. P. Enz* [21] genauer diskutiert. Die neuerdings von *Reines* und *Cowan* [22] publizierte Zahl für den Absorptionsquerschnitt

$$Q = (6{,}7 \pm 1{,}5) \cdot 10^{-43}\ \mathrm{cm}^2 \text{ pro Fission}$$

ist (unter Benützung des gemessenen, von den Fissionsprodukten verursachten Elektronenspektrums) im Einklang mit dem aus dem jetzt angenommenen Zweikomponenten-Modell des Neutrinos (s. den folgenden § 5) folgenden theoretischen Wert [25]

$$Q = (6{,}0 \pm 1) \cdot 10^{-43}\ \mathrm{cm}^2 \text{ pro Fission}\ .$$

Wir sind bereits auf die Frage gestoßen, ob es zwei spiegelbildliche Sorten von Neutrinos gibt, neben dem Antineutrino $\bar{\nu}$, das zugleich mit e_- emittiert wird, das Neutrino ν, das mit e_+ emittiert wird gemäß

$$p \to n + e_+ + \nu \qquad (16\,\mathrm{a})$$

für gebundene Protonen. Bei dieser Vorstellung sollte die Reaktion (17) mit ν statt $\bar{\nu}$ unmöglich sein. Dies läßt sich jedoch in dieser Form nicht experimentell prüfen, da keine Reaktoren als Neutrinoquelle mit Positonemission existieren. Man kann jedoch die dem Umkehrvorgang von (15) entsprechende Reaktion

$$\mathrm{Cl}^{37} + \bar{\nu} \to \mathrm{A}^{37} + e_- \qquad (18)$$

mit Antineutrinos $\bar{\nu}$ statt Neutrinos ν in Betracht ziehen, die

$$n + \bar{\nu} \to p + e_- \qquad (18\,\mathrm{a})$$

für im Cl^{37}-Kern gebundene Neutronen entspricht. Diese Reaktion sollte gemäß der Vorstellung der beiden spiegelbildlichen Sorten von Neutrinos unmöglich sein.

Man kann dies übersichtlicher formulieren mit Hilfe einer „leptonischen Ladung", deren Summe bei allen möglichen Reaktionen erhalten bleiben soll. Ohne etwas direkt mit Elektromagnetismus zu tun zu haben, kann sie ebenso wie die elektrische Ladung beide Vorzeichen annehmen. Ein gemeinsames Vorzeichen der leptonischen Ladung für alle Leptonen ist rein konventionell, dagegen muß das Vorzeichen des Quotienten von leptonischer und elektromagnetischer Ladung für verschiedene Teilchen experimentell festgelegt werden. Zum Beispiel ist es nicht konventionell, ob das Myon (μ-Meson) μ_+ und e_+ und ebenso μ_- und e_- gleiche oder entgegengesetzte leptonische Ladung haben. Die nun angenommenen Werte der leptonischen Ladung für e, μ und ν sind

$$+1 \text{ für } \mu_-, e_-, \nu, \qquad -1 \text{ für } \mu_+, e_+, \bar{\nu}. \qquad (19)$$

Auf das Myon kommen wir später noch zurück. Für schwere Teilchen (Baryonen) wie n und p und für Bosonen wie π soll die leptonische Ladung gleich Null sein. Man sieht, daß diese Zuordnung bei Annahme eines Erhaltungssatzes der leptonischen Ladung zur Zulässigkeit der Reaktionen (16), (16a), (17), und zum Verbot der Reaktion (18) oder (18a) führt.

Die Reaktion (18) ist tatsächlich von *R. Davis* [34] untersucht worden mit negativem Resultat mit einer oberen Grenze von $0{,}9 \cdot 10^{-45}\,\mathrm{cm}^2$ für den Reaktionsquerschnitt. Die durch Hintergrundeffekte der kosmischen Strahlung begrenzte Versuchsgenauigkeit ist für theoretische Anforderungen nicht sehr groß. Denn das theoretisch mögliche Maximum für diesen Querschnitt ist auch nur $2{,}6 \cdot 10^{-45}\,\mathrm{cm}^2$, und es sind Theorien denkbar, bei denen diese Maximalzahl mit irgend einem Faktor zwischen 0 und 1 multipliziert ist.

Die Reaktion (18 a), mit (16) zusammengefaßt, ergäbe die Emission zweier Elektronen *e* ohne Neutrinoemission unter gleichzeitiger Verwandlung von zwei Neutronen in Protonen. Diese einem Erhaltungssatz der leptonischen Ladung offensichtlich widersprechende Reaktion ist als „doppelter Betazerfall“ oft direkt vergeblich gesucht worden. Das genaueste negative Resultat, das bekannt ist, betrifft das Nichtvorhandensein eines Überganges Nd^{150} $(Z = 60) \rightarrow \mathrm{Sm}^{150}$ $(Z = 62)$ [35]. Die Lebensdauer des Nd ergab sich als größer als $4{,}4 \cdot 10^{18}$ Jahre. Allerdings ist hier die theoretische Abschätzung unsicher, da in diese unbekannte Matrixelemente eingehen. Sie führt im Maximum zu einer plausiblen Halbwertszeit von Nd von $4 \cdot 10^{15}$ Jahren, die allerdings bis auf $1{,}9 \cdot 10^{18}$ Jahre heraufgedrückt werden könnte.

Zusammenfassend können wir sagen, daß die quantitative empirische Bestätigung eines so fundamentalen Gesetzes wie des Erhaltungssatzes einer leptonischen Ladung allerdings sehr zu wünschen übrig läßt. Andererseits sind alle bekannten Experimente mit der Annahme dieses Erhaltungssatzes im Einklang. Im folgenden möge er als richtig vorausgesetzt werden.

5. Verletzung der Parität. Gesetz der schwachen Wechselwirkung

Mit einer kritischen Diskussion der Spiegelungssymmetrien der schwachen Wechselwirkungen begann vor zwei Jahren eine neue Entwicklung dieses weiteren Gebietes der Physik, von dem die in dieser Vorlesung behandelten Eigenschaften des Neutrinos nur ein spezieller Fall sind. Das sogenannte „$\Theta-\tau$-Rätsel“ des Zerfalls der K-Mesonen veranlaßte *T. D. Lee* und *C. N. Yang* [36], die empirische Evidenz für die Gültigkeit der Ladungssymmetrie C (allgemeiner versteht man unter C die Vertauschung von Teilchen und Antiteilchen), sowie der räumlichen Spiegelung P (von Parität; bei dieser ändert sich definitionsgemäß das Vorzeichen der Ladung nicht) bei schwachen Wechselwirkungen genauer zu untersuchen. Sie fanden diese Evidenz ungenügend und gaben Experimente an, wie sie geprüft werden kann.

Zur großen Überraschung vieler Physiker, zu denen ich auch mich selbst zähle, ergab die erste Ausführung einiger dieser Experimente das im Januar 1957 bekanntgegebene Resultat, daß beim Betazerfall [37] sowie bei Erzeugung und Zerfall der μ-Mesonen [38] die Symmetrieoperationen C sowie P einzeln nicht erfüllt sein können.

Bezüglich der prinzipiellen Bedeutung der Symmetriefragen kann ich auf einen anderen Aufsatz von mir verweisen, wo auch die drei Kategorien der Wechselwirkung – starke, elektromagnetische und schwache – näher erläutert sind [39]. Hier will ich daher nur kurz folgendes darüber bemerken. Neben den Symmetrieoperationen C und P gibt es noch die Zeitumkehr T (definitionsgemäß ohne Vorzeichenänderung der Ladung). Das sogenannte CPT-Theorem garantiert, daß unter sehr allgemeinen Annahmen aus der Invarianz gegenüber der kontinuierlichen Lorentzgruppe bereits die Invarianz gegenüber dem Produkt der drei diskreten Operationen C, P und T (in irgend einer Reihenfolge) folgt. Darüber hinaus haben die bisher zu diesem Zweck ausgeführten Experimente [40] Vereinbarkeit mit der Symmetrie T oder der mit ihr äquivalenten Symmetrie CP ergeben.

Gerne beziehe ich nun die früher erwähnte Warnung *Bohrs*, man müsse bei den schwachen Wechselwirkungen (wie sie heute genannt werden) „auf Überraschungen vorbereitet sein", auf die Verletzung der Symmetrien C oder P einzeln. Während seine später von ihm aufgegebene spezielle Idee einer Verletzung des Energiesatzes bei diesen Wechselwirkungen die (in der inhomogenen Lorentzgruppe enthaltene) kontinuierliche Gruppe der Translationen von Raum und Zeit betroffen hätte, bezieht sich unsere tatsächliche Überraschung auf die Verminderung der Symmetrie in den diskreten Gruppen der Spiegelungen bei den schwachen Wechselwirkungen. Diese Überraschung wäre sicherlich nicht eingetreten, wenn alle Naturgesetze nur die geringe Symmetrie CP oder T aufweisen würden. Man kann daher auch sagen, das Problem bestehe darin, zu verstehen, warum die starken und die elektromagnetischen Wechselwirkungen die höhere Symmetrie von C oder P einzeln aufweisen. Dieses Problem ist noch ungelöst. Während beim Elektromagnetismus die höhere Spiegelsymmetrie mit der besonderen Form der Wechselwirkung zusammenhängen könnte, ist der Sachverhalt bei den starken Wechselwirkungen komplizierter. Es entsteht hier überdies die empirisch zu entscheidende Frage, ob diese höhere Spiegelsymmetrie bei allen starken Wechselwirkungen tatsächlich vorhanden ist oder nur bei den Pion-Nukleon- und Nukleon-Nukleon-Wechselwirkungen. Die Beantwortung dieser Fragen muß der Zukunft überlassen werden.

Die geringere Spiegelsymmetrie der schwachen Wechselwirkung beschränkt sich nicht auf das Neutrino und kann daher auch nicht allein auf besondere

Eigenschaften des Neutrinos zurückgeführt werden. Sie ist z. B. auch sicher nachgewiesen beim Zerfall des neutralen Hyperons Λ° in Proton p und negatives Pion π^-.

Für das Neutrino besteht eine besondere Möglichkeit, deren Diskussion bereits in § 3 vorbereitet wurde: Das sogenannte „Zweikomponenten-Modell". Gemäß diesem sollen entweder nur die beiden R-Komponenten oder nur die beiden L-Komponenten (siehe Gl. (11), (12) oben) in der Natur vorkommen [41]. Nach der ersten Arbeit von *Lee* und *Yang* schlugen verschiedene Verfasser unabhängig vor, dieses Modell auf das Neutrino anzuwenden [42]. In der Tat hat dann bereits das freie Neutrino nur die hier mit CP oder T bezeichnete Spiegelsymmetrie, indem räumliche Spiegelung (Umkehrung der Bewegungsrichtung relativ zur Spinrichtung) zugleich mit Übergang von Neutrino zu Antineutrino verbunden ist. Dieses Zweikomponentenmodell des Neutrinos hat sich bisher gegenüber sämtlichen experimentellen Ergebnissen bewährt .

Eine Zeitlang stand ich diesem speziellen Modell mit einem gewissen Skeptizismus gegenüber [42], da es mir zu stark eine Sonderstellung des Neutrinos zu betonen schien. Es hat sich jedoch gezeigt, daß es für die Form der Wechselwirkungsenergie bei allen schwachen Wechselwirkungen, in Weiterbildung des Gedankenganges von *Stech* und *Jensen* (s. oben § 3), einer interessanten Verallgemeinerung fähig ist.

Zunächst waren die Versuche über die Polarisation des Elektrons beim Betazerfall, sowie diejenigen über die Winkelverteilung der Elektronen bei gerichtetem Kernspin mit folgender Alternative vereinbar: entweder hat man nur A- und V-Wechselwirkung mit einem L-Modell, oder nur S- und T-Wechselwirkung mit einem R-Modell des Neutrinos.

Für den Zerfall des μ-Mesons konnte zunächst unter Zugrundlegung des Zweikomponenten-Modells zwischen den beiden Möglichkeiten

$$\mu \to e + \nu + \nu \quad (\text{oder } \mu \to e + \bar{\nu} + \bar{\nu}) \quad \text{und} \quad \mu \to e + \nu + \bar{\nu} \tag{20}$$

zu Gunsten der zweiten Möglichkeit entschieden werden. Nur für diese ist die Form des Energiespektrums der Elektronen (sogenannter „Michel-Parameter", $\varrho = 3/4$) mit der Erfahrung im Einklang. Die Messung der räumlichen Flugrichtung der Elektronen in Bezug auf die Bewegungsrichtung der μ-Mesonen, die im Prozeß

$$\pi^+ \to \mu^+ + \nu \quad \text{oder} \quad \pi^- \to \mu^- + \bar{\nu} \tag{21}$$

entstehen, ergab dann, daß die für den Fall (20) gemäß dem Zweikomponentenmodell allein übrig bleibenden Wechselwirkungen vom V- und A-Typus hier in gleicher Stärke vorhanden sein müssen.

Über das μ-Meson erwähnen wir noch, daß die schwache Wechselwirkung zwischen (p, n) und (μ, ν), wie der Einfang der μ-Mesonen durch Kerne zeigt, ebenfalls vorhanden sein muß.

Lange hat man die Reaktion

$$\pi^+ \to e^+ + \nu \quad \text{oder} \quad \pi^- \to e^- + \bar{\nu} \tag{22}$$

vergeblich gesucht, doch gelang es kürzlich, sie als vorhanden nachzuweisen [43]. Zur Zeit ist es jedoch noch ein wenig verfrüht, die quantitative Frage der relativen Häufigkeit der beiden Reaktionen (22) und (21) durch Vergleich von Experiment und Theorie zu diskutieren. Die Größenordnung des Quotienten der Querschnitte des Elektron- zum Mesonzerfall des Pions ist 10^{-5} bis 10^{-4}.

Schwieriger war die Entscheidung der Alternative S, T- versus V, A-Wechselwirkung beim Betazerfall. Hier war man lange durch unrichtig ausgewertete Rückstoßmessungen beim He^6 aufgehalten. Den ersten richtigen Hinweis auf die Alternative (V, A) gab die aus Rückstoßexperimenten ermittelte Winkelkorrelation Elektron-Neutrino bei A^{35} [44]. Damit im Einklang war ferner das Ergebnis eines eleganten Experimentes von *M. Goldhaber, L. Grodzins* und *A. W. Sunyar* [45], welches aus dem Sinn der Zirkularpolarisation der Gammastrahlen, die nach Einfang eines Elektrons aus inneren Schalen der Atomhülle emittiert werden, mittels Resonanzstreuung der Gammastrahlen an Tochterkernen direkt auf den Schraubensinn des emittierten Neutrinos zu schließen erlaubt. Das Experiment an Eu^{152} ergab ein L-Neutrino. Nach den bereits erwähnten Ergebnissen aus anderen Experimenten entspricht dies der Alternative (V, A).

Für diese ergaben sich bald weitere Bestätigungen [46] (u. a. durch neue Rückstoßexperimente an He^6), so daß sie nunmehr als gut gesichert betrachtet werden kann.

Zur theoretischen Deutung lag auf Grund der Transformation von *Stech-Jensen* und dem Zweikomponenten-Modell des Neutrinos zusammengenommen folgendes Postulat nahe: es soll die Energie jeder schwachen 4-Fermion-Wechselwirkung „universell" entweder nur R- oder nur L-Komponenten der beteiligten Fermionen enthalten*). Eine äquivalente Formulierung dieser Forderung ist die, daß bei der Transformation $\psi' = \gamma_5 \psi$ für jedes beteiligte Teilchen einzeln die Dichte der Wechselwirkungsenergie „universell" entweder unverändert bleiben oder das Vorzeichen wechseln soll [47].

*) Darin möge eingeschlossen sein, daß diese die Ableitungen dieser Spinorkomponenten nicht explizit enthalten soll. Für Teilchen nicht-verschwindender Ruhmasse können die R-Komponenten durch die ersten Ableitungen der L-Komponenten ausgedrückt werden et vice versa.

Die Stech-Jensen-Transformation bezog sich auf je ein Paar der Teilchen gleichzeitig, während das Zweikomponenten-Modell des Neutrinos mit der Gültigkeit des Ergebnisses der Transformation für das Neutrino allein äquivalent ist. Das in Rede stehende Postulat der erweiterten Stech-Jensen-Transformation ist daher eine Verallgemeinerung des Zweikomponenten-Modells für das Neutrino.

Wie leicht zu sehen ist, führt dieses Postulat auf das einzige (automatisch CP- oder T-invariante) Wechselwirkungsgesetz

$$\begin{aligned}&[\overline{\psi}_1 \gamma_\mu (1 \pm \gamma_5) \psi_2]\ [\overline{\psi}_3 \gamma_\mu (1 \pm \gamma_5) \psi_4]\\ \equiv\ &[\overline{\psi}_1 \gamma_\mu (1 \pm \gamma_5) \psi_4]\ [\overline{\psi}_3 \gamma_\mu (1 \pm \gamma_5) \psi_2]\end{aligned} \tag{23}$$

Die Identität beider Ausdrücke ist eine rein algebraische. Das Vorzeichen von γ_5 muß „universell" dasselbe sein. Seine Wahl hängt ab von der Konvention, was als Teilchen und was als Antiteilchen angesehen wird. Es bedeutet hierin wie üblich $\overline{\psi} = \psi^* \gamma_4$ und ψ^* den zu ψ hermitisch konjugierten Operator. Die Kopplungskonstante ist in (23) nicht explizit angeschrieben. Das Postulat in seiner hier benützten Form verlangt nicht deren Gleichheit für die Wechselwirkung verschiedener Teilchen.

Das Postulat der „universellen" schwachen R- oder L-Wechselwirkung würde allgemein die Gleichheit der Stärke der V- und der A-Wechselwirkung verlangen. Dies ist jedoch in dieser Form empirisch nicht richtig für die Nukleonen im Betazerfall. Das empirische Resultat kann nunmehr *) wie folgt zusammengefaßt werden. Die Wechselwirkung für den Betazerfall ist

$$\frac{1}{\sqrt{2}}\, C\, [\bar{p} \gamma_\mu (1 + \lambda \gamma_5)\, n]\ [\bar{e} \gamma_\mu (1 + \gamma_5)\, \nu] + \text{herm. conj.} \tag{24}$$

Für diesen allgemeineren Ansatz der Wechselwirkung ist die CP- oder T-Invarianz äquivalent der Aussage, daß die Konstante λ reell ist, was experimentell gut gestützt ist [48]. Die numerischen Werte der Komponenten sind

$$\lambda = 1{,}25 \pm 0{,}04, \quad C = (1{,}410 \pm 0{,}009) \cdot 10^{-49}\ \text{erg cm}^{-3}.$$

Für den Zerfall des μ-Mesons genügt für die Wechselwirkungsenergie der Ansatz

$$\begin{aligned}&\frac{1}{\sqrt{2}}\, C\, [\bar{\nu} \gamma_\mu (1 + \gamma_5)\, \mu]\ [\bar{e} \gamma_\mu (1 + \gamma_5)\, \nu] + \text{herm. conj.}\\ \equiv\ &\frac{1}{\sqrt{2}}\, C\, [\bar{\nu} \gamma_\mu (1 + \gamma_5)\, \nu]\ [\bar{e} \gamma_\mu (1 + \gamma_5)\, \mu] + \text{herm. conj.}\end{aligned} \tag{25}$$

---

*) S. [40]. Dabei ist eine neue Messung der russischen Autoren *A. N. Sosnovskij, P. E. Spivak, Yu. A. Prokofiev, I. E. Kutikov* und *Yu. P. Dobrynin* für die Halbwertszeit des freien Neutrons zu 11,7 ± 0,3 min wesentlich herangezogen.

Die beiden Konstanten C für den Nukleonen- und für den Myonen-Zerfall sind empirisch in guter Annäherung gleich.

Um die Abweichung der Konstante λ von Eins zu deuten, haben *Feynmann* und *Gell-Mann* [49] eine interessante Hypothese vorgeschlagen. Es soll in (24) $[\bar{p}\, \gamma_\mu\, (1 + \gamma_5)\, n]$ durch die betreffende Komponente des totalen Isotopenspin-Stroms, einschließlich der π-Mesonen, ersetzt werden, so daß das Wechselwirkungsgesetz nunmehr lautet:

$$C \left\{ \frac{1}{\sqrt{2}} \left(\bar{p}\, \gamma_\mu\, (1 + \gamma_5)\, n \right) - \left(\pi_0\, \frac{\partial \pi^*}{\partial x_\mu} - \pi^*\, \frac{\partial \pi_0}{\partial x_\mu} \right) \right\} \cdot \qquad (24\,a)$$
$$\cdot\, [\bar{e}\, \gamma_5\, (1 + \gamma_5)\, \nu] + \text{herm. conj.}$$

und das Postulat der „universellen" schwachen L-Wechselwirkung wiederhergestellt ist. Hierin entspricht das Feld $\pi_0(x)$ dem neutralen, das (komplexe) Feld $\pi\,(x)$ dem geladenen π-Meson. Für die Erklärung von λ wird der Begriff „Renormierung der Kopplungskonstanten" herangezogen. Die Erhaltung des totalen Isospins bei der (starken) Pion-Nukleonkopplung sorgt dafür, daß diese nur die Kopplungskonstante des axialen (A-) Teiles der Wechselwirkung verändert, während die V-Kopplungskonstante unverändert bleibt.

Es ist hierzu kritisch zu sagen, daß erst eine Berechnung von λ aus anderen empirischen Daten der Pion-Nukleon-Wechselwirkung das zunächst noch unausgefüllte formale Schema der „Renormalisation" in eine wirkliche Theorie verwandeln würde. Eine solche liegt zur Zeit jedoch noch nicht vor. Die vorgeschlagene direkte Wechselwirkung der Pionen mit Elektron und Neutrino gibt zu Möglichkeiten experimenteller Prüfung Anlaß, die abzuwarten ist.

Wir haben nun die Geschichte des Neutrinos ein Stück Weges verfolgt und haben gesehen, wie die ursprünglichen Vorstellungen und Begriffe sich später bewährt haben. Nun scheint ein Punkt erreicht, wo die Physik des Neutrinos einmündet in die allgemeinere Physik der Elementarteilchen. Heute beschreibt man noch jedes dieser Teilchen durch ein eigenes Feld und jede Art von Wechselwirkung durch ihre eigenen Kopplungskonstanten.

Was bedeutet z. B. der kleine numerische Wert der Konstanten der Fermischen Wechselwirkung von der Dimension eines Wirkungsquerschnittes, verglichen mit anderen atomaren Wirkungsquerschnitten? Der nächste Schritt, die Überwindung der phänomenologischen Physik individueller Felder und Kopplungskonstanten zu Gunsten einer einheitlichen Auffassung, dürfte viel schwieriger sein als das bisher Erreichte.

Literatur

[1] *J. Chadwick*, Verh. d. deutschen Phys. Ges. **16**, 383, 1914.

[2] *C. D. Ellis*, Proc. Roy. Soc. (A), **101**, 1, 1922.

[3] *L. Meitner*, Z. Physik, **9**, 101 und 145, 1922; **11**, 35, 1922.

[4] In einer späteren Arbeit (Z. Physik **34**, 807, 1925) hat *L. Meitner* experimentell nachgewiesen, daß die γ-Strahlen, entgegen einer früheren Ansicht von *Ellis*, vom Kern, der nach der Emission des α- oder β-Teilchens entsteht, emittiert werden.

[5] *C. D. Ellis*, Z. Physik, **10**, 303, 1922.

[6] *C. D. Ellis* und *W. A. Wooster*, Proc. Roy. Soc. (A), **117**, 109, 1927.

[7] *L. Meitner* und *W. Orthmann*, Z. Physik, **60**, 143, 1930.

[8] *E. Rutherford*, Proc. Roy. Soc. (A), **97**, 374, 1920. Über den neutralen Kern siehe p. 396.

[9] Vgl. z. B., *J. L. Classon*, Phil. Mag. **42**, 596, 1921.

[10] *R. Kronig*, Naturw. **16**, 335, 1928.

[11] *W. Heitler* und *G. Herzberg*, Naturw. **17**, 673, 1929.

[12] *C. L. Cowan* jr. und *F. Reines*, Phys. Rev. **107**, 528, 1957.

[13] *N. Bohr*, Faraday Lecture, Chemistry and the Quantum Theory of Atomic Constitution. Journ. of the Chem. Soc. 1932, (London), S. 349—384.

[14] [13] S. 383.

[15] Zur theoretischen Deutung der oberen Grenze des Spektrums s. auch *C. D. Ellis* und *N. E. Mott*, Proc. Roy. Soc. (A) **141**, 502, 1933.

[16] *W. J. Henderson*, Proc. Roy. Soc. (A), **147**, 572, 1934.

[17] Septième Conseil de Physique Solvay 1933: „Noyaux Atomiques", Paris 1934, p. 324 f.

[18] *N. Bohr*, Nature **138**, 25, 1936.

[19] *E. Fermi*, Ricercha Scient., **2**, Heft 12, 1933, Z. Physik **88**, 161, 1934.

[20] *F. Perrin*, Comptes rendues, **197**, 1625, 1933.

[21] *L. M. Langer* und *R. J. D. Moffat*, Phys. Rev. **88**, 689, 1952.

[22] Außer dem statistischen Faktor ϱ kommt hier für $m_0 \neq 0$ noch eine weitere, zuerst von *J. R. Pruett*, Phys. Rev. **73**, 1219, 1948 bemerkte Korrektur in Betracht. Sie hängt ab von einem Faktor, der im allgemeinen zwischen -1 und $+1$ liegen kann. Für den allgemeinsten Ausdruck dieses Faktors durch die Kopplungskonstanten siehe *C. P. Enz*, Nuovo Cimento, **6**, 250, 1957. Für die heute angenommene Form der Wechselwirkung ist diese Korrektur jedoch Null.

[23] Vgl. hierzu auch die Diskussion *L. Friedman* und *L. G. Smith*, Phys. Rev. **109**, 2214, 1958; *J. J. Sakurai*, Phys. Rev. Lett. **1**, 40, 1958,; *L. Friedman*, ebenda, **1**, 101, 1958.

[24] *W. Bühring* und *J. Heintze*, Phys. Rev. Lett, **1**, 177, 1958, und Z. Physik (im Druck).

[25] *M. Fierz*, Z. Physik, **104**, 553, 1937.

[26] *B. Stech* und *J. H. D. Jensen*, Z. Phys. **141**, 175 und 403, 1955.

[27] *S. Kusaka*, Phys. Rev. **60**, 61, 1941.

[28] *G. W. Rodeback* und *J. S. Allen*, Phys. Rev. **86**, 446, 1952.

[29] Vgl. auch die Prüfung des Impulssatzes beim gewöhnlichen Betazerfall durch *C. W. Sherwin*, Phys. Rev. **82**, 52, 1951.

[30] *C. L. Cowan*, *F. Reines*, *F. B. Harrison*, *H. Kruse* und *A. D. Guire*, Science, **124**, 103, 1956; *F. Reines* und *C. L. Cowan*, jr., Nature **178**, 446, 1956.

[31] *C. P. Enz*, Helv. Phys. Acta, **31**, 69, 1958.

[32] *F. Reines* und *C. L. Cowan*, jr., Phys. Rev. 1958, im Druck.

[33] *R. E. Carter*, *F. Reines*, *J. J. Wagner* und *M. E. Wyman*, Phys. Rev. 1958, im Druck.

[34] *R. Davis*, Phys. Rev. **97**, 766, 1955; Bull. American Phys. Soc., Washington Meeting, 1956, p. 219.

[35] *C. L. Cowan* jr., *F. B. Harrison*, *L. M. Langer* und *E. Reines*, Nuovo Cimento **3**, 649, 1956; Phys. Rev. **106**, 825 (L), 1957.

[36] *T. D. Lee* und *C. N. Yang*, Phys. Rev. **104**, 254, 1956.

[37] *C. S. Wu*, *E. Ambler*, *R. W. Hayward*, *D. D. Hoppes* und *R. P. Hudson*, Phys. Rev. **105**, 1413, 1957; gerichtete Kernspins von Co 60.

[38] *R. L. Garwin*, *L. M. Lederman* und *M. Weinrich*, Phys. Rev. **105**, 1415, 1957 (Cyclotron); *J. L. Friedman* und *V. L. Telegdi*, Phys. Rev. **105**, 1681, 1957 (photographische Platten).

[39] *W. Pauli*, Experentia **14/1**, 1958, p. l. Daselbst auch weitere Literatur über Experimente bis Ende 1957.

[40] Für den heutigen Stand (Sept. 1958) der Experimente verweisen wir auf den Bericht von M. *Goldhaber*, in Proc. of the Eight Annual International Conference on High Energy Physics, Genf 1958, p. 233.

[41] Für Teilchen mit Ruhmasse 0 wurde diese „Zweikomponententheorie" von *H. Weyl*, Z. Physik **56**, 330, 1929, zum ersten Mal angegeben. In meinem Handbuchartikel (Prinzipien der Wellenmechanik, Berlin 1933), s. insbesondere p. 226, ist sie kritisch diskutiert. Dies geschah vor Aufstellung der Diracschen Löchertheorie, so daß die Spiegelsymmetrie der Modells (C P oder T) beim Übergang von Teilchen zu Antiteilchen noch unbemerkt blieb.

[42] *R. Salame*, Nuovo Cim. **5**, 229, 1957; *T. D. Lee* und *C. N. Yang*, Phys. Rev. **105**, 1671, 1957; *L. Landau*, Nucl. Phys. 3, 127, 1957.

[43] *T. Fazzini, G. Fidecaro, A. W. Merrison, H. Paul* und *A. V. Tollestrup* (CERN, Sept. 1958, preprint), sowie *G. Impeduglia, P. Plano, A. Prodell, N. Samios, M. Schwartz* und *J. Steinberger*, Phys. Rev. Lett. (im Druck). Über ältere negative Experimente und die theoretischen Abschätzungen siehe z. B *S. Lokanathan* und *J. Steinberger*, Nuovo Cimento **2**, Suplemento 151, 1955. Ferner *H. L. Anderson* und *C. M. G. Lattes*, Nuovo Cimento **6**, 1356, 1957.

[44] *W. B. Herrmannsfeld, D. R. Maxson, P. Stähelin* und *J. S. Allen*, Phys. Rev. **107**, 641, 1957 (L).

[45] *M. Goldhaber, L. Grodzins* und *A. W. Sunyar*, **109**, 1015, 1958.

[46] S. [40].

[47] Dieses Postulat oder ein Äquivalent hierzu wurde von verschiedenen Autoren unabhängig vorgeschlagen: *E. C. G. Sudarshan* und *R. E. Marshak*, Phys. Rev. **109**, 1860, 1958; *J. J. Sakurai*, Nuovo Cimento, **7**, 649, 1958; *R. P. Feynman* und *M. Gell-Mann*, Phys. Rev. **109**, 193, 1958.

[48] S. [40].

[49] S. [47]. Vergl. auch *S. S. Gershtein* und *Ia. B. Zel'dovich*, JETP **2**, 576, 1956. Ferner *M. Gell-Mann*, Phys. Rev. **111**, 362, 1958, wo mögliche experimentelle Prüfungen des neuen Ansatzes diskutiert werden.

Quellenverzeichnis

Die Materie

Übersetzt von Prof. Dr. *W. Westphal* nach „Matter as an Aspect of the Nature of Things". Veröffentlicht in „Man's Right to Knowledge", 2nd Series p. 10, © **1955** by Columbia University Press, New York. N. Y./USA.

Die philosophische Bedeutung der Idee der Komplementarität

Vortrag, gehalten in der Philosophischen Gesellschaft in Zürich im Februar 1949. Der physikalische Sachverhalt konnte im § 2 des Vortrages nur qualitativ kurz skizziert werden. Bezüglich der Einzelheiten möge auf die einschlägigen Arbeiten von *N. Bohr*, Atomtheorie und Naturbeschreibung (Berlin 1931), sowie seinen Artikel im Einstein-Band der Library of living Philosophers (Evanston 1949), ferner auf *W. Heisenberg*, Die physikalischen Prinzipien der Quantentheorie (Leipzig 1930), verwiesen werden. Der frühere Vortrag des Autors in der Philosophischen Gesellschaft Zürich „Raum, Zeit und Kausalität in der modernen Physik" ist in der Zeitschrift Scientia **59** (1936) S. 65 veröffentlicht worden. Aus „Experientia" Vol. VI/2, 1950. Birkhäuser Verlag, Basel, Schweiz. (Siehe auch im vorl. Band Seite 64.)

Wahrscheinlichkeit und Physik

Erweiterte Fassung eines anläßlich der Tagung der Schweizerischen Naturforschenden Gesellschaft in Bern 1952 gehaltenen Referates. Aus „Dialectica" Vol. 8, No. 2 — 15. 6. 1954. Internationale Zeitschrift für Philosophie der Erkenntnis. Editions du Griffon, La Neuveville, Suisse.

Niels Bohr zum 60. Geburtstag

Übersetzt von Prof. Dr. *W. Westphal* nach Reviews of Modern Physics **17** (1945) p. 97. Published by the American Institute of Physics for the American Physical Society.

Sommerfelds Beiträge zur Quantentheorie

A. Sommerfeld zum 80. Geburtstag am 5. Dezember 1948 gewidmet. Aus „Die Naturwissenschaften" **35** (1948) H. 5, S. 129. Springer-Verlag, Berlin u. Göttingen.

Arnold Sommerfeld

Aus „Zeitschrift für angewandte Mathematik und Physik (ZAMP)" Vol. II (1951), Fasc. 4. Birkhäuser Verlag, Basel, Schweiz.

Rydberg und das Periodische System der Elemente

Übersetzt von Prof. Dr. *W. Westphal* nach „Rydberg and the periodic system of the elements". Proc. of the Rydberg Centannial Conference on Atomic Spectroscopy, Lund 1954, Vol. 50, No. 21. Universitetes Årsskrift, Lund, Schweden, 1955.

Paul Ehrenfest †

Aus „Die Naturwissenschaften" **21** (1933) H. 48, S. 841. Verlag von Julius Springer, Berlin.

Einsteins Beitrag zur Quantentheorie

Aus „Albert Einstein als Philosoph und Naturforscher" (Philosophen des 20. Jahrhunderts; herausgegeben von Paul A. Schilpp). W. Kohlhammer Verlag, Stuttgart, 1955.

Raum, Zeit und Kausalität in der modernen Physik

Erweiterte Fassung eines Vortrages, gehalten in der philosophischen Gesellschaft in Zürich im Nov. 1934. Aus „Scientia" Vol. LIX, Milano, Italien.

Relativitätstheorie und Wissenschaft

Aus „Helvetica Physica Acta", Suppl. IV (1956) S. 282. Birkhäuser Verlag, Basel, Schweiz.

Impressionen über Albert Einstein

Aus „Neue Zürcher Zeitung" vom 22. 4. 1955.

Albert Einstein in der Entwicklung der Physik

Aus „Neue Zürcher Zeitung" vom 12. 1. 1958.

Theorie und Experiment

Aus „Tiré de Dialectica", Vol. 6, No. 2, 15. 6. 1952. Editions du Griffon, Neuchâtel, Suisse.

Phänomen und physikalische Realität

Einleitung zu einem Symposium anläßlich des internationalen Philosophenkongresses in Zürich 1954. Aus „Dialectica", Vol. 11, No. 1/2, 15. 3. 1957. Editions du Griffon, La Neuveville, Suisse.

Die Wissenschaft und das abendländische Denken

Aus „Europa — Erbe und Aufgabe". Internationaler Gelehrtenkongreß. Mainz 1955. Franz Steiner Verlag GmbH., Wiesbaden, 1956.

Naturwissenschaftliche und erkenntnistheoretische Aspekte der Ideen vom Unbewußten

Aus „Dialectica", Vol. 8, No. 4, 15. 12. 1954. Editions du Griffon, La Neuveville, Suisse.

Das Ausschließungsprinzip und die Quantenmechanik

Nobelvortrag, gehalten in Stockholm am 13. 12. 1946, Nobelstiftelsen, Stockholm, Schweden.

Die Verletzung von Spiegelungs-Symmetrien in den Gesetzen der Atomphysik

Aus „Experientia", Vol. XIV/1 (1958). Birkhäuser Verlag, Basel, Schweiz.

Zur älteren und neueren Geschichte des Neutrinos

Erweiterte und insbesondere in § 5 ergänzte Fassung (Sept. 1958) eines am 21. 1. 1957 (unmittelbar nach Bekanntgabe der ersten Experimente über Paritätsverletzung) in der Zürcher Naturforschenden Gesellschaft gehaltenen Vortrages. (Bisher unveröffentlicht).

Errata

Seite	falsch	richtig
18, 13, Z. v. U	Jeffrees	Jeffreys
32, 12, Z. v. U	Columbschen	Coulombschen
36, 1, Z. v. U	Alakalibogenspektren	Alkalibogenspektren
44, 16, Z. v. O	Julius	Joseph
53, Anm. [1]	Naturwiss. II,	Naturwiss. **11**,
58, 9, Z. v. O	Karmann	Kármán
58, Anm. 7	van Karmann	von Kármán
62, Anm. [6]	Quantentheorie	Strahlungstheorie
87, 15, Z. v. U	Dickie	Dicke
146, Anm. [20]	Phys. Acta **7**, 809	Phys. Acta **7**, 709
146, Anm. [20]	Helv. Phys. Acta **7**, 809	Helv. Phys. Acta **7**, 709
155, Anm. [8]	R. Salam	A. Salam
170, 3, Z. v. O	[21]	[31]
170, 4, Z. v. O	[22]	[32]
177, 3, Z. v. O	Feynmann	Feynman
178, Anm. [3]	Z. Phys. **9**, 101 und 145, 1922;	Z. Phys. **9**, 131 und 145, 1922;
179 2, Z. v. U	der Modells	des Modells
180, 1, Z. v. O	R. Salame	A. Salam
180, Anm. [45]	**109**	Phys. Rev. **109**

Namen- und Sachwortverzeichnis

Minkowski, Hermann (1864–1909) 77

Facetten der Physik

herausgegeben von Prof. Dr. Roman Sexl

Bisher erschienene Bände:

Band 1	Weber/Mendoza, Kabinett physikalischer Raritäten
Band 2	Boltzmann, Populäre Schriften
Band 3	Marder, Reisen durch die Raum-Zeit
Band 4	Gamov, Mr. Tompkins' seltsame Reisen durch Kosmos und Mikrokosmos
Band 5	Kuhn, Die Kopernikanische Revolution
Band 6	Voigt, Physicalischer Zeit-Vertreiber
Band 7	Ziman, Wie zuverlässig ist wissenschaftliche Erkenntnis?
Band 8	Schilpp, Einstein als Philosoph und Naturforscher – Eine Auswahl
Band 9	Born, Physik im Wandel meiner Zeit
Band 10	Selleri, Die Debatte um die Quantentheorie
Band 11	Baumann/Sexl, Die Deutungen der Quantentheorie
Band 12	Forman/von Meyenn, Quantenmechanik und Weimarer Republik (1984)
Band 13	Lichtenberg, Aphoristisches zwischen Physik und Dichtung
Band 14	Fraunberger/Teichmann, Das Experiment in der Physik
Band 15	Pauli, Physik und Erkenntnistheorie
Band 16	Schroeer, Physik verändert die Gesellschaft? Die gesellschaftliche Dimension der Naturwissenschaft
Band 17	Franks, Polywasser. Betrug oder Irrtum in der Wissenschaft?

GPSR Compliance

The European Union's (EU) General Product Safety Regulation (GPSR) is a set of rules that requires consumer products to be safe and our obligations to ensure this.

If you have any concerns about our products, you can contact us on ProductSafety@springernature.com

In case Publisher is established outside the EU, the EU authorized representative is:

Springer Nature Customer Service Center GmbH
Europaplatz 3
69115 Heidelberg, Germany

Batch number: 10577919

Printed by Printforce, the Netherlands